普通高等教育"十二五"规划教材

材料工程基础实验

廖其龙　吕淑珍　张礼华　编著

化学工业出版社

·北京·

内容提要

本书首先简单介绍实验误差与数据处理方法，实验内容包括材料工程基础的流体力学实验、热工基础实验、燃烧实验、单元操作实验和综合实验共 37 个实验，使学生掌握材料工程基础实验的基本方法和基本技能；加深对材料工程基础理论的理解；培养学生严肃认真的科学工作作风，以及分析问题和解决问题的能力。每个实验后面都附思考题，以帮助学生掌握重点内容，巩固所学知识。

可作为材料专业的本专科学生的实验课程教材，也可供材料专业的教师和研究生以及科研人员参考。

图书在版编目（CIP）数据

材料工程基础实验/廖其龙，吕淑珍，张礼华编著．
北京：化学工业出版社，2013.1（2023.9 重印）
普通高等教育"十二五"规划教材
ISBN 978-7-122-15610-5

Ⅰ.①材… Ⅱ.①廖… ②吕… ③张… Ⅲ.①工程
材料-实验-高等学校-教材 Ⅳ.①TB3-33

中国版本图书馆 CIP 数据核字（2012）第 244174 号

责任编辑：刘俊之	文字编辑：杨欣欣
责任校对：徐贞珍	装帧设计：刘丽华

出版发行：化学工业出版社（北京市东城区青年湖南街 13 号　邮政编码 100011）
印　　装：北京印刷集团有限责任公司
787mm×1092mm　1/16　印张 12¼　字数 319 千字　2023 年 9 月北京第 1 版第 5 次印刷

购书咨询：010-64518888　　　　　　　　售后服务：010-64518899
网　　址：http://www.cip.com.cn
凡购买本书，如有缺损质量问题，本社销售中心负责调换。

定　　价：32.00 元

前　言

材料工程基础是一门基础科学，既有理论又有实验知识。随着时代的发展，实验教学越来越显示出它的重要地位，很多高校已经将实验部分单独作为一门课程去教授。为了配合教学，我们特编写《材料工程基础实验》一书，以供工科院校有关专业学生、研究生作为实验教学用书，亦可供从事材料工程实验的人员参考。

本书内容包括材料工程基础的 37 个实验，其目的在于使学生掌握材料工程基础实验的基本方法和基本技能；验证材料工程基础的理论，加深对材料工程基础理论的理解；培养学生严肃认真的科学工作作风，以及分析问题和解决问题的能力。每个实验后面都附思考题，以帮助学生掌握重点内容，巩固所学知识，培养归纳总结、综合分析问题和解决问题的能力。

本书是以编写人员多年来材料工程基础及实验教学的经验为基础，并收集国内有关实验的资料编写而成。参加本书编写的有：廖其龙编写第一章，徐迅编写第二章，张礼华编写第三章，霍冀川、李娴编写第四章实验 21～24，谢长琼编写第四章实验 25～27，周永生编写第五章实验 28～31，陈雅斓编写第五章实验 32～34，吕淑珍编写第六章，王军霞编写附录 1～8，刘来宝编写附录 9～15，书中的图由张礼华绘制。感谢西南科技大学对本书的出版提供经费支持。

编写本教材的过程中得到化学工业出版社和各位编者的大力支持，同时，参考了有关的文献资料，在此，我们表示衷心的感谢。

由于编者水平有限，书中不足之处在所难免，恳请读者不吝指正。

编者
2013 年 2 月

目　　录

第一章　实验误差与数据处理方法

在材料的生产与加工中，需要对过程工艺参数（如温度、流量、压力等）进行测量，并根据测量结果，对生产过程参数进行调整和控制，以达到稳定生产过程、提高生产产量和质量的目的。实验测量的结果是要得到相应的实验数据，但由于测量仪器、测量方法、测量条件、测量人员等因素的限制，测量结果不可能绝对准确，还需要对测量数据的可靠性做出评价，并对其误差范围作出合理评估，正确地表达出实验结果。测量方法是否科学，测量数据是否准确，数据处理方法是否正确，将直接影响材料工程研究与材料生产。因此，有必要掌握实验误差与数据处理方法。

一、测量方法

测量是指使用一定的工具和恰当的方法，将待测物理量直接或间接地与另一个同类的已知量相比较，把后者作为计量单位，从而确定被测量与该计量单位之间的数值比值的物理过程，即借助仪器用某一计量单位把被测量的大小表示出来。由测量所得的赋予被测量的值称为测量结果。测量结果是由数值和测量单位两部分构成，一般都具有单位，如温度的单位为℃。但也有某些物理量其单位为1，一般不表示出来，故测量结果只有数值，如相对密度。

在测量过程中，为满足各种被测对象的不同测量要求，根据不同的测量条件有着不同的测量方法。常见的测量方法有以下几种：根据测得结果的方式，可将测量分为直接测量和间接测量；根据被测量在测量过程中的状态，可将测量分为静态测量与动态测量；按获得被测量的精度要求不同，可将测量分为工程测量与精密测量。

1. 直接测量与间接测量

直接测量是指用一定的测量仪器或设备就可以直接地确定未知量的测量。例如，用米尺测量物体的长度，用秒表测量一段时间，用天平称量物质的质量，用温度计测量物体的温度等。

间接测量是指所测的未知量不仅要由若干个直接测定的数据来确定，而且必须通过某种函数关系式的计算，或者通过图形的计算方能求得测量结果的测量。如测量某物体的运动速率，就是直接测量路程和通过这段路程所用的时间，然后计算得到的；用伏安法测电阻，是先测出电阻两端的电压和流过电阻的电流，再依据欧姆定律求出待测电阻的大小；用膨胀仪测量材料的热膨胀系数，测出材料的原始长度及在对应温度范围的伸长值，再通过公式计算出材料的平均热膨胀系数。

大多数测量属于间接测量，但直接测量是一切测量的基础。

2. 静态测量与动态测量

静态测量是指在测量过程中，被测量的量值随时间固定不变的测量。在日常测量中，多数测量为静态测量。

动态测量是指在测量过程中，被测量的量值随时间的变化而变化，是时间的函数。如环境噪声的测量等。对这类被测量的测量，需要当作一种随机过程的问题来处理。

材料的某些性质可以用动态法测量，也可以用静态法测量。如材料弹性模量的测定方法就有动态法和静态法两种，其性质的定义和测量数值是不同的，因此，在材料测量方法的选择和性质的解释时应当注意。

3. 工程测量与精密测量

工程测量是指对测量误差要求不高的测量。用于这种测量的设备或仪器的灵敏度和准确度比较低，对测量环境要求不高。

精密测量是指对测量误差要求比较高的测量。用于这种测量的设备和仪器应具有一定的灵敏度和准确度，其示值误差的大小需经计量检定或校准。精密测量一般是在符合一定测量条件的实验室内进行，其对测量的环境和其他条件的要求均要比工程测量严格，所以也称为实验室测量。

二、测量误差的类型

实验数据的获得，是通过人使用一定的测试仪器，在适当的环境下根据一定的理论，使用某种测量方法和程序进行测试而得。但在实验过程中，由于所选用的测试仪器、试验方法、试验环境及人的观察等方面的限制，无法得到被测参数的真值，即实验数据总是存在一定的误差。随着科学技术的不断发展，测量仪表会不断地得到改进和完善，使测量值不断迫近真值。

了解误差基本知识的目的在于分析这些误差产生的原因，以便采取一定的措施，最大限度地加以消除，同时科学地处理测量数据，使测量结果最大限度地反映真值。因此，由各测量值的误差积累，计算出测量结果的精确度，可以鉴定测量结果的可靠程度和测量者的实验水平；根据生产、科研的实际需要，预先定出测量结果的允许误差，可以选择合理的测量方法和适当的仪器设备；规定必要的测量条件，可以保证测量工作的顺利完成。因此，不论是测量操作或数据处理，树立正确的误差概念是很有必要的。

将被测量在一定客观条件下的真实大小，称为该量的真值，而把某次对它测量得到的值称为测量值，那么测量值与真值之差就称为测量误差。即：

$$测量误差＝测得值－真值 \tag{1.1}$$

真值又称为理论值或定义值。显然，特定量的真值一般是不能确定的，但在实际应用时，在统计学上，当测量的次数 n 足够大时，测得值的算术平均值（数学期望）接近于真值。故常以测量次数足够大时的测得值的算术平均值近似代替真值。

根据对测量结果影响的性质，可以把测量误差分为系统误差、随机误差和过失误差。

1. 系统误差

在相同条件下多次测量同一量时，测量结果出现固定的偏差，即误差的大小和符号始终保持恒定，或者按某种确定的规律变化，这种误差就称为系统误差，有时称之为恒定误差。系统误差按产生原因的不同可分为：

（1）仪器误差　由于测量工具、设备、仪器结构上不完善；电路的安装、布置、调整不得当；仪器刻度不准或刻度的零点发生变动；样品不符合要求等原因所引起的误差。

（2）人为误差　由观察者感官的最小分辨力和某些固有习惯引起的误差。例如，由于观察者感官的最小分辨力不同，在测量玻璃软化点和玻璃内应力消除时，不同人观测就有不同的误差。某些人的固有习惯，例如在读取仪表读数时总是把头偏向一边等，也会引起误差。这种误差往往因人而异并与测量者当时的心理状态有关。

（3）环境条件误差　由于外界环境因素（如温度、湿度等）发生变化，或者测量仪器规定的适用条件没有满足等所造成的误差。

（4）方法误差　由于实验所依据的原理不够完善，或者测量所依据的理论公式带有近似性，或者实验条件达不到理论公式规定的要求所造成的误差。

系统误差产生的原因往往是可知的，它的出现一般也是有规律的。因此，在实验前应该对测量中可能产生的系统误差作充分的分析和估计，并采取必要的措施尽量消除其影响。测量后应该设法估计未能消除的系统误差之值，以便对测量结果加以修正，或估计测量结果的准确程度。

系统误差经常是一些实验测量误差的主要来源。依靠多次重复测量一般都不能发现系统误差的存在，若处理不妥往往对测量结果的准确度带来很大影响。因此，实验工作者必须经常总结经验，掌握各种不同的测量仪器、各种不同的实验方法以及各种环境因素引起的系统误差的变化规律，以提高实验技术水平。

2. 随机误差

在相同测量条件下，多次测量同一参量时，误差的绝对值符号的变化时大时小、时正时负，这种以不可预定方式变化着的误差称为随机误差，有时也叫偶然误差。这类误差是由不能预料、不能控制的原因造成的。例如电源电压的波动、外界电磁场的干扰、气流的扰动或无规则的振动以及测量者个人感官功能的随机起伏等；实验者对仪器最小分度值的估读，很难每次严格相同；测量仪器的某些活动部件所指示的测量结果，在重复测量时很难每次完全相同，尤其是使用年久的或质量较差的仪器时更为明显。所以，测量过程中随机误差的出现带有某种必然性和不可避免性。

3. 过失误差（粗大误差）

过失误差是一种明显超出统计规律预期值的误差，又称疏忽误差、粗大误差，简称粗差。这类误差具有异常值，其出现通常是由测量仪器的故障、测量条件的失常及测量者的失误而引起的。例如：仪器放置不稳，受外力冲击产生毛病；测量时读错数据、记错数据；数据处理时单位搞错、计算出错等。显然，过失误差在实验过程中是不允许的。一旦发现测量数据中可能有过失误差数据存在，应进行重测。如条件不允许重新测量，应在能够确定的情况下，剔除含有过失误差的数据。

三、测量误差表示方法

误差可用绝对误差、相对误差和引用误差来表示。

1. 绝对误差

绝对误差是指测量值 x 与被测量真值 A_0 之差 ，由于真值一般是未知的，所以在实际应用时，常用实际值 A（通常用高一级标准仪器的示值作为实际值）来代表真值。绝对误差用 Δx 表示，即：

$$\Delta x = x - A \tag{1.2}$$

绝对误差是具有大小、正负和单位的数值。

绝对误差的表示方法可以体现出测量值与被测量实际值之间的偏离程度和方向，但不能确切地反映出测量的准确程度。例如，测量两个温度，其中 $T_1 = 10℃$，误差 $\Delta T_1 = 0.1℃$；$T_2 = 1000℃$，误差 $\Delta T_2 = 1℃$，尽管 $\Delta T_1 < \Delta T_2$，但由于 $\Delta T_1 = 0.1℃$，相对于 $10℃$ 来讲是 1%，而 $\Delta T_2 = 1℃$，相对于 $1000℃$ 来讲是 0.1%，所以结论是 T_2 的测量比 T_1 的测量更准，因此要引出相对误差的概念。

2. 相对误差

相对误差 γ 是绝对误差 Δx 与被测量真值 A_0 的比值，因测量值与真值接近，所以也可以近似用绝对误差和测量值 x 的比值作为相对误差，通常用百分数表示：

$$\gamma = \frac{\Delta x}{A_0} \times 100\% \approx \frac{\Delta x}{x} \times 100\% \tag{1.3}$$

由于绝对误差可能为正值或负值，所以相对误差也可能出现正或负值。

绝对误差和相对误差是误差理论的基础，在测量中已广泛应用，但在具体使用时要注意它们之间的差别与使用范围。在某些实验测量及数据处理中，不能单纯从误差的绝对值来衡量数据的精确程度，因为精确度与测量数据本身的大小也很有关系。例如，在称量材料的质量时，如果质量接近 10t，准确到 100kg 就够了，这时的绝对误差虽然是 100kg，但相对误差只有 1%；如果称量的量总共不超过 20kg，即使准确到 0.5kg 也不能算精确，因为这时的绝对误差虽然是 0.5kg，相对误差却有 5%。经对比可见，后者的绝对误差虽然是前者的 1/200，相对误差却是前者的 5 倍。相对误差是测量单位所产生的误差，因此，不论是比较各测量值的精度或是评定测量结果的质量，采用相对误差更为合理。

在实验测量中应当注意到，虽然用同一仪表对同一物质进行重复测量时，测量的可重复性越高就越精密，但不能肯定准确度一定高，还要考虑到是否有系统误差存在（如仪表未经校正等），否则虽然测量很精密也可能不准确。因此，在实验测量中要获得很高的精确度，必须有高的精密度和高的准确度来保证。

3. 引用误差与基本误差

通常在多挡和连续刻度的仪器仪表中，可测范围不是一个点，而是一个量程，若按式 (1.3) 计算很麻烦，而且在仪表标尺的不同部位，其相对误差是不相同的。所以为了计算和划分准确度等级方便，通常采用引用误差。引用误差是一种简化和实用方便的相对误差，其分母为常数，取仪器仪表中的满刻度值 x_m，因此引用误差 γ_m 为：

$$\gamma_m = \frac{\Delta x}{x_m} \times 100\% \tag{1.4}$$

为了表征仪表的准确度，采用了仪表基本误差的概念。仪表的准确度是按仪表的最大引用误差 $|\gamma_m|_{max}$ 来划分等级的。

如果某仪表为 S 级，则说明该仪表的最大引用误差不会超过 $S\%$，即 $|\gamma_m|_{max} \leqslant S\%$，但不能认为它在各刻度上的示值误差都具有 $S\%$ 的准确度。由式 (1.3) 和式 (1.4) 可知，如果某电表为 S 级，满刻度值为 x_m，测量点为 x，则仪表在该测量点的最大相对误差 γ 可表示为：

$$\gamma = \frac{|x - x_m|}{x_m} \times 100\% \tag{1.5}$$

因 $x \leqslant x_m$，所以当 x 越接近 x_m 时，其测量准确度越高。在使用这类仪表测量时，应选择使指针尽可能接近于满度值的量程，一般最好能工作在不小于满度值 2/3 的区域。

四、随机误差及其分布

1. 随机误差的正态分布规律

对某一物理量在相同条件下进行多次重复测量，由于随机误差的存在，测量结果 A_1，$A_2, A_3, \cdots, A_n$ 一般都存在着一定的差异。如果该物理量的真值为 A_0，则根据误差的定义，各次测量的误差为：

$$x_i = A_i - A_0 (i = 1, 2, \cdots, n) \tag{1.6}$$

大量实践证明，随机误差 x_i 的出现是服从一定的统计分布——正态分布（高斯分布）规律的，亦即对于大多数物理测量，随机误差 x_i 具有以下性质：

① 单峰性。绝对值小的误差出现的概率大，绝对值大的误差出现的概率小，绝对值为零的误差出现的概率最大。

② 对称性。大小相等、符号相反的误差出现的概率相等。

③ 有界性。绝对值非常大的正、负误差出现的概率趋近于零。

④ 抵偿性。当测量次数趋近于无限多时，由于正负误差互相抵消，各误差的代数和趋近于零。

随机误差正态分布的这些性质在图 1.1 所示的正态分布曲线上可以看得非常清楚。该曲线横坐标 x 为误差，纵坐标 $f(x)$ 即为误差的概率密度分布函数。它的意义是，误差出现在 x 处单位误差范围内的概率。$f(x)\mathrm{d}x$ 是误差出现在 x 至 $x+\mathrm{d}x$ 区间内的概率，就是图 1.1 中阴影包含的面积元。整个误差分布曲线下的面积为单位 1，这是由概率密度函数的归一化性质决定的。

根据统计理论可以证明，函数 $f(x)$ 的具体形式为：

$$f(x)=\frac{1}{\sqrt{2\pi}\sigma}\mathrm{e}^{\frac{-x^2}{2\sigma^2}} \tag{1.7}$$

式中，σ 是一个取决于具体测量条件的常数，称为标准误差。

由概率论可知，在某一次测量中，随机误差出现在 a 至 b 区间的概率应为：

$$P=\int_a^b f(x)\mathrm{d}x \tag{1.8}$$

而某一次测量中，随机误差出现在 $-\infty$ 至 ∞ 区间的概率应为：

$$P=\int_{-\infty}^{\infty} f(x)\mathrm{d}x=1 \tag{1.9}$$

由误差的正态分布规律可证明，$x=\pm\sigma$ 是曲线的两个拐点处的横坐标值。当 $x=0$ 时，由式(1.7) 得：

$$f(0)=\frac{1}{\sqrt{2\pi}\sigma} \tag{1.10}$$

由上式可见，某次测量若标准误差 σ 较小，则必有 $f(0)$ 较大，误差分布曲线中部将较高，两边下降就较快。总之，分布曲线较窄，表示测量的离散性小，精密度高。相反，如果 σ 较大，则 $f(0)$ 就较小，误差分布曲线的范围就较宽，说明测量的离散性大，精密度低，如图 1.2 所示。

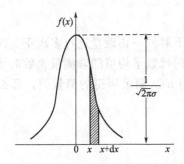

图 1.1　随机误差的正态分布曲线

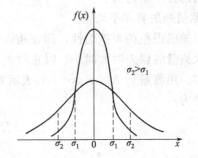

图 1.2　σ 对正态分布曲线的影响

2. 标准误差 σ 的统计意义

可以证明，标准误差 σ 可由下式表示：

$$\sigma = \sqrt{\frac{1}{n}\sum_{i=1}^{n}(A_i - A_0)^2} \tag{1.11}$$

式中，n 代表测量次数。该式成立的条件是要求测量次数 $n \to \infty$。下面对统计特征量 σ 做进一步的研究。

由概率密度分布函数的定义式(1.7)，可计算出某次测量随机误差出现在 $[-\sigma, +\sigma]$ 区间的概率为：

$$P_1 = \int_{-\sigma}^{+\sigma} f(x)\mathrm{d}x = 0.683 \tag{1.12}$$

同样可以计算出某次测量随机误差出现在 $[-2\sigma, +2\sigma]$ 和 $[-3\sigma, +3\sigma]$ 区间的概率分别为：

$$P_2 = \int_{-2\sigma}^{+2\sigma} f(x)\mathrm{d}x = 0.955 \tag{1.13}$$

$$P_3 = \int_{-3\sigma}^{+3\sigma} f(x)\mathrm{d}x = 0.997 \tag{1.14}$$

与以上三个积分式所对应的面积如图 1.3 所示。

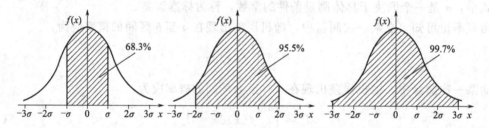

图 1.3　式(1.12)~式(1.14) 积分式所对应的面积

通过以上分析可以得出标准误差 σ 所表示的统计意义。对物理量 A 任做一次测量时，测量误差落在 $-\sigma$ 到 $+\sigma$ 之间的可能性为 68.3%，落在 -2σ 到 $+2\sigma$ 之间的可能性为 95.5%，而落在 -3σ 到 $+3\sigma$ 之间的可能性为 99.7%。由于标准误差 σ 具有这样明确的概率含义，因此，国内外已普遍采用标准误差作为评价测量质量优劣的指标。

实际测量的次数 n 是不可能达到无穷多的，而且真值 A_0 也是未知的，因此，计算标准误差 σ 的公式(1.11) 只具有理论上的意义而没有实际应用价值。那么，在对物理量 A 进行了有限次测量而真值 A_0 又不知道的情况下，如何确定 σ 呢？为了回答这个问题，先介绍一下测量列的算术平均值 $\overline{A}$。

3. 测量列的算术平均值

由于随机误差的可抵偿性，即在相同的测量条件下对同一物理量进行多次重复测量，由于每一次测量的误差时大时小、时正时负，所以误差的代数平均值随着测量次数的增加而逐渐趋于零。用测量列 $A_1, A_2, \cdots, A_n$ 表示对物理量进行 n 次测量所得的测量值，那么每次测量的误差为：

$$x_1 = A_1 - A_0$$

$$x_2 = A_2 - A_0$$

$$\cdots$$

$$x_n = A_n - A_0$$

将以上各式相加得：

$$\sum_{i=1}^{n} x_i = \sum_{i=1}^{n} A_i - nA_0$$

由此可得：

$$A_0 = \frac{1}{n}\sum_{i=1}^{n} A_i - \frac{1}{n}\sum_{i=1}^{n} x_i$$

由于

$$\lim_{n \to \infty}\sum_{i=1}^{n} x_i = 0$$

因此有

$$A_0 = \lim_{n \to \infty}\left[\frac{1}{n}\sum_{i=1}^{n} A_i - \frac{1}{n}\sum_{i=1}^{n} x_i\right] = \lim_{n \to \infty}\left(\frac{1}{n}\sum_{i=1}^{n} A_i\right)$$

而

$$\left(\frac{1}{n}\sum_{i=1}^{n} A_i\right) = \overline{A}$$

所以

$$\lim_{n \to \infty}\overline{A} = A_0$$

可见，测量次数越多，算术平均值 $\overline{A}$ 越接近真值 A_0。因此，可以用有限次重复测量的算术平均值 $\overline{A}$ 作为真值 A_0 的最佳估计值。

由于测量列的算术平均值只是最接近真值但不是真值，因此，误差 $x_i = A_i - A_0$ 也是无法得到的。在实际测量的数据处理中，用偏差来估算每次测量对真值的偏离。偏差的定义为：

$$\nu_i = A_i - \overline{A} \quad (i = 1,2,\cdots,n) \tag{1.15}$$

4. 有限次测量的标准偏差

由于在有限次测量的情况下被测量的真值是不可知的，故由式(1.11)定义的标准误差 σ 也是无法计算的。但可以证明，当测量次数为有限时，可以用标准偏差 S 作为标准误差 σ 的最佳估计值。S 的计算公式为：

$$S = \sqrt{\frac{1}{n-1}\sum_{i=1}^{n}(A_i - \overline{A})^2} \tag{1.16}$$

有时也简称 S 为标准差，它具有与标准误差 σ 相同的概率含义。式(1.16)在实际测量中非常有用，称其为贝塞尔（Bessel）公式。

5. 有限次测量算术平均值的标准偏差

对 A 的有限次测量的算术平均值 $\overline{A}$ 也是一个随机变量。当对 A 进行多组的有限次测量时，各个测量列的算术平均值彼此总会有所差异。因此，也存在标准偏差，这个标准偏差用 $S_{\overline{A}}$ 表示。为了将测量列的标准偏差 S 与平均值的标准偏差 $S_{\overline{A}}$ 加以区别，我们用 S_A 来表示式(1.16)定义的 S，即特指测量列的标准偏差。可以证明，$S_{\overline{A}}$ 与 S_A 具有下列关系：

$$S_{\overline{A}} = \frac{S_A}{\sqrt{n}} \tag{1.17}$$

$S_{\overline{A}}$ 的统计意义也是很清楚的。可以这样说，被测量的真值 A_0 落在 $\overline{A} - S_{\overline{A}}$ 到 $\overline{A} + S_{\overline{A}}$ 范围内的可能性为 68.3%，落在 $\overline{A} - 2S_{\overline{A}}$ 到 $\overline{A} + 2S_{\overline{A}}$ 范围内的可能性为 95.5%，而落在 $\overline{A} - 3S_{\overline{A}}$ 到 $\overline{A} + 3S_{\overline{A}}$ 范围内的可能性为 99.7%。另外，在实际测量中，测量次数 n 不应太少，也没有必要太多，一般取 5 至 10 多次即可。

可以用计算器来计算测量列的算术平均值和标准偏差。函数计算器一般都具有统计功能，使用计算器的统计功能计算算术平均值和标准偏差可以避免烦琐的计算，减少计算过程中的错误。统计功能可以对输入的多个数据直接给出平均值与测量列的标准偏差。

五、减小系统误差的方法

系统误差较之随机误差的处理要复杂得多。这主要是由于在一个测量过程中，系统误差与随机误差是同时存在的，而且实验条件一经确定，系统误差的大小和方向也就随之确定了。在此条件下，进行多次重复测量并不能发现系统误差的存在。可见，发现系统误差的存在就已不是一件容易的事，再进一步寻找其原因和规律以至消除或减弱它，就更为困难了。因此，在实验过程中，就没有像处理随机误差那样的简单数学过程来处理系统误差，而只能靠实验工作者坚实的理论基础、丰富的实践经验及娴熟的实验技术，遇到具体的问题要进行具体的分析和处理。

设法减小系统误差也并不是就束手无策。可以先从一些简单、明显的情况出发，一方面对系统误差加深认识，同时，也学习一些简单的处理方法。随着知识的增加、经验的丰富，处理系统误差的能力就会得到不断的提高。

常见的系统误差分为两种：一种是可定系统误差，另一种是未定系统误差。

1. 可定系统误差的处理

可定系统误差的特点是，它的大小和方向是确定的。如实验方法和理论的不完善以及实验仪器零点发生偏移等引起的系统误差，都属于这种类型。

可定系统误差是可以消除、减弱或修正的。如在用天平测质量时，往往认为天平是等臂的。但使用不太精密的天平时，总有微小的不等臂的因素存在。如果不考虑不等臂的影响，测量结果中就有系统误差存在。对这样的系统误差，可以通过一些灵活的实验方法或技巧加以消除。可以采取交换砝码与待测物体的左右位置后再称量一次的方法，然后用取其几何平均值的办法来消除因天平不等臂所带来的系统误差。

2. 未定系统误差的处理

实验中使用的各种仪器、仪表、各种量具，在制造时都有一个反映准确程度的极限误差指标，习惯上称之为仪器误差。该指标在仪器说明书中有明确的说明。例如 50g 的三等砝码，计量部门规定其极限误差为 2mg，即仪器误差为 2mg。仪器误差是构成测量过程中未定系统误差的重要成分。

随机误差与系统误差之间在一定条件下可以相互转化。此外，随机误差与系统误差之间的区分有时也与时间因素有关。在短时间内基本上不变的误差显然可以视为系统误差。但随着时间的推移，很难避免受外界的随机因素影响，故上述误差有可能出现随机的变化，而使本来为恒定的误差转化为随机误差。

六、实验数据的整理方法

实验除了对物理量进行测量外，有时还要研究几个物理量之间的相互关系、变化规律，以便从中找出它们之间的内在联系和确定的关系。这样，对实验数据正确记录、合理分类、画出简单的图线以及由图线上求出一些有用的参数将是非常必要的。为了这个目的，下面介绍一下实验数据处理的列表法、图示法及图解法。

1. 列表法

列表法是将实验所获得的数据用表格的形式进行排列的数据处理方法。列表法的作用有两种：一是记录实验数据，二是能显示出物理量间的对应关系。其优点是，能对大量的杂乱无章的数据进行归纳整理，使之既有条不紊，又简明醒目；既有助于表现物理量之间的关系，又便于及时地检查和发现实验数据是否合理，减少或避免测量错误；同时，也为作图法等数据处理奠定了基础。用列表的方法记录和处理数据是一种良好的科学工作习惯，要设计出一个栏目清楚、行列分明的表格，也需要在实验中不断训练，逐步掌握、熟练，并形成习惯。

在用列表法处理数据时，应遵从如下原则：

① 栏目条理清楚，简单明了，便于显示有关物理量的关系。在表格的上方应写出表格的标题，原始数据记录表格上方要列出实验装置的几何参数以及平均水温等常数项。

② 表头栏目中，应给出有关物理量的符号，并标明单位，符号与计量单位之间用斜线"/"隔开。斜线不能重叠使用。计量单位不宜混在数字之中，造成分辨不清。

③ 填入表中的数字应是有效数字，记录的数字应与测量仪表的准确度相匹配。

④ 填入表中的主要是原始数据或处理过程中的一些重要的中间运算结果；物理量的数值较大或较小时，要用科学记数法表示。以"物理量的符号×$10^{\pm n}$/计量单位"的形式记入表头。注意表头中的$10^{\pm n}$与表中的数据应服从下式：

$$物理量的实际值×10^{\pm n}＝表中数据$$

⑤ 必要时需要加以注释说明。各种实验条件及作记录者的姓名可作为"表注"，写在表的下方。

2. 图示法

利用曲线表示被测物理量以及它们之间的变化规律，这种方法称为图示法。图示法处理实验数据的优点是能够直观、形象地显示各个物理量之间的数量关系，便于比较分析。一条图线上可以有无数组数据，可以方便地进行内插和外推，特别是对那些尚未找到解析函数表达式的实验结果，可以依据图示法所画出的图线寻找到相应的经验公式。因此，图示法是处理实验数据的好方法。

实验曲线的作图程序及注意事项：

(1) 选择合适的坐标系。作图一定要用坐标系，常用的坐标系有直角坐标系、对数坐标系、极坐标系等。选用的原则是尽量让所作图线呈直线，有时还可采用变量代换的方法将图线作成直线。

(2) 确定坐标的分度和标记　一般用横轴表示自变量，纵轴表示因变量，并标明各坐标轴所代表的物理量及其单位（可用相应的符号表示）。坐标轴的分度要根据实验数据的有效数字及对结果的要求来确定。原则上，数据中的可靠数字在图中也应是可靠的，即不能因作图而引进额外的误差。在坐标轴上应每隔一定间距均匀地标出分度值，标记所用有效数字的位数应与原始数据的有效数字的位数相同，单位应与原始数据一致。要恰当选取坐标轴比例和分度值，使图线充分占有图纸空间，不要缩在一边或一角。除特殊需要外，分度值起点可以不从零开始，横、纵坐标可采用不同比例。

(3) 描点　根据测量获得的数据，用一定的符号在坐标纸上描出坐标点。一张图纸上画几条实验曲线时，每条曲线应用不同的标记，以免混淆。常用的标记符号有：※、＋、×、△、□等。

(4) 连线　要绘制一条与标出的实验点基本相符的图线，图线应尽可能多地通过实验点。由于测量误差，某些实验点可能不在图线上，应尽量使其均匀地分布在图线的两侧。图线应是直线或光滑的曲线或折线。

(5) 注解和说明　应在图纸上标出图的名称，有关符号的意义和特定实验条件。如，在绘制的热导率-温度关系的坐标图上应标明"热导率-温度曲线"、　"实验材料：玻璃纤维"等。

3. 函数表示法

用一定的数学方法将实验数据进行处理，可得出实验参数的函数关系式，这种关系式也称经验公式，对研究材料性能的变化规律很有意义，所以被普遍应用。

当通过实验得出一组数据之后，可用该组数据在坐标纸上粗略地描述一下，看其变化趋势是否接近直线。如果接近直线，则可认为其函数关系是线性的，就可用线性函数关系公式进行拟合，用最小二乘法求出线性函数关系的系数。无机非金属材料的有些性质有线性关系，可以用这种方法进行处理。例如，在中低温（在室温至 600℃）下，普通玻璃的线膨胀与温度呈线性关系，就可根据线性函数关系式用手工进行拟合。当然，手工拟合十分麻烦，若将拟合方法编成计算程序，将实验数据输入计算机，就可迅速得到实验结果。

对于非线性关系的数据，可将粗描的曲线与标准图形对照，再确定用何种曲线的关系式进行拟合。当然，曲线拟合要复杂得多。为了简化，在可能的条件下，可通过数学处理将数据转化为线性关系。例如，在处理测量玻璃软化点温度的数据时，将实验数据在直角坐标纸上描绘时是明显的非线性关系，但在半对数坐标纸上描绘时则呈现出线性关系，可以用最小二乘法方便地进行处理，用计算机进行快速计算。

用函数形式表达实验结果，不仅给微分、积分、外推或内插等运算带来极大的方便，而且便于进行科学讨论和科技交流。随着计算机的普及，用函数形式来表达实验结果将会得到更普遍的应用。

4. 图解法

利用图示法得到的测量量之间的关系曲线，求出有物理意义的参数，这一实验数据的处理方法称为图解法。在物理实验中遇到最多的图解法的例子是通过图示的直线关系确定该直线的参数——截距和斜率。由于有一些非线性方程，可以通过一定的数学变换化为直线方程，再由图解法确定出有用的参数，所以，研究直线关系的图解过程就显得尤为重要。

（1）确定直线图形的斜率和截距　从数学的角度看，只要从直线上任取两点，由此两点的坐标便能确定该直线的斜率与截距。应注意的是，为了减小误差，应使这两点相距远一些。

（2）曲线的改直　上面已经提到，当函数关系不是直线关系时，有的函数可以通过数学变换变为直线关系，然后再求出直线的截距和斜率，这一过程称为曲线的改直。

由于手工作图受到人的影响明显，故对于同一组数据，不同的人来做，结果会有明显的差异。即使是同一个人，利用同一组数据，每次作图的结果也不会完全相同。这就限制了图解法的精度。但随着计算机制图技术的发展与普及，用计算机画实验曲线已很普遍。目前流行的作图软件有很多种，常用的应用软件，如 Excel、Origin、FoxPro 等都带有作图程序。利用计算机来处理实验数据和作图，既可大大节约时间，又可提高作图的精度。

第二章 流体力学实验

实验1 流体黏度的测定

一、实验目的

1. 掌握旋转法测定液体黏度的影响因素。
2. 了解影响牛顿型流体和非牛顿型流体黏度的因素。

二、实验原理

实验原理见图 2.1。同步电机以稳定的速度旋转，连接刻度圆盘，再通过游丝和转轴带动转子旋转。如果转子未受到液体的阻力，则游丝、指针与刻度圆盘同速旋转，指针在刻度盘上指出的读数为"0"。反之，如果转子受到液体的黏滞阻力，则游丝产生扭矩，与黏滞阻力抗衡最后达到平衡，这时与游丝连接的指针在刻度圆盘上指示一定的读数（即游丝的扭转角）。将读数乘上特定的系数即得到液体的黏度（mPa·s）。

三、主要仪器与试剂

J-1 型旋转式黏度计、ZWQ1 型晶体管直流电源、烧杯、温度计、聚乙烯醇。

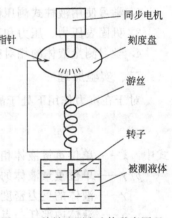

图 2.1 旋转法测定流体黏度原理

四、实验步骤

1. 准备被测液体。将被测液体置于直径不小于 70 mm 的烧杯或直筒形容器中，准确地控制被测液体温度。

2. 将保护架装在仪器上（顺时针方向旋入装上，逆时针方向旋出卸下）。

3. 将选配好的转子旋入连接螺杆（逆时针方向旋入装上，顺时针方向旋出卸下）。旋转升降旋钮，使仪器缓慢地下降，转子逐渐浸入被测液体中，直至转子液面标志和液面相平为止，调正仪器水平。按下指针控制杆，开启电机开关，转动变速旋钮，使所需转速数向上对准速度指示点，放松指针控制杆，使转子在液体中旋转。经过多次旋转（一般 20～30s）待指针趋于稳定（或按规定时间进行读数），按下指针控制杆（注意：①不得用力过猛；②转速慢时可不利用控制杆直接读数）使读数固定下来，再关闭电机，使指针停在读数窗内，读取读数。当电机关停后如指针不处于读数窗内时，可继续按住指针控制杆，反复开启和关闭电机，经几次练习即能熟练掌握，使指针停于读数窗内，读取读数。

五、数据记录及处理

根据记录的指针读数，乘以相应的转子系数，计算出聚乙烯醇的黏度。各转速下的修正系数见表 2.1。

表 2.1　修正系数表

转速/(r/min) 修正系数 转子	60	30	12	6
0	0.1	0.2	0.5	1
1	1	2	5	10
2	5	10	25	50
3	20	40	100	200
4	100	200	500	1000

六、思考题

1. 为何要根据液体黏度选择不同的测试圆筒?
2. 在严格的黏度测量过程中,要求恒温的目的何在?
3. 黏度测定中的误差来源主要有哪些?

实验 2　流体静力学基本方程式

一、实验目的

1. 通过实验理解流体静力学基本方程式的物理意义和几何意义。
2. 学习使用液柱式测压计。
3. 巩固表压力、压力和真空度的概念,熟悉压力单位的换算。
4. 学习测量液体的相对密度。

二、实验原理

对于在重力作用下处于静止状态的不可压缩均质液体,其基本方程是:

$$z + \frac{p}{\gamma} = 常数 \tag{2.1}$$

式中　z——单位重量液体相对于基准面的位势能,即位置水头,m;

p/γ——单位重量液体的压力势能,即压力水头,m;

γ——液体的重力密度,N/m³;

p——液体内部任一点的静压力,N/m²。

对于有自由表面的液体:

$$p = p_0 + \gamma h \tag{2.2}$$

式中　h——液体内部任一点到液体自由表面的距离,m;

p_0——液体自由表面的静压力,N/m²。

表压力 p_g 是液体内部任一点的静压力 p 与大气压 p_a 之差,也就是从大气压开始起算的压力。它的大小可以用从该点同一高度引出的开口测压管的液柱高度 h 来表示,即:

$$p_g = p - p_a = \gamma h \tag{2.3}$$

而负的表压力 p_v 称为真空度,即

$$p_v = -p_g = p_a - p = -\gamma h \tag{2.4}$$

三、主要仪器与试剂

在一个透明的或者具有观察液面窗口的密闭容器内装水,并用软塑料管将密闭容器与一

个可以升降的调压玻璃筒相连，如图 2.2 所示。密闭容器上装有排气阀、压力表、真空表、液位计和液柱式测压计（包括测压管和 U 形管差压计）。U 形管差压计 4 所封装液体的重力密度 γ_4 大于水的重力密度 γ，U 形管差压计 5 所封装液体是水银。玻璃管 1 和 6 是在不同水深处引出的液位计。开口测压管 2 和 3 分别从不同水深处接出。压力表量程为 $0 \sim 9.81 \times 10^4 \, N/m^2$ 或 $0 \sim 1 kgf/cm^2$（$1 kgf/cm^2 = 98.0665 kN/m^2$）。真空表采用正负压联程式的，真空量程为 $0 \sim 760 mmHg$（$1 mmHg = 133.322 N/m^2$）。备有比重计一只，供测定 U 形管差压计 4 内封液的相对密度用。调压玻璃筒挂在滑轮上，当关闭排气阀时，提高调压玻璃筒的位置可使密闭容器内的液面压力 $p_0 > p_a$，降低调压玻璃筒的位置可使密闭容器内的液面压力 $p_0 < p_a$。各个液柱式测压计都备有刻度标尺。

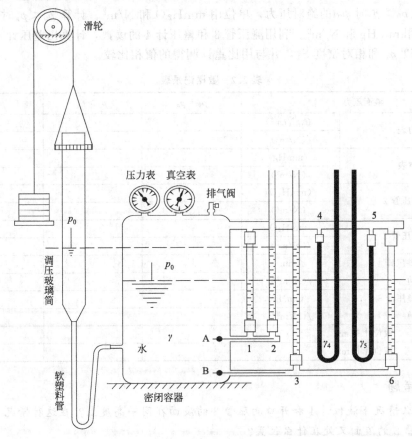

图 2.2　实验设备
1、6—液位计；2、3—测压管；4、5—U 形管差压计

四、实验步骤

1. 熟悉设备和仪器，记录设备的编号，选取基准面，测量 A 和 B 的距离，测量 U 形管差压计 4 内封液的相对密度 S_4，测量水温、室温和大气压。

2. 先把调压玻璃筒拉到密闭容器内液面附近的中间位置，然后开启排气阀，使密闭容器的液面压力 $p_0 = p_a$，待液面稳定之后，读取各液柱式测压计的示数，记录压力表和真空表的读数。

3. 将调压玻璃筒降到最低位置（以水不溢出玻璃筒为限），关闭排气阀，再将调压玻璃筒提高到最高位置，这时即可得到 $p_0 > p_a$ 的情况。记录压力表、真空表和各液柱式测压计的读数。

4. 使调压玻璃筒在最高位置不动，开启排气阀，待液面稳定后，再把排气阀关闭，然后将调压玻璃筒降到最低位置（以水不溢出为限），得到 $p_0 < p_a$ 的情况。记录压力表、真空表和各液柱式测压计的读数。

5. 把调压玻璃筒拉到中间位置，打开排气阀，清理现场，结束实验。

五、数据记录及处理

1. 记录以下数据，将各表计上的读数，即单位为 kgf/cm²、mmHg、mmH₂O（$1mmH_2O = 9.80665N/m^2$）的数据换算成单位为 N/m² 的数据列入表 2.2。

A 的高度＝_____ mm；B 的高度＝_____ mm；相对密度 S_4 ＝_____。

2. 画出 $p_0 > p_a$ 和 $p_0 < p_a$ 两种情况下液位计和各液柱式测压计的液面位置图。

3. 计算 $p_0 > p_a$ 时 p_0 的绝对压力，单位用 mmH₂O 和 N/m²。计算 $p_0 < p_a$ 时 p_0 的绝对压力，单位用 mmHg 和 N/m²。利用测压管 3 和差压计 4 的读数，计算出差压计 4 内封液的重度 γ_4、密度 ρ_4 和相对密度 S_4，并与用比重计测得的值相比较。

表 2.2　数据记录表

液面压力		$p_0 = p_a$	$p_0 > p_a$	$p_0 < p_a$
压力表	/(kgf/cm²)			
	/(N/m²)			
真空表	/mmHg			
	/(N/m²)			
开口测压管 2	/(mmH₂O)			
	/(N/m²)			
开口测压管 3	/mmH₂O			
	/(N/m²)			
U 形管差压计 4 Δh	/mm			
	/(N/m²)			
U 形管差压计 5 Δh	/mmHg			
	/(N/m²)			
液位计 1/mm				
液位计 6/mm				

六、思考题

1. 在什么情况下液位计 1 和开口测压管 3 的液面在同一高度上？在这种情况下液位计 6 和开口测压管 2 的液面又处在什么位置？

2. 调压玻璃筒和开口测压管 2、3 的液面在任何情况下都在同一高度上，对吗？三者液面的连线叫什么线？

3. 液位计 1 与 6，开口测压管 2 与 3，U 形管差压计 4 与 5，压力表或真空表与 U 形管差压计，它们的功能有何差别？

实验3　伯努利方程实验

一、实验目的

1. 验证流体静压原理。

2. 通过观察流体在管道中的运动规律，加深对伯努利方程的理解。

3. 验证管道流动中，摩擦阻力损失与流速平方成正比的关系。

4. 验证毕托管的测速原理。

二、实验原理

1. 在流体静止时，等压面是水平面，自由液面也是水平面。在重力势函数的微分 $\mathrm{d}W = -g\mathrm{d}z$ 时，有 $\mathrm{d}p = -\rho g\mathrm{d}z$，即等压与等高程同时存在。

2. 对于一个恒定的不可压缩管流，在流动方向上的两个渐变流段，流体能量关系由伯努利方程给出：

$$z_1 + \frac{p_1}{\gamma} + \frac{\alpha_1 u_1^2}{2g} = z_2 + \frac{p_2}{\gamma} + \frac{\alpha_2 u_2^2}{2g} + h_{1-2} \tag{2.5}$$

该方程表明在同一条流线上运动的流体的动能、重力势能、压力势能之总和（即流体的机械能）保持不变，是机械能守恒原理在流体运动过程中的具体体现。

3. 管道内的摩擦阻力损失与流体流速的关系服从达西公式：

$$h_{1-2} = \left(\lambda \frac{L}{d} + \sum \zeta\right)\frac{u^2}{2g} \tag{2.6}$$

4. 毕托管能测量出来滞止点（全压）和 2 管侧点（静压）之压力差 h_u，于是测点流速可由下式确定：

$$u = \phi\sqrt{2gh_u} \tag{2.7}$$

式中　ϕ——毕托管校正系数，近似等于 1。

三、主要仪器与试剂

伯努利方程仪由玻璃管、活动测头、测压管、上水槽和循环水泵等部分组成，具体仪器见图 2.3。活动测头的小管端部封闭，管身开有小孔。小孔中心位置与玻璃管中心平齐，小管与玻璃测压管相通，用小扳手转动活动测头，就可以测量流体的静动压水头。由于玻璃管前后直径不同（管道直径经测量标注在管段上），位置也有高低，测点有前有

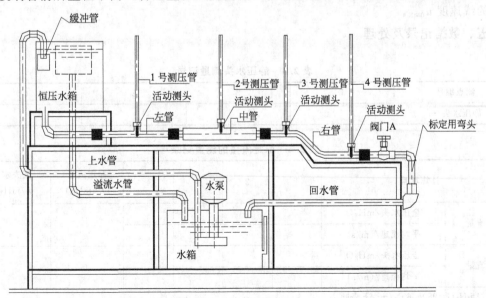

图 2.3　伯努利方程仪

后，可以十分方便地测量出不同流速下不同管段的位能、压力能和动能的数值，去验证伯努利方程的结论。

四、实验步骤

1. 测点静压水头的测量

开动循环水泵，将出口阀门 A 关闭，这时观察各测压管内自由液面的高度，记录在表格中。观察在转动活动测头时，自由液面有无变化。如果发现各测点自由液面高度不相等，或者发现转动活动测头时自由液面发生变化，应找出产生误差的原因，并作出记录。各测点静压水头的数据记录在表 2.3 中。

2. 验证摩擦阻力损失与流速平方成正比（达西公式）

使各测头的小孔对准来流方向，然后打开出口阀门 A（不全开，保持小流量）。这时测压管液位代表各测点的总压力水头，记下各测点总压力水头数值；与此同时，用量筒（大于 1000mL）和秒表来标定管道中流体的流量，记录在表 2.4 中。继续开大阀门 A，使流量增加，记录下各测点的总压力水头数值；并用同样方法标定在此阀门开度下的流体流量值，记录在表 2.4 中。标定流量的方法如图 2.4 所示。

3. 验证伯努利方程

重复上面的实验步骤，在每一个流量（一样要进行流量标定）工况下，不但测量各个测点的总压力水头（活动测头小孔向着来流方向），还应测量各个测点的静压水头（活动测头的小孔垂直于来流方向），与此同时记录各个测点的中心高度 z，记录各个测点的玻璃管内径。将以上数据记录在表 2.5 中。根据标定的流量计算各个测点的平均流速，计算各个测点的机械能总和，验证伯努利方程。

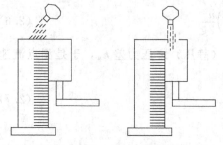

(a) 转动弯头，计时开始　(b) 计时结束，弯头复原

图 2.4　流量计量示意图

4. 验证毕托管原理。

将表 2.5 中各个测点的动压实验数据代入毕托管速度计算式中，计算各个测点管道中心线上的线速度 u_{max}。

五、数据记录及处理

表 2.3　静压水头测量记录

测点编号	1	2	3	4
静压水头/m				

表 2.4　标定流量的测量记录

计算项目		1	2	3	4	标定流量 $Q/(m^3/s)$	损失水头 h/mH_2O
小流量	全压水头/mH_2O						
	平均流速/(m/s)						
大流量	全压水头/mH_2O						
	平均流速/(m/s)						

注：$1mH_2O = 9806.65 N/m^2$，下表同。

表 2.5 验证伯努利方程的测量记录

数据组序号	测点编号计算项目	1	2	3	4	标定流量 $Q/(m^3/s)$	备注
	管段内径/m						
I	全压水头/mH₂O						
	静压水头/mH₂O						
	位压水头/mH₂O						
	动压水头/mH₂O						
	毕托管中心线速度/(m/s)						
	实测管段平均流速/(m/s)						
	机械能头/mH₂O						
II	全压水头/mH₂O						
	静压水头/mH₂O						
	位压水头/mH₂O						
	动压水头/mH₂O						
	毕托管中心线速度(m/s)						
	实测管段平均流速(m/s)						
	机械能头/mH₂O						

六、思考题

1. 说明伯努利方程中各项物理量的意义。
2. 试述流体流过管道时各种能量是如何变化的？

实验 4 流速与流量测量

一、实验目的

1. 加深对点速度、平均速度等概念的理解。
2. 熟练掌握毕托管测定流速（流量）的原理及方法。
3. 加深对伯努利方程在工程实际中运用的认识。

二、实验原理

对流速与流量进行测定的仪器有很多。一般地，在低速流场中，根据伯努利方程式，只要测出了某点的流体总压 p_0 和静压 p，即可求出该点的流速为：

$$u=\sqrt{\frac{2}{\rho}(p_0-p)} \tag{2.8}$$

式中 ρ——被测流体的密度，kg/m^3。

毕托管（又称测速管）就是根据这一原理设计的用来测量管道内任一点的流速的仪器。它由两根弯成直角的同心套管构成，其构造如图 2.5 所示。其内管开口正对着来流，是测定驻点处总压力的；外管头部封闭，侧面开有均匀的小孔用来测定该断面的静压力。内外管互不相通，分别由尾端引出接口，当接上压力仪表后根据不同需要可分别测出全压、静压或动

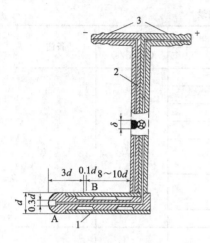

图 2.5 普通毕托管

1—量柱；2—传压管；3—管接头

压。由于用毕托管测出的仅仅是毕托管管口中心处流体的点速度（或微小流束的速度），而不是平均速度，故当要计算平均流速或流量时，必须根据总流的断面形状进行测定或者由流体的流动状态进行计算。当测得平均速度 v 及管道断面面积 A 后，可求得流量 Q（m³/s）为：

$$Q=vA \tag{2.9}$$

三、主要仪器与试剂

1. 毕托管。视气源不同可选用普通毕托管或防堵毕托管。

2. 压力计。视气体压力大小可选择 U 形管压力计或者微压计。

3. 实验风洞或流体管道。

4. 温度计、卷尺、胶布等。

四、实验步骤

1. 确定测定断面位置。为保证测定结果的正确性，根据流体力学理论，应将断面选在缓变流区段。对于工业管道，应保证测点断面上游的直管段长度＞7.5D（D 为管道直径），下游的直管段长度最好＞3D。在条件困难的情况下，上游直管段最少不得小于 3D，下游不得少于（1.5～2）D。

2. 根据被测气流的性质（是否含尘）选择毕托管的种类，并视被测气流压力的大小选择测压计。

3. 确定断面上的测点位置。根据已选择好的测定管道断面情况确定测点数目，计算出各测点到管道中心的距离，并将每个测点到管道中心的距离换算成到管壁上测量口的距离，然后在毕托管上用细胶布条一一作好记号。其中，对圆形管道，可按下式确定各圆环中测点（图 2.6）与管道中心的距离：

$$r_i = \frac{D}{2} \sqrt{\frac{2i-1}{2m}} \tag{2.10}$$

式中　r_i——第 i 个测点到管道中心的距离，mm；

　　　D——管道内径，mm；

　　　m——等面积圆环数。根据管道内径不同，可按表 2.6 中数值选取。

表 2.6 管道内径与等面积环数和测点总数关系

管道内径 D/mm	200	400	600	800	1000
等面积环数/m	3	4	5	6	7
测量直径条数	1	1	2	2	2
测点总数	6	8	20	24	28
管道内径 D/mm	1200	1400	1600	1800	2000
等面积环数/m	8	9	10	11	12
测量直径条数	2	2	2	2	2
测点总数	32	36	40	44	48

对于矩形管道。可把管道截面分为若干面积相等的小矩形。各小矩形对角线的交点即为测定点，如图 2.7 所示。小矩形的数量，对于矩形管道的任一边长来说又叫测点排数，可参照表 2.7 选取。

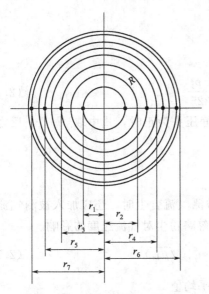

图 2.6　圆形截面测点分布示意图

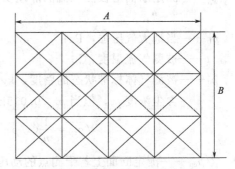

图 2.7　矩形管道断面测定

表 2.7　矩形管道边长与测点排数的关系

管道边长/mm	≤500	500~1000	1000~1500	1500~2000	2000~2500	≥2500
测点排数	3	4	5	6	7	8

4. 根据压力计的使用要求，用乳胶管将毕托管和测压计连接好。当采用微压计时，微压计应放置平稳并调节至水平状态，调整并记录零点读数。

5. 将毕托管插入被测管道，并使其全压管正迎气流，不得偏斜。同时用棉纱将测孔缝隙堵严，以防漏气。按毕托管上的测点标记逐点测量并记录各点的动压值。

6. 将毕托管的全压管与测压计连接处断开，测定气流的静压。若选用的是微压计，则当气流静压为正压时将毕托管静压管接微压计"＋"端即可；当气流静压为负压时，将毕托管静压管接微压计"－"即可。测静压时，毕托管应保持测动压的相同状态，但只需测定管道中任意一点的读数，不需逐点测量。

7. 用温度计测定并记录气流温度。

五、数据记录及处理

1. 测定数据记录

测定数据记录于表 2.8 中。

表 2.8　气体流速、流量测定记录

管道内径 D/mm				毕托管速度修正系数				
微压计系数				微压零点读数/mm				
静压读数/mmH$_2$O				气流温度/℃				
动压测点	1	2	3	4	5	6	7	8	……
动压值/(N/m²)									

2. **计算平均速度 v（m/s）**

$$v=k\sqrt{\frac{2}{\rho_t}}\times\sqrt{p_{cp}}$$

(2.11)

式中　k——毕托管速度修正系数；

　　　ρ_t——被测气流的密度，kg/m^3。

当被测气流不含尘时：

$$\rho_t = \rho_0 \frac{273}{273+t} \times \frac{p_b \pm p_j}{101325} \tag{2.12}$$

式中　p_j——测定断面上被测气流的静压头值，Pa，静压头为正时，式中取"＋"，反之取"－"；

　　　p_b——当地大气压强，Pa；

　　　t——被测气流温度，℃；

　　　ρ_0——被测气体标准状态的密度，kg/m^3，当被测气流含尘时，还应加入被测气流的含尘浓度 ρ_s，但当 $\rho_s < 0.015kg/m^3$，可忽略粉尘对气流速度的影响。

$$\sqrt{p_{cp}} = \frac{1}{n}(\sqrt{p_{d1}} + \sqrt{p_{d2}} + \cdots + \sqrt{p_{dn}}) \tag{2.13}$$

式中　$\sqrt{p_{cp}}$——测定断面上若干测点的动压平方根的平均值。

3. 计算气流流量

（1）工作态流量 Q（m^3/s）

$$Q = \frac{\pi}{4} D^2 v (m^3/s) \tag{2.14}$$

（2）标态流量

$$Q_0 = Q \times \frac{273}{273+t} \times \frac{p_b \pm p_j}{101325} \tag{2.15}$$

六、思考题

1. 什么是点速度、平均速度？怎样由点速度求平均速度？
2. 怎样判断毕托管的全压端和静压端？
3. 普通毕托管两测孔位置与防堵毕托管两测孔位置有什么差别？

实验 5　雷 诺 实 验

一、实验目的

1. 通过本实验，对流体在管内流动的两大状态——层流和湍流加深认识和理解，学习和掌握流体力学实验技术的基本操作技能。
2. 掌握转子流量计的标定方法。
3. 掌握临界雷诺数的测定方法。

二、实验原理

雷诺实验是 1883 年奥斯本·雷诺（Osborne Reynolds）所作的著名的实验。

雷诺实验揭示了重要的流体流动机理，即根据流速的大小，流体有两种不同的形态。当流体流速较小时，流体质点只沿流动方向作一维的运动，与其周围的流体间无宏观的混合，即分层流动，这种流动形态称层流或滞流。流体流速增大至大于某个值后，流体质点除作流动方向上的流动外，还向其他方向作随机的运动，即存在流体质点的不规则的脉动，这种流体形态称湍流或紊流。

层流和湍流之间的转换与流动雷诺数和外界扰动有关，特别是流动状态的临界雷诺数。

三、主要仪器与试剂

雷诺实验仪器由水箱、红墨水瓶、流量控制阀、针形管、转子流量计、量筒等部分组成，装置如图 2.8 所示。

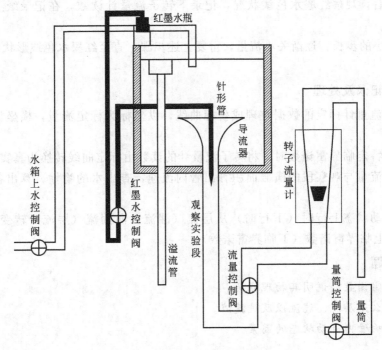

图 2.8　雷诺实验装置示意图

四、实验步骤

1. 转子流量计的标定

（1）打开流量控制阀，待流量计的读数稳定。

（2）流量计的读数稳定后，打开量筒的放水阀，放空量筒内的水。

（3）关闭量筒的放水阀，观察量筒的水位计，并记下量筒的初始读数，同时开始计时。

（4）待量筒水位计水位到达满水位时，终止计时，并记录量筒水位从初始读数到达终止满水位的时间，同时记下满水位的读数。

（5）调节控制阀，从小流量到大流量选择均匀分布的 1～7 点，重复上述步骤，然后再从大流量到小流量选择 5～7 个点，重复上述步骤。

（6）关闭流量控制阀。

2. 上临界雷诺数的测定

（1）打开流量控制阀，将流量控制在较小流量下，待转子流量计读数稳定。

（2）逐渐打开红墨水控制阀，并调节红墨水的流量，使针形管红墨水的流出速度与当地流速一致（一致后喷出的红墨水为粗细均匀的红线）。

（3）稳定后，观察红墨水色线状况，记录下转子流量计读数，在记录纸上描绘出色线形状。

（4）以较小的步长，逐渐开大流量，重复上述步骤，直至红墨水色线形状完全消失，流动从层流转变为湍流。

3. 下临界雷诺数的测定。

（1）打开流量控制阀，将流量控制在较大流量下，待转子流量计读数稳定。

（2）逐渐打开红墨水控制阀，并调节红墨水的流量，使针形管红墨水的流出速度与当地流速一致（一致后喷出的红墨水为粗细均匀的红线）。

（3）稳定后，观察红墨水色线状况，记录下转子流量计读数，在记录纸上描绘出色线形状。

（4）以较小的步长，逐渐关小流量，重复上述步骤，直至红墨水色线形状恢复为均匀的直线。

五、数据记录及处理

1. 将转子流量计标定的数据整理成坐标曲线，纵坐标为标定流量，横坐标为转子流量的读数。

2. 在观察特定临界雷诺数时，将转子流量计的读数由标定曲线转换为真实流量。

3. 由真实流量与观察段的横截面积算出管内流速，查出水的物性，算出各个观察点的雷诺数。

4. 找出流动状态上行时（下行时）从层流（湍流）向湍流（层流）转变时的雷诺数，此雷诺数即为上临界雷诺数（下临界雷诺数）。

六、思考题

1. 什么是雷诺数？说明其物理意义。

2. 解释什么是层流、湍流以及过渡流。

3. 简述影响管内流动状态的因素。

实验6　管道沿程阻力

一、实验目的

1. 掌握管道沿程阻力系数与雷诺数和管壁粗糙度的关系 $\lambda = f\left(Re, \dfrac{\varepsilon}{d}\right)$。

2. 学会用三角堰测量流量的方法和 U 形差压计的使用方法。

二、实验原理

流体沿着内径均匀的管道流动时，产生沿程阻力损失 h_f，h_f 与管长 L、管壁粗糙度 ε、流体流速 v、流体密度 ρ、流体黏度 μ 及流态等一系列因素有关，是一个很复杂的问题。

根据相似原理分析，可由下面关系式表示：

$$h_f = f\left(Re, \frac{\varepsilon}{d}\right) \times \frac{l}{d} \times \frac{v^2}{2g} \tag{2.16}$$

令　$\lambda = f\left(Re, \dfrac{\varepsilon}{d}\right)$，则

$$h_f = \lambda \times \frac{l}{d} \times \frac{v^2}{2g} \tag{2.17}$$

式中　λ——沿程阻力系数。

沿程阻力损失 h_f 由实验方法求得。

在实验管道两个测点处，取 I—I 和 II—II 断面，取其管轴中心线为基准面。因是不可压缩的定常流动，即可列出两段面间能量方程：

$$Z_1 + \frac{p_1}{\gamma} + \frac{v_1^2}{2g} = Z_2 + \frac{p_2}{\gamma} + \frac{v_2^2}{2g} + h_f \tag{2.18}$$

由于管道水平放置，故上式中 $Z_1 = Z_2$，同时因实验管道长度、方向和直径不变，所以有 $\frac{v_1^2}{2g} = \frac{v_2^2}{2g}$。则上式可写成：

$$h_f = \frac{p_1 - p_2}{\gamma} \tag{2.19}$$

式中，$\frac{p_1 - p_2}{\gamma}$ 为两断面的压差，由压力计测出。

实验管道内平均流速 v（m/s），由三角堰所测得的流量及管径计算求得：

$$v = \frac{4Q}{\pi d^2} \tag{2.20}$$

实验管道两测点间长度 l 和管道内径 d 均已知。因此，可求出该管道在某一流量工况下的沿程阻力系数：

$$\lambda = \frac{2gdh_f}{lv^2} \tag{2.21}$$

改变管道内流体流速 v（即改变流量 Q），可从实验管道上调节阀门的不同开度而实现。

沿程阻力损失 h_f 服从四种不同的规律：

1. 层流区

沿程阻力损失 h_f 与平均流速呈一次方关系，λ 可按下式计算：

$$\lambda = \frac{64}{Re} \tag{2.22}$$

2. 湍流光滑区

沿程阻力损失 h_f 与平均流速的 1.75 次方成正比，λ 可按下式计算：

$$\lambda = \frac{0.3164}{Re^{0.25}} \tag{2.23}$$

3. 湍流粗糙管过渡区

沿程阻力损失 h_f 与平均流速的（1.75～2）次方成正比，λ 可按下式计算：

$$\frac{1}{\sqrt{\lambda}} = -2\lg\left(\frac{2.51}{Re\sqrt{\lambda}} + \frac{\varepsilon}{3.7d}\right) \tag{2.24}$$

4. 紊流粗糙管阻力区

沿程阻力损失 h_f 与平均流速的平方成正比，λ 可按下式计算：

$$\frac{1}{\sqrt{\lambda}} = 2\lg\frac{d}{2\varepsilon} + 1.74$$

$$\lambda = \frac{1}{\left(2\lg\dfrac{d}{2\varepsilon} + 1.74\right)^2} \tag{2.25}$$

根据流体流动的雷诺数 Re 及管壁绝对粗糙度，用上述四个区域的经验公式计算出不同规律的沿程阻力系数 λ，与实验测得的沿程阻力系数比较一下，如果偏差太大，试分析一下原因。

三、主要仪器与试剂

1. 实验用水循环系统。

本实验用水为一个循环系统，各种设备装置如图2.9所示，在本室地下，是一个容积为150 m³ 的地下水库，由水源泵将水库的水打入恒位水箱保持恒定水位。

实验用水来自恒位水箱。恒位水箱的水，一部分供实验用，经过实验管道和流量测量水箱后流回到地下水库；另一部分则通过溢流管进入地下水库，即形成这样一个循环系统。

2. 沿程阻力实验装置

该实验装置由实验管路、三角量水堰水箱及U形差压计等设备组成，如图2.10所示。

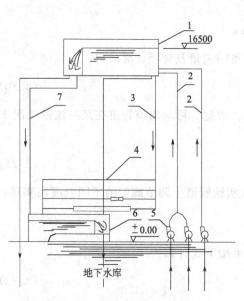

图2.9 实验用水循环系统图

1—恒位水箱；2—上水管；3—供水管；4—实验管路；
5—水源泵；6—流量测量水箱；7—溢流管

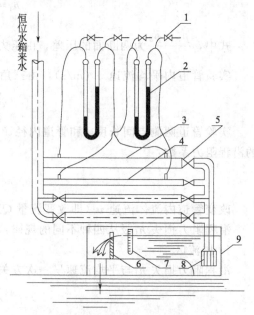

图2.10 沿程阻力实验装置示意图

1—排气阀；2—U形差压计；3—φ50mm实验管段；
4—φ20mm实验管段；5—阀门；6—三角堰；
7—标尺；8—喷头；9—水箱

该装置中的实验段采用镀锌钢管和黄铜管。镀锌管管径φ50mm，两测点间长度 $l=6$m；黄铜管管径φ20mm，$l=6$m。量水堰水箱外侧装有连通玻璃管和标尺，连通玻璃管的水位表示量水堰中的水位，水位变化高度可从标尺上读出，即 ΔH，以 mm 计，ΔH 称为堰顶的淹深。按 $Q=1.4\Delta H^{\frac{5}{2}}\tan\dfrac{\theta}{2}$ 公式即可求出 Q（m³/s）值。在该量水堰上，$\dfrac{\theta}{2}=45°$，也即 $\tan\dfrac{\theta}{2}=1$，见图2.11三角量水堰图。

利用U形差压计，测得实验段两点间压差。在使用差压计时，首先要排出连通管内气体，以保证测量准确，一般在实验前已由工作人员准备妥当。差压计读数时要准确，人的眼睛、液面和标尺刻度应保持水平。计算时，将汞柱换算成水柱（1mmHg=13.6mmH₂O）。

四、实验步骤

实验涉及高位恒位水箱、水箱泵、地下水库及各种管道。系统较庞大，因此实验时必须注意按步骤进行。

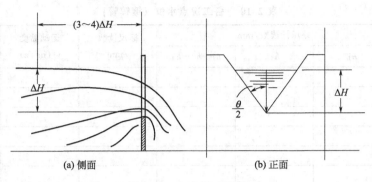

图 2.11　三角量水堰图

　　1. 启动水源泵，向五楼恒位水箱供水，等溢流水返回地下水库时，稳定 5min 后再进行实验。

　　2. 实验时先测量黄铜管。

　　① 关闭黄铜管上的调节阀和装置中其他管路阀门，使管路中的水不再泄入量水堰水箱。

　　② 当量水堰液面高度与堰顶相同时，水不再流动。$Q＝0$，这时读出量水堰外侧标尺读数记于表 2.9 中。

表 2.9　各工况点水位（黄铜管）

工况点	差压计读数/mm			标尺读数 /mm	运动黏度 $\nu/(\mathrm{m^2/s})$	备注
	h_1	h_2	$h_f＝h_1-h_2$			
1						
2						
3						
4						
5						
6						
7						
8						
9						
10						
11						
12						
13						
14						
15						

　　③ 实验时，通过调节阀的开度来改变流量，我们将顺序规定为由小到大。

　　④ 工况点共做 15 个左右。记好黄铜管上的调节阀手轮，每次开启 1/2 周，开启时必须缓慢，以免水银外泄。

　　⑤ 调节阀开启后，当有流量经过堰顶时，在量水堰水箱液面稳定后，要同时读出标尺读数和差压计读数，记入表 2.9 中，作为第一个工况点。后面的工况点方法同上。

　　⑥ 工况点做完后，记下水温，关闭调节阀，使水箱内 $Q＝0$。

　　3. 镀锌管的实验方法同上。工况点做 20 个左右，测量的数据计入表 2.10 中。

表 2.10　各工况点水位（镀锌管）

工况点	差压计读数/mm			标尺读数 /mm	运动黏度 $\nu/(m^2/s)$	备注
	h_1	h_2	$h_f=h_1-h_2$			
1						
2						
3						
4						
5						
6						
7						
8						
9						
10						
11						
12						
13						
14						
15						
16						
17						
18						
19						
20						

五、数据记录及处理

1. 根据流量 Q 计算出平均流速 v，再根据 v 及 h_f 计算出 λ 值，记入表 2.11 中。

2. 根据 v、d 及 r 值计算出 Re 值，记入表 2.12 中。

3. 用对数坐标纸绘出 $\lambda=f(Re)$ 曲线。

表 2.11　λ值

工况点	h_f/m	$Q=1.4\Delta H^{\frac{5}{2}}\tan\dfrac{\theta}{2}/(m^3/s)$	$v=\dfrac{4Q}{\pi d^2}/(m/s)$	$\lambda=\dfrac{2gdh_f}{lv^2}$
1				
2				
3				
4				
5				
6				
7				
8				
9				
10				

续表

工况点	$h_{\mathrm{f}}/\mathrm{m}$	$Q=1.4\Delta H^{\frac{5}{2}}\tan\dfrac{\theta}{2}/(\mathrm{m^3/s})$	$v=\dfrac{4Q}{\pi d^2}/(\mathrm{m/s})$	$\lambda=\dfrac{2gdh_{\mathrm{f}}}{lv^2}$
11				
12				
13				
14				
15				
16				
17				
18				
19				
20				

表 2.12 Re 值

工况点	λ 值	$Re=\dfrac{vd}{\nu}$	λ_1(光滑管)	λ_2(过渡区)	λ_3(阻力平方区)
1					
2					
3					
4					
5					
6					
7					
8					
9					
10					
11					
12					
13					
14					
15					
16					
17					
18					
19					
20					

六、思考题

1. 测压管内水面为什么上下跳动?

2. 为什么差压计中的读数差值便是沿程水头损失 h_{f}?

实验 7　管道湍流速度分布和局部阻力系数测定

一、实验目的

1. 测量圆管内湍流速度分布。
2. 测定管道截面突然扩大处的局部阻力系数。
3. 学习利用速度分布计算管内流量的方法和利用堰测流量的方法。
4. 学习测速管和微压计的使用。

二、实验原理

工业上的管道流动，多数处于湍流粗糙管的流动状态，其速度分布由下列对数式表达：

$$\frac{u}{v^*}=5.75\lg\frac{y}{\varepsilon}+8.48 \tag{2.26}$$

式中　y——离开管壁的距离；

　　　ε——管壁粗糙度；

　　　u——距离管壁为 y 处的速度；

　　　v^*——切应力速度。

$$v^*=(u_{\max}-v)/3.75$$

式中　$u_{\max}$——管中心最大速度；

　　　v——管内平均流速。

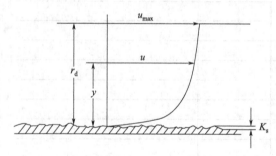

图 2.12　粗糙管内湍流速度对数分布

图 2.12 表示了粗糙管内湍流速度的对数分布规律。

工程上，是通过用测速管测量管道横截面的动压分布从而得到速度分布的。一般是在一个截面上沿两个互相垂直的直径方向取测点。当直径为 d，和取 10 个测点时，按对数-线性法，从直径一端算起，10 个测点的位置分别是：$0.019d$、$0.077d$、$0.153d$、$0.217d$、$0.361d$、$0.639d$、$0.783d$、$0.847d$、$0.923d$、$0.981d$。得到速度分布之后，就可以计算出管内的平均流速 v，即：

$$v=\frac{\sum\limits_{i=1}^{n}u_i}{n} \tag{2.27}$$

$$Q=\frac{\pi d^2}{4}v \tag{2.28}$$

实践证明，对数-线性法取测点较切线法取测点计算出的平均流速有更高的精度。

由于流体的相互碰撞、旋涡和二次流等原因所造成的出现在局部管段的能量损失称为局部能量损失或局部阻力。这些局部管段主要是管道中的弯头、阀门、孔板、弯道、收缩、扩大和进出口等。

图 2.13 所示是孔板流量计前后的压力变化情况。把孔板前后相应的取压点连到多管差压计上，就可以测出各点的压力大小。紧靠孔板前后两个取压点的压力差最大。但是孔板的

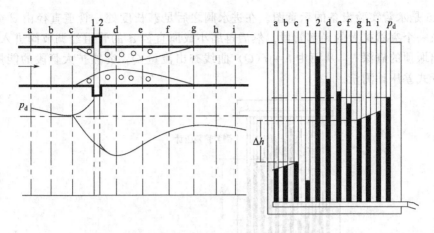

图 2.13　孔板前后压力变化及用多管差压计测量压力

局部阻力不取决于紧靠孔板前后取压点 1 和 2 处的压力差,而应当取决于 c 点和 g 点的压力差。

由局部能量损失的计算式:

$$h_j = \zeta \frac{v^2}{2g} \tag{2.29}$$

可知,测得 h_j 管内流体的平均流速 v,即可计算出局部阻力系数 ζ。

三、主要仪器与试剂

经验证明,从管道入口起算要经过 $(25\sim40)d$(d 为管道直径)的距离之后,才能形成完全发展的湍流。图 2.14 所示为风管实验设备,在距风管入口 $40d$ 处,安装了一个毕托管。毕托管架设在坐标仪上,能从风管直径的一端移动到另一端,准确地测出该测点的总压 p_{0i},同时在管壁上开孔测静压 p,开孔与毕托管端部应处在管道的同一截面上。这样该截面上任一点的动压 $\frac{1}{2}\rho u_i^2$($= p_{0i} - p$)就被测量了。压差($p_{0i} - p$)由倾斜微压计测量。多管式差压计用来测量突然扩大管段前后的压力变化。

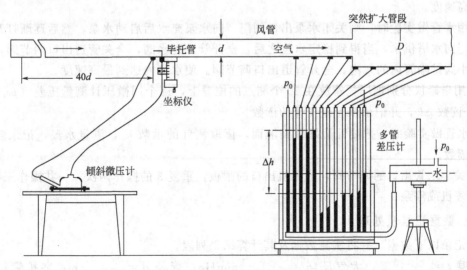

图 2.14　风管实验设备

图 2.15 是水管实验设备的示意图。在进水阀之后足够长度处，管道直径由 d 突然扩大到 D，形成一个突然扩大的局部管段。然后再缩小成原直径 d 的管道经调节阀进入量水堰。由测针测出堰顶的淹深 h，从而由 $h = f(Q)$ 曲线查出流量 Q。突然扩大管段的能量损失由倒置的多管式差压计测量。

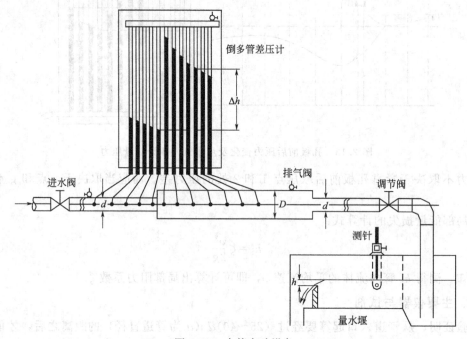

图 2.15　水管实验设备

四、实验步骤

1. 了解坐标仪、倾斜微压计、多管式差压计和量水堰的原理和使用方法。实验之前到实验室熟悉设备和仪器的结构，理解对数-线性法测动压和计算流量的原理。

2. 准备工作就绪之后，将风机出口闸板关严，启动风机。然后把闸板全开，使风管内达到最高速度。

使用水管做实验时，则关闭水泵出口阀门，向水泵充水后启动水泵，然后逐渐打开水泵出口阀门向水塔供水，当得到稳定水位之后，全开管道进水阀，全关管道出口调节阀，用管上排气小阀排除管内的气泡。全开管道出口调节阀。使水管内达到最高速度。

3. 用坐标仪分别把毕托管放在 10 个测点的位置上，逐个用微压计测量压差（$p_{0i} - p$），得 10 个读数 Δl_i，并记录多管差压计的读数。

用水管做实验时，把测针恰好碰到液面，读取测针的示数 h_2，测量水温，记录多管差压计的读数。

4. 关小水管出口的调节阀，或风机出口的闸板，重复 3 的操作两次，一共操作三次。

5. 停机或停泵。

五、数据记录及处理

1. 记录以下数据，并将实测数据及其计算结果列表。

室温 $t =$ ＿＿＿℃；大气压 $p_a =$ ＿＿＿ mmHg；管径 $d =$ ＿＿＿ m；突扩管径 $D =$ ＿＿＿ m；水温 $t' =$ ＿＿＿℃；微压计常数 $K =$ ＿＿＿；空气运动黏度 $\nu_{空气} =$ ＿＿＿ m²/s；

水运动黏度 $\nu_水 =$ _____ m^2/s；堰顶高度 $H =$ _____ m；空气密度 $\rho = 0.46 p_a/(273+t) =$ _____ kg/m^3。

在风管中做实验时的实测数据及计算结果列入表 2.13，在水管中做实验时的实测数据列入表 2.14。

表 2.13 风管紊流速度分布和局部阻力系数测定记录

项目		1		2		3	
		Δl_i	u_i	Δl_i	u_i	Δl_i	u_i
各测点读数	0.019d						
	0.077d						
	0.153d						
	0.217d						
	0.361d						
	0.639d						
	0.783d						
	0.847d						
	0.923d						
	0.981d						
平均流速 v							
雷诺数 Re							
多管差压计读数 Δh							
局部能量损失 h_j							
局部阻力系数 ζ							
局部阻力系数理论值 ζ_T							

表 2.14 水管紊流速度分布和局部阻力系数测定记录

项目	1	2	3
测针读数 h_2			
堰顶的淹深 h			
流量 Q			
流速 v			
雷诺数 Re			
多管差压计读数 Δh			
局部能量损失 h_j			
局部阻力系数 ζ			
局部阻力系数理论值 ζ_T			

2. 画出速度分布图。

3. 比较局部阻力系数的实测值 ζ 与理论值 ζ_T，计算相对误差。

4. 说明局部阻力系数 ζ 与雷诺数 Re 的关系。

六、思考题

1. 试比较图 2.13、图 2.14 和图 2.15 三个多管式差压计的液柱高度变化。为什么有这样的变化？

2. 图 2.15 所示是一个倒置的多管式差压计，各测压管的上部和连通母管内是空气。如果把连通母管除掉，每根测压管都通向大气，则各测压管测的是表压力。试问这两种情况下所测得的压差是否相等？为什么要用倒置式的？如果把这个倒置的多管差压计正置在管道的下方，问会出现什么情况？还能用吗？

3. 应该取哪两根测压管的读数之差 Δh，才能正确地代表突然扩大管局部管段的能量损失？

实验 8　绕圆柱体压力分布

一、实验目的
1. 学习测量被绕流物体表面压力分布的方法。
2. 通过实验了解实际流体绕圆柱体流动时，其表面的压力分布情况。
3. 与理论压力分布相比较，了解实际流体绕物体流动时，物体所受形状阻力的来源。

二、实验原理
理想流体平行流绕圆柱体作无环量流动时，圆柱体表面的速度分布规律是：

$$\begin{cases} v_r = 0 \\ v_\theta = -2v_\infty \sin\theta \end{cases} \tag{2.30}$$

而圆柱体表面上任一点的压力 p，可由伯努利方程得出：

$$\frac{p}{\gamma} + \frac{v_\theta^2}{2g} = \frac{p_\infty}{\gamma} + \frac{v_\infty^2}{2g} \tag{2.31}$$

式中　p_∞——无穷远处流体的压力；

　　　v_∞——无穷远处流体的速度。

工程上习惯用无因次的压力系数 C_p 来表示流体作用在物体上任一点的压力。由上两式可得到绕圆柱体流动的理论压力系数：

$$C_p = \frac{2(p - p_\infty)}{\rho v_\infty^2} = 1 - 4\sin^2\theta \tag{2.32}$$

实际流体具有黏性，达到某一雷诺数后，在圆柱体后面便产生旋涡，形成尾涡区。从而破坏了前后压力分布的对称，形成压差阻力。实际的压力系数分布可实测得到，其中动压 (N/m^2)：

$$\frac{1}{2}\rho v_\infty^2 = p_0 - p_\infty = 9.81(h_0 - h_\infty) \tag{2.33}$$

式中　h_0——来流总压 p_0 的值，mmH_2O；

　　　h_∞——来流静压 p 的值，mmH_2O；

　　　9.81——由 mmH_2O 换成 N/m^2 应乘的系数。

圆柱体表面任一点压力与来流压力之差 (N/m^2)：

$$p_0 - p_\infty = 9.81(h - h_\infty) \tag{2.34}$$

式中　h——圆柱体表面任一点压力 p 的值，mmH_2O。

这样，压力系数为：

$$C_p = \frac{2(p - p_\infty)}{\rho v_\infty^2} = \frac{9.81(h - h_\infty)}{9.81(h_0 - h_\infty)} = \frac{h - h_\infty}{h_0 - h_\infty} \tag{2.35}$$

因为流动是低速的，所以可认为流体是不可压缩的，即流体密度 $\rho =$ 常数。实验是在风洞里做的，流动是均匀定常的。实验条件下的雷诺数为：

$$Re=\frac{v_\infty D}{\nu}$$

式中　D——圆柱体的直径，$D=2R$，m。

三、主要仪器与试剂

图 2.16 是实验设备的简图，圆柱体安装在风洞的试验段里。一般闭式风洞的试验段都有透明的观察窗口。圆柱体的轴与来流方向垂直。在圆柱体的表面上有一个测压孔，压力则由与圆柱体相垂直的试验段壁面上引出。圆柱体可以绕自身轴转动，压力引出口位置的角度 θ 由一个圆形刻度盘读取。θ 的间隔是 10°，每隔 10°测圆柱体上一点的表面压力。在圆柱体的上游截面上架设一只毕托管，以测量来流的总压 p_0，并在这个截面处的试验段壁面四周开测压孔，测量来流的静压 p_∞。毕托管可以上下或前后移动。

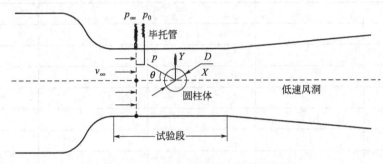

图 2.16　绕圆柱体压力分布实验简图

四、实验步骤

1. 了解实验风洞、毕托管的安装，圆柱体模型的装架，液柱式测压计与测压点的连接。将圆柱体的测压孔对准来流，使 $\theta=0°$。把液柱式测压计底座调到水平位置。

2. 开启风洞，分别测出来流总压 p_0 的值 h_0 和静压 p_∞ 的值 h_∞。将毕托管仔细地提高到靠近试验段上壁面最高位置，以免扰乱绕圆柱体的气流。测量圆柱体表面压力 p 的值 h。

3. 转动圆柱体，每隔 10°测量一次圆柱体表面压力 p 的值，共计转动 35 次。

4. 调整风洞的风速，重复 2 和 3 的操作，可以测得不同雷诺数下的另一组压力分布。如有可能，可使雷诺数 $Re\geqslant5\times10^5$，即测定超临界时的压力分布。

5. 停机。

五、数据记录及处理

1. 记录以下数据，计算亚临界和超临界情况下的 v_∞ 和 Re 并将实测数据及其计算出的 C_p 数值列入表 2.15。

室温 $t=$＿＿＿＿℃；大气压 $p_a=$＿＿＿＿mmHg；圆柱体直径 $D=$＿＿＿＿m；空气运动黏度 $\nu=$＿＿＿＿m²/s；试验段长 =＿＿＿＿m；试验段高 =＿＿＿＿m；试验段宽 =＿＿＿＿m。

亚临界：$h_0=$＿＿＿＿mmH₂O；$h_\infty=$　mmH₂O；$\rho=0.46\dfrac{p_a}{273+t}=$＿＿＿＿$\dfrac{kg}{m^3}$；

$v_\infty=\sqrt{\dfrac{2\times9.81}{\rho}(h_0-h_\infty)}=$＿＿＿＿m；$Re=\dfrac{v_\infty D}{\nu}=$＿＿＿＿。

超临界：$h_0=$＿＿＿＿mmH₂O；$h_\infty=$＿＿＿＿mmH₂O；$\rho=0.46\dfrac{p_a}{273+t}=$＿＿＿＿$\dfrac{kg}{m^3}$；

$v_\infty=\sqrt{\dfrac{2\times9.81}{\rho}(h_0-h_\infty)}=$＿＿＿＿m；$Re=\dfrac{v_\infty D}{\nu}=$＿＿＿＿。

表 2.15　绕圆柱体压力分布测定记录

θ/(°)	亚临界		超临界	
	$h-h_\infty$	C_p	$h-h_\infty$	C_p
0				
10				
350				
20				
340				
30				
330				
40				
320				
50				
310				
60				
300				
70				
290				
80				
280				
90				
270				
100				
260				
110				
250				
120				
240				
130				
230				
140				
220				
150				
210				
160				
200				
170				
190				
180				

2. 画出如图 2.17 所示的 $C_p = f(\theta)$ 曲线图，并对实验所得的压力分布曲线进行分析。

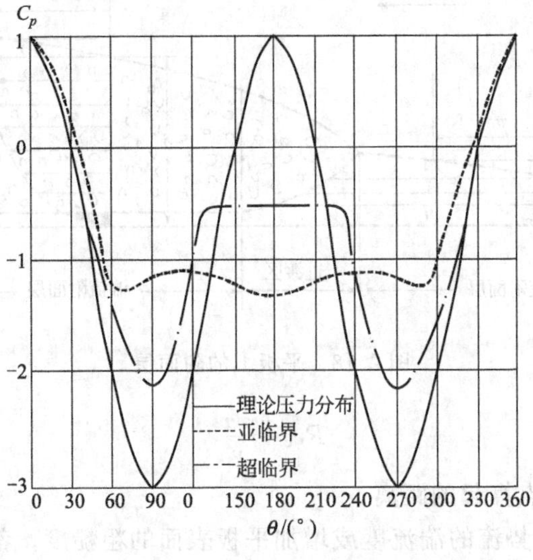

图 2.17　绕圆柱体的理论和实验的压力分布曲线

六、思考题

1. 将一根毕托管插在风洞的试验段中，如何知道皮托管的尖端对准了来流？可用什么办法检查？

2. 圆柱体在风洞试验段横截面上的投影面积与风洞试验段横截面面积之比称为阻塞比。试计算本实验的阻塞比。

3. 这里介绍的吸风式风洞，其试验段是封闭的，在这种情况下 h_0 和 h_∞ 是正值还是负值？如果风洞的试验段是向大气开口的，这个实验怎么做？

实验 9　平板附面层速度分布

一、实验目的

1. 通过实验证实，当黏性流体绕物体流动而雷诺数较大时，靠近壁面处确有一流速从零迅速地增加到层外势流的流速的薄层存在，从而进一步加深对附面层基本特征的理解。

2. 测定平板附面层的速度分布。

3. 测定平板附面层厚度沿流动方向的变化。

4. 测定平板上层流附面层转变为湍流附面层的过渡区。

二、实验原理

由实验证实，当实际黏性流体绕物体表面流动而雷诺数较大时，直接与表面接触的流体的速度为零，通过速度梯度较大的一层很薄的流体层，流体的速度 u 增加到层外势流的速度 v，这一层流体层叫附面层。

气流绕平直的光滑板作定常流动时，附面层沿流动方向在平板上的变化如图 2.18 所示。附面层沿平板逐渐增厚，开始是层流，经过一段距离之后，层流变为湍流。表示转变的特征参数是临界雷诺数，即：

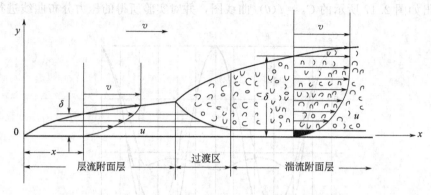

图 2.18　平板上的附面层

$$Re_c = \frac{vx}{\nu} \tag{2.36}$$

式中　x——从平板前缘点算起的距离。

实验证明，增加层外势流的湍流度或增加平板表面的粗糙度，都会降低临界雷诺数。因此不可能给出唯一的临界雷诺数，对于平板 Re_c 一般是在 $5 \times 10^5 \sim 3 \times 10^8$ 范围内。

一般把附面层厚度 δ 定义为在附面层的外边界上流速达到层外势流速度 v 的 99% 时的厚度。这不是个令人满意的概念，因为速度达到层外势流速度 v 的 99% 时的距离与测量精度有关。更为有用的厚度概念是所谓位移厚度 δ_1 和动量损失厚度 δ_2：

$$\delta_2 = \int_0^\infty \frac{u}{v}\left(1 - \frac{u}{v}\right)\mathrm{d}y \tag{2.37}$$

如果测得了附面层的速度分布曲线 $y = f\left(\dfrac{u}{v}\right)$，就可以做出 $y = f\left(1 - \dfrac{u}{v}\right)$ 和 $y = f \times \left[\dfrac{u}{v}\left(1 - \dfrac{u}{v}\right)\right]$ 曲线，并能量出曲线下面的面积，从而得到 δ_1 和 δ_2。

在距平板前缘点不同 x 处的附面层速度分布曲线作出之后，即可看到 δ 随 x 增加而增厚。把距平板表面同一高度 y 而不同 x 处的附面层速度分布 u/v 画出来，很容易找到附面层由层流过渡到湍流的过渡区。图 2.19 中（a）是机翼不同弦长百分数处的附面层速度分布；

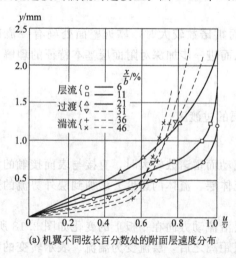

(a) 机翼不同弦长百分数处的附面层速度分布

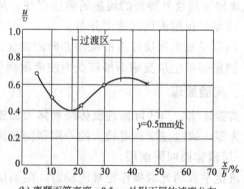

(b) 离翼面等高度 y=0.5mm 处附面层的速度分布

图 2.19　机翼附面层速度分布

（b）是距机翼表面等高度 $y=0.5mm$ 时附面层速度沿弦长的分布。从图 2.19（b）中可以看到，大约在翼弦的 18％处开始了转变。过渡区约在翼弦的 35％处结束。在距壁面同一距离处，附面层内层流区的速度，随弦长增加而逐渐降低；附面层内湍流区的速度，随弦长增加也降低。但在过渡区，因为这里的层流附面层反而变薄了，所以速度提高了一些。

在光滑的平板上，同样可以做出如图 2.19 所示的附面层速度分布，找到过渡区。

三、主要仪器与试剂

图 2.20 是实验设备仪器的简图。在低速风洞的试验段垂直于两侧壁面安装一块带尖劈的光滑平板。在试验段上部安放导轨，坐标仪可以沿试验段作轴向滑动，滑动距离 x 由导轨上的刻度指示。

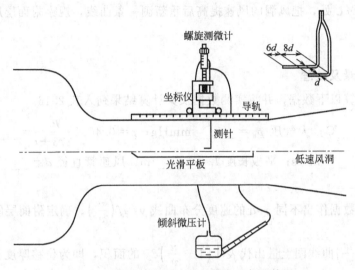

图 2.20 平板附面层实验的设备和仪器简图

所使用的微型测速管测针是由单独的静压管和毕托管组成的，两根管子平行并排在一个水平面上，使静压管的静压测孔和毕托管的总压测孔在试验段的同一个截面上。静压管的半球形头部经过仔细加工并且进行校准。静压管与毕托管的直径 $d\approx0.5mm$。

微型测速管在 y 向移动的距离，由坐标仪上的螺旋测微计的刻度指示，示数可以读到 0.01mm。

所测总压 p_0 和静压 p 引入倾斜微压计，即可测出离开平板表面某一距离 y 处的速度 u（m/s）：

$$u=\sqrt{\frac{2}{\rho}(p_0-p)}=\sqrt{\frac{2\times9.81}{\rho}K\Delta l} \tag{2-38}$$

式中 ρ——空气密度，kg/m³；

9.81——由 mmH₂O 换成 N/m² 应乘的系数；

K——倾斜微压计的仪表常数；

Δl——倾斜微压计读数，mm。

所用平板是经过磨削加工的光滑平板，长 $L=600mm$。当测针靠近平板表面时，即映出测针的影像。测量时要恰好使测针和它的像相碰，表示测针刚好触到平板的表面。也可以在平板和测针之间接一低压电源，当两者一接触，电路接通发出信号。此外，也可用一只万用电表检查测针是否和平板恰好接触。

四、实验步骤

1. 熟悉实验设备及仪器。将倾斜微压计底座调到水平位置，排出微压计中存在的气泡。

2. 启动风洞。将试验段的风速调到约 20m/s 左右，使平板前端形成的层流附面层尽可能延续得长一些。

3. 移动坐标仪，使测点距平板前缘点的距离 $x=3\%L$，转动螺旋测微计，使测针恰好与平板表面相接触，这时开始读取动压值。然后使测针逐渐离开表面，每隔 1.0mm 读一次数，直到微压计的读数基本不变时为止。

4. 分别在 $x=6\%L$、$10\%L$、$20\%L$、$40\%L$ 和 $60\%L$ 处，重复步骤 3。一共测六条速度分布曲线。

5. 在 $x=60\%L$ 处，把风洞的风速提高后重新测一条曲线，观察附面层厚度 δ 随雷诺数变化的情况。

6. 停机。

五、数据记录及处理

1. 记录和计算以下数据，并将实测数据及其计算结果列入表 2.16。

室温 $t=$ _____ ℃；大气压 $p_a=$ _____ mmHg；$\rho=0.46\times\dfrac{p_a}{273+t}=$ _____ kg/m³；空气运动黏度 $\nu=$ _____ m²/s；平板长度 $L=$ _____ m；风速管直径 $d=$ _____ mm；微压计仪表常数 $K=$ _____ 。

2. 根据实验数据作出不同 x 处的速度分布曲线 $y=f\left(\dfrac{u}{v}\right)$。确定附面层厚度 δ 的数值。

3. 从 $y=f\left(\dfrac{u}{v}\right)$ 曲线图上量出代表 $\displaystyle\int_0^\infty\left(1-\dfrac{u}{v}\right)\mathrm{d}y$ 的面积，即为位移厚度 δ_1。

4. 设 $\dfrac{u}{v}=0.5\quad 0.6\quad 0.7\quad 0.8\quad 0.9\quad 1.0$

$\dfrac{u}{v}\left(1-\dfrac{u}{v}\right)=0.25\quad 0.24\quad 0.21\quad 0.16\quad 0.09\quad 0$

从 $y=f\left(\dfrac{u}{v}\right)$ 曲线上推出 $\dfrac{u}{v}\left(1-\dfrac{u}{v}\right)$ 的数，画出 $y=f\left[\dfrac{u}{v}\left(1-\dfrac{u}{v}\right)\right]$ 的曲线，量出 $\displaystyle\int_0^\infty\dfrac{u}{v}\left(1-\dfrac{u}{v}\right)\mathrm{d}y$ 的面积，即为动量损失厚度 δ_2。

5. 作出离平板表面等高度 y 处的速度分布曲线 $\dfrac{u}{v}=f\left(\dfrac{x}{L}\right)$，求出由层流附面层转变为湍流附面层的过渡区。

6. 写出本实验的结论。

六、思考题

1. 实验作出了不同 x 处的速度分布曲线 $y=f\left(\dfrac{u}{v}\right)$，如何确定该处的附面层厚度 δ？

2. 在测量附面层内动压（p_0-p）过程中，怎样从螺旋测微计上直接读出附面层的厚度？

3. 当流体绕流实验平板时，由层流变为湍流的转折取决于哪些因素？

表 2.16　平板附面层速度分布

测点	x=3%L				x=6%L				x=10%L				x=20%L				x=40%L				x=60%L			
	y	Δl	u	u/v	Δl	y	u	u/v	Δl	y	u	u/v	Δl	y	u	u/v	Δl	y	u	u/v	Δl	y	u	u/v
1																								
2																								
3																								
4																								
5																								
6																								
7																								
8																								
9																								
10																								
11																								
…																								
	$v=$	$\delta=$	$Re=$		$v=$	$\delta=$	$Re=$		$v=$	$\delta=$	$Re=$		$v=$	$\delta=$	$Re=$		$v=$	$\delta=$	$Re=$		$v=$	$\delta=$	$Re=$	
	$\delta_1=$	$\delta_2=$			$\delta_1=$	$\delta_2=$			$\delta_1=$	$\delta_2=$			$\delta_1=$	$\delta_2=$			$\delta_1=$	$\delta_2=$			$\delta_1=$	$\delta_2=$		

实验 10　附面层对绕流物体阻力的影响

一、实验目的

1. 通过实验加深对实际流体绕过物体流动时必产生阻力这一概念的理解，明确阻力与物体形状有很大关系。

2. 被绕流的圆柱体下游产生的尾涡区，是由附面层分离造成的。通过实验了解改变附面层的性质使其分离点后移，从而减少阻力的重要性。

3. 研究圆柱体尾涡区中的速度分布，并根据动量定理确定圆柱体的阻力系数，掌握测定阻力的一种方法。

二、实验原理

气流绕过圆柱体流动时，由于黏性作用，在圆柱体表面上形成附面层，附面层分离后在圆柱体后面形成尾涡区。根据动量定理，可以确定气流流过圆柱体时单位长度圆柱体受到的阻力。

在图 2.21 所示的定常流场中，画出一个单位宽度的控制体，它的投影面 $ABCD$ 是由远离圆柱体处与来流方向相垂直的高为 h 的直线 AB 和 CD、与来流方向平行的直线 BC 和 AD 以及圆柱体截面的周线所围成。AB 截面上的气流参数为未被扰动的来流参数 p_0、p_∞、v_∞、ρ。CD 截面的气流参数是尾涡区中的参数 p_{01}、p_1、ρ 和 u_1。因为尾涡区中气流速度比来流的低，因此必有一部分流体通过 BC 和 AD 截面流出，于是：

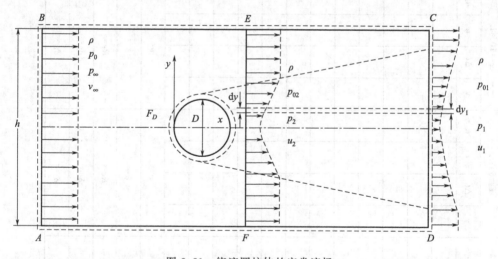

图 2.21　绕流圆柱体的定常流场

通过 AB 截面流入控制体的质量流量为 $\rho v_\infty h$，单位时间在 x 方向流入的动量为 $\rho v_\infty^2 h$；

通过 CD 截面流出控制体的质量流量为 $\displaystyle\int_{-\frac{h}{2}}^{+\frac{h}{2}} \rho u_1 \mathrm{d}y_1$，单位时间在 x 方向流出的动量为

$$\int_{-\frac{h}{2}}^{+\frac{h}{2}} \rho u_1{}^2 \mathrm{d}y_1 \text{。}$$

由于连续性条件，通过 BC 和 AD 截面流出的质量流量为 $\left(\rho v_\infty h-\int_{-\frac{h}{2}}^{+\frac{h}{2}}\rho u_1\mathrm{d}y_1\right)$，单位时间在 x 方向流出的动量为 $\left(\rho v_\infty h-\int_{-\frac{h}{2}}^{+\frac{h}{2}}\rho u_1\mathrm{d}y_1\right)v_\infty$。

根据动量定理，控制体内单位时间里动量的变化等于作用在控制面上外力的矢量和，因此在 x 方向动量的变化是流出控制体的动量减去流入控制体的动量。外力在 x 方向的矢量和是 $(p_\infty-p_1)h-F_D$，于是得到下式：

$$-\int_{-\frac{h}{2}}^{+\frac{h}{2}}\rho u_1(v_\infty-u_1)\mathrm{d}y_1=(p_\infty-p_1)h-F_D \tag{2.39}$$

因为 CD 截面离圆柱体足够远，p_1 很接近 p_∞，可认为 $p_\infty=p_1$，则圆柱体在 x 方向上对流动产生的阻力为：

$$F_D=-\int_{-\frac{h}{2}}^{+\frac{h}{2}}\rho u_1(v_\infty-u_1)\mathrm{d}y_1 \tag{2.40}$$

为了测量方便，一般不取 CD 截面而取靠近圆柱体的 EF 面，而 EF 截面上的气流参数是 ρ、p_{02}、p_2 和 u_2。在 EF 截面和 CD 截面之间取流束，应用连续方程则有：

$$\rho u_2\mathrm{d}y=\rho u_1\mathrm{d}y_1 \tag{2.41}$$

假设气流从靠近圆柱体的截面 EF 向远离圆柱体的截面 CD 的流动没有损失，则在 EF 和 CD 截面之间沿每条流束的总压保持不变，即：

$$p_{02}=p_{01} \tag{2.42}$$

引进总压的表达式为：

$$p_{02}=p_2+\frac{1}{2}\rho u_2^2=p_{01}=p_1+\frac{1}{2}\rho u_1^2=p_\infty+\frac{1}{2}\rho u_1^2$$

这样，由 $\frac{1}{2}\rho u_1^2=p_{02}-p_\infty$，

得

$$u_1=\sqrt{\frac{2}{\rho}(p_{02}-p_\infty)} \tag{2.43}$$

由 $\frac{1}{2}\rho u_2^2=p_{02}-p_2$，

得

$$u_2=\sqrt{\frac{2}{\rho}(p_{02}-p_2)} \tag{2.44}$$

在 AB 截面有 $\frac{1}{2}\rho v_\infty^2=p_0-p_\infty$，

故得

$$v_\infty=\sqrt{\frac{2}{\rho}(p_0-p_\infty)} \tag{2.45}$$

将以上式代入阻力系数表达式，即可得：

$$C_D=\frac{F_D}{\frac{1}{2}\rho v_\infty^2 A}=\frac{F_D}{\frac{1}{2}\rho v_\infty^2 D\times 1}=\frac{2}{D}\int_{-\frac{h}{2}}^{+\frac{h}{2}}\sqrt{\frac{p_{02}-p_2}{p_0-p_\infty}}\left(1-\sqrt{\frac{p_{02}-p_\infty}{p_0-p_\infty}}\right)\mathrm{d}y \tag{2.46}$$

为了使测量更简单些，可将上式简化。将式中的一项写成如下形式：

$$\sqrt{\frac{p_{02}-p_2}{p_0-p_\infty}}=\sqrt{\frac{p_{02}+p_0-p_0+p_\infty-p_\infty-p_2}{p_0-p_\infty}}=\sqrt{1-\frac{p_0-p_{02}}{p_0-p_\infty}+\frac{p_\infty-p_2}{p_0-p_\infty}} \tag{2.47}$$

而这里的（$p_\infty-p_2$）是来流与尾涡中的静压之差，实验表明这项差值很小，可以忽略不计，这样有：

$$\sqrt{\frac{p_{02}-p_2}{p_0-p_\infty}}=\sqrt{1-\frac{p_0-p_{02}}{p_0-p_\infty}} \tag{2.48}$$

式（2.46）中的另一项可写成以下形式：

$$\sqrt{\frac{p_{02}-p_\infty}{p_0-p_\infty}}=\sqrt{\frac{p_{02}+p_0-p_0-p_\infty}{p_0-p_\infty}}=\sqrt{1-\frac{p_0-p_{02}}{p_0-p_\infty}} \tag{2.49}$$

于是式（2.46）可简化为：

$$C_D=\frac{2}{D}\int_{-\frac{h}{2}}^{+\frac{h}{2}}\sqrt{1-\frac{p_0-p_{02}}{p_0-p_\infty}}\left(1-\sqrt{1-\frac{p_0-p_{02}}{p_0-p_\infty}}\right)\mathrm{d}y \tag{2-50}$$

令

$$Y=\sqrt{1-\frac{p_0-p_{02}}{p_0-p_\infty}}\left(1-\sqrt{1-\frac{p_0-p_{02}}{p_0-p_\infty}}\right)$$

则

$$C_D=\frac{2}{D}\int_{-\frac{h}{2}}^{+\frac{h}{2}}Y\mathrm{d}y \tag{2-51}$$

由此可知，只要测出某风速下来流的动压（p_0-p_∞）以及该风速下来流总压与尾涡区内总压之差（p_0-p_{02}）在 EF 截面上的分布，即得出 $Y=f(y)$ 曲线，使 Y 在 EF 截面的尾涡区上所包络的面积乘以 $2/D$，就可以得到单位长度上圆柱体的阻力系数 C_D。

三、主要仪器与试剂

图 2.22 是实验设备和仪器的简图。圆柱体水平地安装在风洞的试验段中，其轴线应垂直于试验段的轴线；圆柱体可以绕自身轴转动；平行圆柱体轴线的两根细的金属丝（绊丝）相隔 90°，贴在圆柱体的表面上。在离圆柱体较远的上游处，（p_0-p_∞）值由毕托管和壁面静压孔测量，并引入 1 号微压计。靠近圆柱体尾涡区内的 p_{02} 由 2 号坐标仪上的毕托管测量，并由 2 号微压计指示（p_0-p_{02}）的值。

四、实验步骤

1. 熟悉实验设备和仪器。转动圆柱体使绊丝位于圆柱体背风面的上、下对称位置。把倾斜微压计调好水平位置。

2. 启动风洞。启动 1 号坐标仪的电动机，使圆柱体上游的毕托管处于风洞试验段中心位置，由 1 号倾斜微压计上读取 Δl_1，（p_0-p_∞）的值 $\Delta h_\infty=K_1\Delta l_1$（单位为 mmH$_2$O），其中 K_1 为仪表常数。

3. 将 2 号坐标仪沿风洞轴向移动，使毕托管的尖端距圆柱体的后缘点（0.5～1.0）D 处，把这里作为测量面 EF。横向移动毕托管，使毕托管尖端对准圆柱体的后缘点，测量第一个（p_0-p_{02}）的值，得 $\Delta h_2=K_2\Delta l_2$。然后使毕托管离开尾涡区中心，每隔 2 mm 记录一次，直到 $\Delta h_{2i}=0$ 为止。再把毕托管退回原位（即毕托管尖端对准圆柱体后缘点），离开中心向另一方向移动毕托管，每隔 2 mm 记录一次，直到 $\Delta h_{2j}=0$ 为止。尾涡宽度（mm）$y=2(i+j)$。

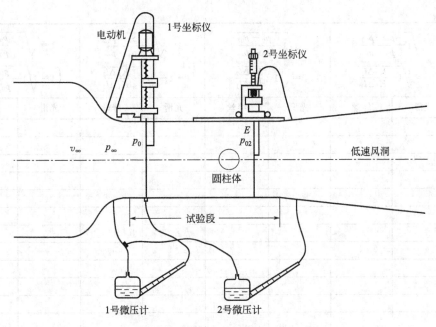

图 2.22　实验 10 的设备和仪器简图

4. 将圆柱体转动 $180°$，使绊丝与来流呈 $\pm45°$。重复步骤 2 和 3 的操作。

五、数据记录及处理

1. 记录和计算以下数据，并将实测数据及其计算结果列入表 2.17。

表 2.17　附面层对绕流物体阻力测定记录

y	$\sqrt{1-\dfrac{p_0-p_{02}}{p_0-p_\infty}}$ $=\sqrt{1-\dfrac{K_2\Delta l_2}{K_1\Delta l_1}}$		$\sqrt{1-\dfrac{p_0-p_{02}}{p_0-p_\infty}}$ $=\sqrt{1-\dfrac{K_2\Delta l_2}{K_1\Delta l_1}}$		$1-\sqrt{1-\dfrac{p_0-p_{02}}{p_0-p_\infty}}$ $=1-\sqrt{1-\dfrac{K_2\Delta l_2}{K_1\Delta l_1}}$		$Y=\sqrt{1-\dfrac{p_0-p_{02}}{p_0-p_\infty}}$ $\left(1-\sqrt{1-\dfrac{p_0-p_{02}}{p_0-p_\infty}}\right)$	
	光滑	绊丝	光滑	绊丝	光滑	绊丝	光滑	绊丝
i								
10								
9								
8								
7								
6								
5								
4								
3								
2								
1								
0								

续表

y	$\sqrt{1-\dfrac{p_0-p_{02}}{p_0-p_\infty}}$ $=\sqrt{1-\dfrac{K_2\Delta l_2}{K_1\Delta l_1}}$		$\sqrt{1-\dfrac{p_0-p_{02}}{p_0-p_\infty}}$ $=\sqrt{1-\dfrac{K_2\Delta l_2}{K_1\Delta l_1}}$		$1-\sqrt{1-\dfrac{p_0-p_{02}}{p_0-p_\infty}}$ $=1-\sqrt{1-\dfrac{K_2\Delta l_2}{K_1\Delta l_1}}$		$Y=\sqrt{1-\dfrac{p_0-p_{02}}{p_0-p_\infty}}$ $\left(1-\sqrt{1-\dfrac{p_0-p_{02}}{p_0-p_\infty}}\right)$	
	光滑	绊丝	光滑	绊丝	光滑	绊丝	光滑	绊丝
1								
2								
3								
4								
5								
6								
7								
8								
9								
10								
j								

室温 $t=$ _____ ℃；　　大气压 $p_a=$ _____ mmHg；空气密度 $\rho=0.46p_a/(273+t)=$ _____ kg/m³；空气运动黏度 $\nu=$ _____ m²/s；圆柱体直径 $D=$ _____ mm；1 号微压计读数 $\Delta l_1=$ _____ mm；1 号微压计仪表常数 $K_1=$ _____ ；2 号微压计仪表常数 $K_2=$ _____ 。

来流速度 $v_\infty=\sqrt{\dfrac{2\times9.81}{\rho}K_1\Delta l_1}=$ _____ m/s；雷诺数 $Re=\dfrac{v_\infty D}{\nu}=$ _____ 。

2. 在方格纸上画出 $Y=f(y)$ 曲线，数出曲线下面的方格数，得曲线所包络的面积 $\int_{-\frac{h}{2}}^{+\frac{h}{2}}Y\mathrm{d}y$。也可用面积仪，量出曲线所包络的面积。为了求得精确面积数，可把 Y 和 y 值放大 5 倍或 10 倍作图。按式 $C_D=\dfrac{2}{D}\displaystyle\int_{-\frac{h}{2}}^{+\frac{h}{2}}Y\mathrm{d}y_i$ 计算圆柱体阻力系数。

3. 将所得到的光滑圆柱体阻力系数和带绊丝的圆柱体阻力系数值，点在图 2.23 上，进行比较和分析。

六、思考题

1. 物体在实际流体中运动时，受到的阻力是摩擦阻力与压差阻力之和。动量法测出的阻力包括摩擦阻力吗？为什么？

2. 在圆柱体表面上与来流呈±45°处加两根绊丝，试分析绊丝对流动的影响。会使圆柱体的阻力增加吗？

3. 如果在圆柱体的后面加上一个尖的尾巴，形成类似于对称机翼的形状。其阻力比圆柱体的大还是小呢？由此可以得出什么结论？

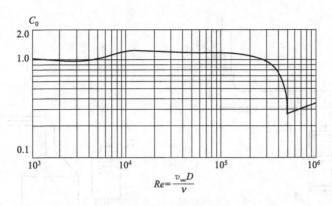

图 2.23 圆柱体的阻力系数与雷诺数的关系曲线

实验 11 烟风洞中流体可视化演示

一、实验目的

1. 观察流体流动的迹线和流线。

2. 观察流体绕不同物体流动时的各种流动现象:

(1) 绕机翼无分离和有分离的流动;

(2) 绕圆柱体的流动和卡门涡;

(3) 绕顺排和叉排管束的流动。

二、实验原理

在风洞气流中加入条条烟缕,借助光对油烟质点的散射,显示出流体质点的运动,这就是烟风洞观察流动的简单原理。

流体质点的运动可用迹线或流线来描述。迹线是流体质点运动的轨迹;流线是在某一瞬时,流场中连续的不同位置质点的流动方向线。所以迹线和流线是不相同的,只有在定常流动时,迹线才是流线。在烟风洞的定常流场中,如果在进口某点上连续地加入烟流,用照相机拍照,在短暂的曝光时间内,照片上留下烟流质点的很小位移线段,它的方向可代表这一瞬时烟流质点的运动速度方向。把这些小线段前后相接所连成的曲线就是流线。实际上,在烟风洞进口某一截面上的许多点上同时都引入烟流,所以可从烟风洞中观察流场的流谱以及轨迹线。

三、主要仪器与试剂

实验的主要设备是小型二元风洞和烟流装置。如图 2.24 所示,烟风洞制成开路式,使烟气能及时由吸风机从烟囱排除。烟风洞试验段的主要要求是,气流应很均匀而且湍流度低。因此,进口收缩段的型线应予以注意,变化曲率不能过大,以免引起气流局部扰动。此外,在风洞进口处加两层整流网,以降低气流进入试验段的湍流度。试验段必须具有一定长度,使进出口对流场影响微弱,出口处隔板上均匀钻孔,使气流不至于受吸风机影响而偏斜,始终保持平行。风洞外侧壁的有机玻璃面要平整,透明度好;内侧壁涂黑,不能反光。吸风机前应装可调风门,以调节风洞内风速。风速不能太小,否则烟流受重力影响容易下沉,也容易扩散,一般将风速调至流谱清晰为止。此外,还应有足够照明。为了消除阴影,上下侧壁皆需有照明。

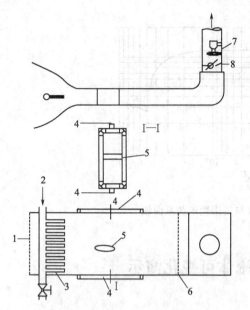
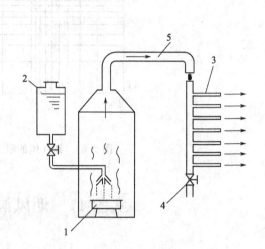

图 2.24　烟风洞顶试图和侧内向剖面图　　　　　　　图 2.25　烟流装置
1—整流网；2—接油烟发生器；3—梳状管；4—光源；　　　1—电炉；2—贮油罐；3—梳状管；
5—模型；6—隔板；7—风扇；8—可调风门　　　　　　　4—排油阀；5—集烟管

烟流装置由油烟发生器和梳状管构成，如图 2.25 所示。油烟发生器的烟室内放置有小电炉，贮油罐内的油滴经伞形架分散地滴在电炉的炉盘上，产生浓烟（电炉温度应可调，防止温度过高而引起油起火燃烧）。浓烟由集烟管送至梳状管，这样的发烟装置很简单，易制造，且发出的烟流能满足要求。这种烟流惯性小，能紧跟流体一起运动，易于观察，无毒性，也无腐蚀性，烟流不沉积于物面而影响流动，也不易受重力等影响而使流谱偏斜。对梳状管的要求是间隔均匀，各支管必须相互平行且排列在一个平面内。管端做成喷嘴状以使烟流集拢。喷嘴直径须适当，太小容易堵塞，太大则使烟流太粗，流谱不清晰。梳状管的总管末端安装有排油阀。梳状管放置在烟风洞试验段的收缩段内，因气流处于加速过程，故扰动的影响不大。

四、实验步骤

1. 熟悉实验设备后，打开照明灯，启动吸风机，然后使电炉通电，打开贮油罐阀门，滴油。

2. 调整风机，使烟气流速恰当，以获得稳定和清楚的平行烟流流谱。

3. 放置机翼模型，变动冲角，使上下翼型表面的气流在后缘汇合成无分离的绕流，然后增大冲角，观察翼型表面的气流分离区及旋涡区。

4. 换置圆柱体模型，观察绕圆柱体流动中的涡流现象。调节风门，使圆柱体后的气流中出现卡门涡。

5. 换置管束模型，观察气流绕过顺排及叉排管束时的流动情况。

五、数据记录及处理

1. 画出绕机翼流动的流谱。

2. 画出绕圆柱体流动的流谱。

3. 画出绕管束流动的流谱。

六、思考题

1. 看到的烟流是流线还是迹线？流线和迹线如何区分？
2. 打开风洞侧壁放置模型时，烟气是否会外流？为什么？

实验 12 风机性能测定

一、实验目的

1. 熟悉风机结构及其性能测定原理。
2. 掌握风机性能曲线的测定方法。
3. 通过实验测得风机的气动性能曲线。
4. 将测得的风机特性换算成无因次参数特性曲线。

二、实验原理

实验原理见图 2.26。风机气动性能曲线实验台主要由四部分组成。实验台采用进气实验方法。实验台在一定工况下（利用在节流网上加纸片来调节流量）运行时，空气流经风管，进入风机，被叶轮抽出风机出口。在此过程中，在集流器上测出集流器负压 Δp_n；在离风机进口 l_1 远处测定进口风管压力 $p_{e,st1}$；同时，在测功电机上测定测矩力臂的平衡重量 G 和电机转速 n。测得了上述 Δp_n、$p_{e,st1}$、G 和 n 等四个实验数据以后，再利用已知的实验台原始参数和测试环境参数，通过它们之间的关系式，就可以计算出该工况下的其他所需要的风机参量。

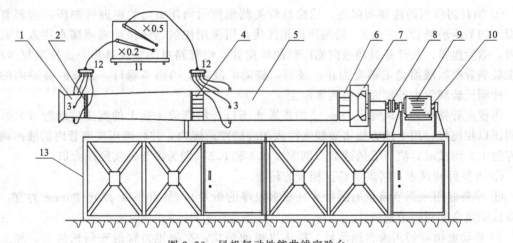

图 2.26 风机气动性能曲线实验台

1—集流器；2—节流网；3—测压孔；4—整流栅；5—风管；6—接头；7—被测风机；8—连接轴；
9—测功电机；10—测矩力臂；11—斜管测压板；12—连通管；13—支架

三、主要仪器与试剂

1. 试验风管

风管进风口为锥形集流器，在集流器的一个断面上，设有四个测压孔（互成 90°），用四根橡胶管接到一连通管，再用一根橡胶管由连通管接到负压式斜管测压板的一个测压管（×0.2）上，用以测算出进入风机的空气流量。风管内装有节流网和整流栅。节流网可以用来调节空气流量（可用小硬纸片吸附在网上以减小通风面积），而整流栅可起到使流入风机气流均匀的作用。在距风管进口 l_1 远处的风管断面上也设有四个测压孔（互成 $90°$），同样用四根橡胶管接到另一个连通管，再用一根橡胶管由连通管接到负压式斜管测压板的另一个测压管（×0.5）上，用以测量进口风管压力。

2. 被测风机

包括进风口、叶轮和涡壳。风机的进风口用法兰与试验风管的接头相连接。

3. 测功电机

测功电机，实质上也就是风机的驱动电机。为了测试要求，其转子轴通过联轴器与风机叶轮的轴相连接，而电机的定子（连同其外壳）是悬浮的，并在定子外壳上设置测矩（测电机的转动扭矩）力臂，当电机运转时，驱动电机转动，在力臂上配加砝码，使力臂平衡，从而可测算出风机的输入轴功率。

4. 实验台支架

支架由两部分组成。利用铁箍式支座将一段风管水平地固定在一节支架上；另一段风管和风机及测功电机固定在另一个支架上，两节支架用螺栓固接在一起。

四、实验步骤

安全预防：在大流量时，加纸片要快，以免当手伸进风管时，引起突然大面积堵塞，致使测压板测压管中的蒸馏水吸出玻璃管而进入橡胶管内。每调节一次风量，即改变一次工况（一般取 10 个工况，包括全开与全闭），进行一次全面测试，即测量 Δp_n、$p_{e,st1}$、G、n 以及大气压力 p_a 和现场温度 t_a。最后一个工况（即全闭工况）测试时，用纸片或大张纸将节流网全部堵死，使 $\Delta p_n = 0$。

1. 准备工作

① 斜管测压板的连接与调整。用橡胶管将测集流器负压 Δp_n 的连通管测压口与斜管测压板上的测压玻璃管（×0.2）的测压口相连接，用医用注射器缓慢地将蒸馏水注入其贮液罐内，然后捏紧、放开并抖动通向测压管的橡皮管，使管路里的空气排出，这样重复多次，直至玻璃管中的液面稳定不变为止。最后，旋动贮液罐上的调节螺母，调节贮液罐内的液面，使测压玻璃管中的液面调整到零位上。

用橡皮管将测进口风管压力 $p_{e,st1}$ 的连通测压口与斜管测压板上的测压玻璃管（×0.5）的测压口相连接，用上述方法将蒸馏水注入相应的贮液罐内，并将测压玻璃管内的液面调整到零位上。测试时，测压管的读数分别乘以 0.2 和 0.5，即为测量的实际压力值。

② 准备好转速表，将其调整至相应的转速。

③ 准备好用来调节流量的圆纸片（要求较厚的纸片），其直径以 $\phi 20 \sim 25mm$ 为宜，数量应能满足全部封闭节流网。

④ 启动电机，使实验台预运转。撤去电机的垫块，在测矩力臂的砝码托盘上，加上相应的砝码，使力臂基本平衡。运转 10min 左右，待其基本稳定后，即可进行测试。

2. 进行测试

① 在上述预运行后，即可进行第一工况（即全开工况）下的测试。记下斜管测压板两个测压管上的读数 Δp_n 和 $p_{e,st1}$；同时，测定电机转速 n 和记下测矩力臂上的平衡砝码重量 G（全部砝码重量）。并记下测试环境的大气压力 p_a 和温度 t_a。

② 进行其他几个工况的测试。在节流网上均匀对称地加上一定量的小圆纸片来调节进风量，以改变风机工况。

③ 测定了不同工况下的上述实验数据以后，利用已知的实验台原始参数和试验环境参

数，通过它们之间的关系式，就可计算出各个工况下的风机工作参量：流量 Q、全压 p_0、风机静压 p_{st}、功率 N、全压内效率 η_{in} 和静压内效率 η_{stin}。进而就可以绘出风机气动特性曲线和无因次参数特性曲线，并能换算出在指定条件下的风机参数。

五、数据记录及处理

1. 实验数据记录见表 2.18、表 2.19。

表 2.18　实验台的原始参数记录

物理量名称	数据	物理量名称	数据
风管直径	$D_{IP}=0.28m$	风机出口面积	$A_2=a\times b=$ m²
集流器直径	$d_n=0.2m$	测矩力臂长度	$L=$ m
集流器流量系数	$\alpha_n=0.96$	所载平衡重量	$\Delta G'=$ N
风管常数	$l_1=3D_{IP}$	大气压力	$p_a=$ MPa
风机进口直径	$D_1=0.28m$	大气温度	$t_a=$ ℃

表 2.19　风机性能测定实验记录

序号	名称	符号	单位	计算公式或来源	测试工况（10 组）			
					1	2	……	10
1	进口风管压力	$p_{e,st1}$	Pa	测得			……	
2	集流器负压	Δp_n	Pa	测得			……	
3	平衡重量	ΔG	N	测得			……	
4	转速	n	r/min	测得			……	
5	大气密度	ρ_a	kg/m³	p_a/RT_a			……	
6	进气压力	p_1	Pa	$p_{e,st1}+p_a$			……	
7	进气密度	ρ_1	kg/m³	p_1/RT_a			……	
8	流量	Q	m³/min	$Q=66.64\alpha_n d_n^2\sqrt{\rho_a\Delta p_n}/\rho_1$			……	
9	进口动压	p_{d1}	Pa	$p_1(Q/A_1)^2/7200$			……	
10	进口静压	p_{st1}	Pa	$(p_{e,st1}-p_{d1})(0.025l'/D_{tp})$			……	
11	出口动压	p_{d2}	Pa	$p_{d1}(A_1/A_2)^2$			……	
12	风机动压	p_d	Pa	p_{d2}			……	
13	风机静压	p_{st}	Pa	$(-p_{e,st1})-p_{d1}$			……	
14	风机全压	p_0	Pa	$p_{st}+p_d$			……	
15	输入轴功率	N_{sh}	kW	$nL(G-\Delta G')/9550$			……	
16	全压内效率	η_{in}	—	$Qp_0/(6\times10^4\times N_{sh})$			……	
17	静压内效率	η_{stin}	—	$Qp_{st}/(6\times10^4\times N_{sh})$			……	
18	流量系数	φ	—	$Q/(60\pi D_{nnp}^2 u_{imp}/4)$			……	
19	全压系数	ψ	—	$p_0/(\rho_1 u_{imp}^2)$			……	
20	静压系数	ψ_{st}	—	$p_{1st}/(\rho_1 u_{imp}^2)$			……	
21	功率系数	λ	—	$1000N_{sh}/(\pi D_{nnp}^2\times\rho_1\times u_{imp}^3/4)$			……	

2. 实验数据整理计算及绘图

将实验测定数据填入表 2.19 中，计算各工况下的其他参数值并填入其中。然后在图 2.27 所示的坐标系中绘制风机气动性能曲线及无因次曲线。

六、思考题

1. 测定某一断面上的压力时，为什么要采用四个互成 90° 的测压孔来进行？

2. 为什么在大流量时，实验过程中加纸片的速度要快？若慢了会有什么结果？

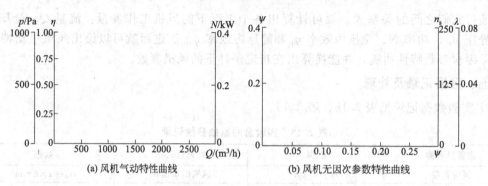

图 2.27　风机特性曲线

实验 13　离　心　泵

离心泵是应用最广泛的液体输送机械。其泵的主要性能包括流量、扬程、轴功率、有效功率、效率、转速等。每台泵都有自己的特性曲线，而泵使用时，又总是安装于某一特定的管路之中，因此管路也有管路特性曲线。离心泵的工作原理、主要性能参数、特性曲线的测定及应用，离心泵工作点的选择，流量调节等都是每个学习流体力学的学生必须掌握的内容。

一、实验目的

1. 离心泵特性曲线测定的实验方法设计。
2. 离心泵性能与转速的近似比例定律影响离心泵效率的研究。
3. 离心泵的工作点确定与流量调节机理的研究。
4. 离心泵优化组合操作的研究。
5. 高、低阻管路对离心泵组合操作影响的研究。
6. 孔板流量计在不同流量范围内使用参数计算法与孔流系数法的合理性分析研究。

二、实验原理

离心泵的特性方程是从理论上对离心泵中液体质点的运动情况进行研究后，得出的离心泵压头与流量的关系。离心泵的性能受到泵的内部结构、叶轮形式和转速的影响。故在实际工作中，其内部流动的规律比较复杂，实际压头要小于理论压头。因此，离心泵的扬程尚不能从理论上做出精确计算，需要实验测定。

在一定转速下，泵的扬程 H（m）、功率 N（kW）、效率 η 与其流量之间的关系，即为特性曲线。泵的扬程（单位：m）可由进、出口间的能量衡算求得：

$$H_e = H_{压力表} + H_{真空表} + H_0 \qquad (2.52)$$

式中　　$H_{压力表}$、$H_{真空表}$——离心泵出口、进口的压力，m；

$\qquad\qquad H_0$——两测压口间的垂直距离，$H_0 = 0.6m$。

$$N_{轴} = N_{电机}\,\eta_{电机}\,\eta_{传动}$$

式中　　$\eta_{电机}$——电机效率，取 0.9；

$\qquad\qquad \eta_{传动}$——联轴器传动装置的效率，取 1.0。

$$N_e = \frac{QH_e\rho}{102} \qquad (2.53)$$

因此，泵的总效率为：

$$\eta = \frac{N_e}{N_{轴}}$$ (2.54)

流量的测量采用孔板流量计，其换算公式为：

$$V = C_1 R^{C_2}$$ (2.55)

式中　V——流量，m^3/h；

　　　R——孔板压差，kPa；

C_1、C_2——孔板流量计参数，从表 2.20 中取值。

表 2.20　孔板流量计参数

项目	1 号	2 号	3 号	4 号
C_1	1.55	1.59	1.66	1.75
C_2	0.51	0.51	0.51	0.51

三、主要仪器与试剂

离心泵实验装置流程见图 2.28。水箱内的清水，自泵的吸入口进入离心泵，在泵壳内获得能量后，由出口排出，流经孔板流量计和流量调节阀后，返回水箱，循环使用。本实验过程中，需测定液体的流量、离心泵进口和出口处的压力以及电机的功率，实验数据通过微机控制并记录和处理。为了便于查取物性数据，还需测量水的温度。

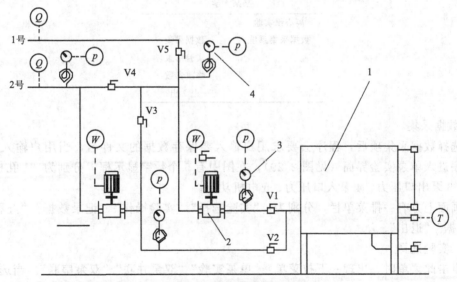

图 2.28　离心泵性能实验装置流程

1—水箱；2—离心泵；3—空表；4—压力表

四、实验步骤

（一）安全预防

1. 泵应当在流量调节阀关闭的情况下启动。

2. 系统要先排净气体，以使流体能够连续流动。

3. 为了避免传感器进水而损坏，应缓慢打开流量调节阀。

（二）实验步骤

1. 检查水箱内的水位，然后按下"离心泵"按钮，开启离心泵。

2. 开启流量调节阀，在恒定转速下进行实验，测取 10 组数据。为了保证实验的完整性，应测取零流量时的数据。

3. 若测定管路特性曲线，则先按下"变频仪"按钮，再开启离心泵。然后将流量调节阀固定在某一开度，通过改变离心泵的频率来改变流量，测取 8 组数据（在实验过程中，变频仪的最大输出频率最好不要超过 50 Hz，以免损坏离心泵和电机）。

4. 进行双泵的串联与并联的实验时（只有 2 号和 4 号设备可以进行泵的串、并联实验），其方法与测量单泵的特性曲线相似，只是流程上有所差异。若进行串联实验，将球阀 V2、V4、V5 关闭，开启 V1、V3 即可；若进行并联实验，将球阀 V3 关闭，其余阀门均开启。

密度（kg/m³）：

$$\rho = -0.003589285t^2 - 0.0872501t + 1001.44$$

式中　t——水的平均温度。

黏度（Pa·s）：

$$\mu = 0.000001198\exp\left(\frac{1972.53}{273.15+t}\right)$$

式中　t——水的平均温度。

五、数据记录及处理

启动离心泵实验程序，此时屏幕上会出现：

某某大学	
离心泵实验	
数据采集系统	数据采集
	实验结果
	修改参数
	退　出

1. 数据采集

当选择数据采集项后，程序会要求用户输入要保存数据的文件名，当用户输入文件名后，程序进入单泵实验界面（见图 2.29），在图中有 5 个数字显示框，分别为：1 孔板压降、2 水温、3 泵出口压力、4 泵入口压力、5 电机功率。

在画面上方有一排菜单栏，分别为："实验选择""实验操作""记录数据""查看数据""另存数据""退出"。

（1）实验选择

当点击此菜单时，出现一下拉菜单："单泵实验""双泵并联""双泵串联"。当选择"单泵实验"时，又会出一个子菜单："泵特性曲线""管路特性曲线""扬程曲线"。可以根据自己想做的实验进行选择。

当选择"双泵串联"时，屏幕出现双泵串联实验界面（见图 2.30），在图中有 4 个数字显示框，分别为：1 孔板压降，2 水温，3 泵出口压力，4 泵入口压力。此时可以进行双泵串联实验。

当选择"双泵并联"时，屏幕出现双泵并联实验界面（见图 2.31），在图中有 3 个数字显示框，分别为：1 孔板压降，2 水温，3 泵出口压力。此时可以进行双泵并联实验。

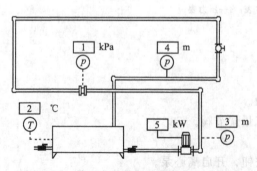

图 2.29　单泵实验数据采集点分布示意图

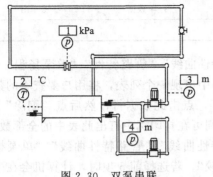

图 2.30　双泵串联

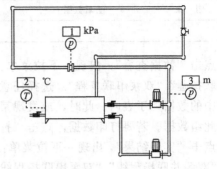

图 2.31　双泵并联

不论是双泵并联，还是双泵串联，都只能做测扬程的实验。

注意：当进行串、并联实验时，必须将两套设备的通信插头全插在同一台计算机上，而且用于计量流量的那套实验装置的通信插头要插在串口 1（即 COM1）上，另一套装置的插头插在串口 2（即 COM2）上，不插或插反，都无法进行实验。所以做串、并联实验时，所用的计算机必须是有 2 个通信口的。

（2）实验操作

当点击此项时，会出现一下拉菜单："改变频率""开关水泵"。由于除泵特性曲线实验外，其他实验都需要改变离心泵电机频率进行实验，所以，当使用计算机在线采集数据时，除了做特性曲线实验外，都必须使用计算机调节泵的电机频率，否则不能进行计算机数据采集。

当选择"开关水泵"时，屏幕中会出现一组按钮，其中，红色的为关水泵按钮，绿色为开水泵按钮。

当选择"改变频率"时，屏幕中会出现一频率调节框，要求用户调节频率，之后，计算机通过通信系统，调节安装在设备上的变频仪的频率值，并通过变频仪调节离心泵电机的频率，以达到实验的要求。当进行双泵串、并联实验时，计算机将同时调节两套设备上的变频仪，并调节到同一个频率值上。

（3）记录数据：当数据稳定后，点击"记录数据"按钮，将当前最新的数据存入前面选定的数据文件中。

（4）查看数据：选此功能时，出现一下拉菜单，分别为"实验数据"及"实验结果"。当选择"实验数据"时，画面中出现一列表框，将前面所有记录的数据全部列出来，供用户查看，若用户对某一组数据不满意，可以删除。当选择"实验结果"时，则在坐标系中将用户的实验结果绘出。

（5）另存数据：选此功能，屏幕中出现一个询问框，要用户输入新的路径及文件名，当用户输入完毕，并点击"确定"后，数据将存入新的文件，在此之后所记录的数据将存入新的数据文件中。

（6）退出：选此按钮，程序退出采集回到主菜单。

2. 实验结果

当用户在主菜单中选择"实验结果"，程序会要求用户输入要查看的数据文件名，之后屏幕中出现：

删　除	查看数据	实验结果	打印数据	退　出

　　点击"数据查看"，出现一下拉菜单："离心泵特性曲线""管路特性""单泵扬程""双泵并联扬程""双泵串联扬程"。选择任意一项，屏幕中出现一个列表，将用户要查看的数据文件中的数据列于表内。此时，或发现某组数据不好，点击此数据行，然后点"删除"，可删除此组数据。若要打印数据，点击"打印数据"，则可在打印机中打出此表中的全部数据。

　　点击"实验结果"，出现一下拉菜单："离心泵特性曲线""管路特性曲线""单泵扬程线""双泵并联扬程线""双泵串联扬程线""扬程比较"。若选择前 5 项时，计算机会在坐标系中绘出相应的实验结果。当选择"扬程比较"时，计算机会在同一坐标系绘出电机频率在 50 Hz 时单泵、双泵并联、双泵串联的扬程，以利于直观观察实验结果。

　　3. 修改参数：第一次运行此软件时既已经将参数输入了，一般情况下，不用选择此项，只有在参数丢失或参数改变时，需要重新输入参数时，才使用此功能。

　　注意：修改参数需经实验指导教师同意方可进行。

　　4. 退出：用户在主菜单中选"退出"时，即结束程序的运行。

六、思考题

　　1. 用孔板流量计测流量时，应根据什么来选择孔口尺寸、压差计的尺寸和指示液？

　　2. 离心泵的 H_e-Q 特性曲线与管路的特性曲线有何不同？

　　3. 根据所绘出的双泵并联、串联操作的 H_e-Q 特性曲线与管路的特性曲线，试解释什么情况下可采用双泵并联操作或双泵串联操作？

第三章　热工基础实验

实验14　材料热导率实验

（Ⅰ）稳态平板法测定非金属固体材料热导率

一、实验目的

1. 了解一维导热过程的基本原理和实验方法。
2. 掌握稳态法测定材料热导率的方法。

二、实验原理

稳态平板法是基于使试件内建立起一维导热过程，以测定材料热导率的一种方法。由于平板试件的位置不同，可分为：单平板法、双平板法、平板比较法。这些方法的实验设备各有特点，但是关键的一点是都需在试件内设法建立起一维稳态温度场，以便于准确地计量通过试件的导热量及试件表面的温度。

在稳态情况下，一维导热过程可直接由傅里叶定律求解：

$$q = -\lambda \frac{dt}{dx} \tag{3.1}$$

式中　q——热流密度，W/m^2；

$\dfrac{dt}{dx}$——试件内的温度梯度，$℃/m$；

λ——材料的热导率，$W/(m \cdot ℃)$。

大多数工程材料的热导率均与温度有关，见图3.1。一般地说，热导率与温度的关系是曲线关系，而对于非金属固体材料，热导率大都随温度的增加而增大。但是，在工程应用中，当温度变化范围不大时，这种关系可近似认为是直线。如图3.1所示，当在 t_1 与 t_2 区间将 $\lambda = f(t)$ 作为直线关系处理时：

$$\lambda = \lambda_0 (1 + bt) \tag{3.2}$$

式中　λ_0——把 t_1 与 t_2 区间内的 $\lambda = f(t)$ 直线关系延伸到 $t = 0℃$ 时，其在 λ 坐标轴上的截距，不同的温度区间 λ_0 值将不同；

　　　b——与材料性质及温度范围有关的系数。

将式（3.2）代入式（3.1）中，得到：

$$q = -\lambda_0 (1 + bt) \frac{dt}{dx} \tag{3.3}$$

实验采用均质材料试件，试件内建立的一维稳态温度场如图3.2所示，其边界条件为：

$$x = 0 \quad t = t_1$$
$$x = \delta \quad t = t_2$$

对式（3.3）积分并代入上述边界条件，得：

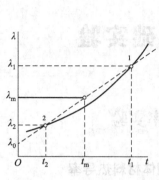

图 3.1　$\lambda = f(t)$ 关系曲线

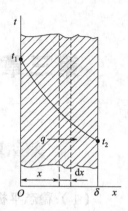

图 3.2　平板内的一维导热过程

$$q = \lambda_0 \left(1 + b\frac{t_1 + t_2}{2}\right)\frac{t_1 - t_2}{\delta}$$

$$= \lambda_0 \ (1 + bt_m) \ \frac{t_1 - t_2}{\delta}$$

$$= \lambda_m \ (t_1 - t_2) \ /\delta \tag{3.4}$$

式中　λ_m——平均温度 $t_m = (t_1 + t_2)/2$ 下材料的热导率。

由式（3.4）可得稳态单平板法测热导率的基本原理式：

$$\lambda_m = \frac{q\delta}{t_1 - t_2} = \frac{Q\delta}{F(t_1 - t_2)} \tag{3.5}$$

式中　F——试件的有效导热面积，m^2；

　　　　Q——通过试件面积 F 的热流量，W。

因此，只要创造一定的条件，使平板试件内维持一维稳态温度场，并测出 δ、F、Q、t_1 和 t_2 等值，则由式（3.5）可求得 t_m 下的热导率 λ_m。

试件材料的 $\lambda = f(t)$ 是直线关系时，λ_m 就是 λ_{t_1} 和 λ_{t_2} 的平均值，即 t_m 下的真实热导率 λ。改变试验温度，可得出不同温度下的热导率 λ，进而可由式（3.2）得到 λ_0 和 b 之值。

三、主要仪器与试剂

根据上述原理，用平板法测材料热导率时，最重要的是设备的结构要便于按制试件内热流的方向，使在试件内建立起一维稳态导热温度场，并能准确测定热流量和两表面的温度。

单平板导热仪本体及其测温、测热系统如图 3.3 所示。

本体由水冷却器 3、主加热器 1 及两个辅助加热器 4、5 组成。主加热器安置在中心，它的上部装平板试件 2（圆盘形），冷却器 3 压在试件上。为使主加热器产生的热量全部向上通过试件，建立一维稳态导热，在主加热器的四周和下部另装辅助加热器 4 和 5。试件和主、辅加热器各处的温度，由图 3.3 中的各对热电偶测定。用 $t_1 \sim t_5$ 分别代表图 3.3 中 1～5 号部件的温度。实验时，由调压变压器调节辅助加热器的功率，使温度达到 $t_4 = t_1$、$t_5 = t_1$，此时主加热器放出的热量将全部由下向上（垂直于试件导热面 F）通过平板，而为冷却器中循环的恒温冷却水带走。

为使热流分布均匀，并便于测定各表面的温度，在各加热器的上下部装有紫铜板。由于紫铜板的良好导热性能，可使试件表面温度趋于均匀，实现稳态的第一类边界条件。测温热电偶安装在各紫铜板上（开槽埋设或焊在板上）。试件表面要平整，但为保证接触良好，在

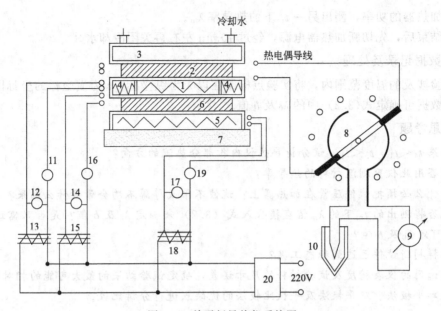

图 3.3 单平板导热仪系统图

1—主加热器；2—平板试件；3—水冷却器；4、5—辅助加热器；6—隔热材料；7—底座；8—热电偶转换开关；9—电位差计；10—冰点瓶；11—主加热器电流表；12—主加热器电压表；13—主加热器调压变压器；14、17—辅助加热器电压表；15、18—辅助加热器调压变压器；16、19—辅助加热器电流表；20—稳压电源

试件上下两面可再撒上少许热导率高的金属粉末，最后用螺栓将冷却器向下压紧。导热仪本体可置于一盒内或钟罩内。

试件厚度一般为 5～20mm，其直径应为厚度的 7～10 倍。要注意尽可能地减少试件与测温点的接触热阻，特别是当试件的热导率值较大时，这种接触热阻可能引起较大的测量误差。

为减少热流量计量的误差，主加热器的电流及电压应采用精度较高的仪表测量，其功率由调压变压器 13 设定。辅助加热器 4、5 的电功率由调压变压器 15 和 18 调节，或采用精密温度自动控制仪来自动调整辅助加热器功率，使温度 t_4 自动跟踪 t_1、t_5 也跟踪 t_1。辅助加热器电路上的电流表及电压表可采用精度不高的仪表，仅作监控用。

为使冷却器工况稳定可用恒温器供给恒温冷却水。

在单平板实验设备构造原理的基础上，如果在试件 2 与主加热器之间放置一块已知材料热导率的平板，而去掉辅助加热器 4，就成为用平板比较法测热导率的实验设备。这时试件的热导率可由已知热导率的平板直接对比测定。

双平板法测热导率的设备由两块同质材料做成的试件分别放在加热器的两侧构成。

四、实验步骤

1. 仔细测定平板试件厚度及其有效导热面积 F（这一面积与按试件实际直径计算的面积不同，而按主加热器 1 的外径与辅助加热器 4 的内径的平均值计算），并指出测量误差。

2. 利用式（3.4），事先按 λ_m 的估计值估算主加热器温度与加热器功率的关系，用以选定主加热器的功率。主加热器的功率设定后，调节两个辅助加热器，从开始升温时开始，在整个升温过程中，力求使 t_4、t_5 自动跟踪 t_1，直至 t_1 保持不变且 $t_4 = t_1$、$t_5 = t_1$。调节加热器 5 时，将会影响 t_1、t_4 和 t_5，改变加热器 4 的功率也会使 t_1、t_4、t_5 发生变化，故采用手动调节控制温时，必须耐心进行。若试件热扩散率小，则趋近稳态工况的时间长。实验时，必须在达到稳态后再记取各项温度及电功率的数据。

改变加热器的功率，测出另一 t_m 下的热导率 λ_m。

实验结束后，先切断加热器电源，经过 10min 左右再关闭冷却水。

五、数据记录及处理

在实验涉及的温度范围内，将实验点标绘在以 λ 为纵坐标、t 为横坐标的坐标图上。根据实验点数据可确定式(3.2)中的 λ_0 及 b 值。

六、思考题

1. 如果 $t_4 < t_1$、$t_5 < t_1$，试分析导热仪内各部分热流的方向？

2. 可否用此仪器测湿材料的热导率？

3. 为什么必须把试件压紧在加热器上？试件不平或厚薄不均会带来什么结果？

4. 能否将测出的 t_m 下的 λ_m 值直接代入式（3.2）来确定 λ_0 及 b 值？是否只需进行两次实验，即可定 λ_0 及 b 值？

5. 怎样判断试件已达到稳态工况？

6. 由选用的仪表精度及试验材料的尺寸误差，确定试验结果的最大可能的相对误差。

7. 就单平板法、双平板法及平板比较法的优缺点进行分析比较。

（Ⅱ）圆球法测固体材料热导率

一、实验目的

1. 加深对稳定导热过程基本理论的理解，建立维度与坐标选择的关系。

2. 掌握用球壁导热仪测定绝热材料热导率的方法和技能。

3. 确定材料热导率与温度的关系。

4. 学会根据材料的热导率判断其导热能力并进行导热计算。

二、实验原理

热导率是表征物质导热能力的物性参数。一般地，不同材料的热导率相差很大，其中金属的热导率在 $2.3 \sim 417.6 W/(m \cdot K)$ 范围内，建筑材料的热导率在 $0.16 \sim 2.2 W/(m \cdot K)$ 之间，液体的热导率波动于 $0.093 \sim 0.7 W/(m \cdot K)$ 之间，而气体的热导率则最小，在 $0.0058 \sim 0.58 W/(m \cdot K)$ 范围内。即使是同一种材料，其热导率还随温度、压强、湿度、物质结构和密度等因素而变化。各种材料的热导率数据均可从有关资料或手册中查到，但由于具体条件（如温度、结构、湿度和压强等）的不同，这些数据往往与实际使用情况有出入，需进行修正。热导率低于 $0.22 W/(m \cdot K)$ 的固体材料称为绝热材料，由于它们具有多孔结构，传热过程是固体和孔隙的复杂传热过程，其机理复杂。为了工程计算的方便，常常把整个过程当作单纯的导热过程处理。

圆球法测定固体材料的热导率是以同心球壁稳定导热规律作为基础。在球坐标中，考虑到温度仅随半径 r 而变，故是一维稳定温度场导热。实验时，在直径为 d_1 和 d_2 的两个同心圆球的圆壳之间均匀地填充被测材料（可为粉状、粒状或纤维状），在内球中则装有球形电炉加热器。当加热时间足够长时，球壁导热仪将达到热稳定状态，内外壁面温度分别恒为 t_1 和 t_2。根据这种状态，可以推导出热导率 λ 的计算公式。

根据傅里叶定理，经过物体的热流量有如下的关系：

$$Q = -\lambda A \frac{dt}{dr} = -4\pi\lambda r^2 \frac{dt}{dr} \tag{3.6}$$

式中　Q——单位时间内通过球面的热流量，W；

λ——绝热材料在平均温度 $t_m = (t_1 + t_2)/2$ 时的热导率，W/（m·K）；

$\dfrac{\mathrm{d}t}{\mathrm{d}r}$——温度梯度，K/m；

A——球面面积，$A = 4\pi r^2$，m^2。

对上式进行分离变量，并根据上述条件取定积分得：

$$q = \int_{r_1}^{r_2} \frac{\mathrm{d}t}{r^2} = -4\pi\lambda \int_{t_1}^{t_2} \mathrm{d}t \tag{3.7}$$

式中　r_1、r_2——内球外半径和外球内半径。

积分得：

$$\lambda = \frac{Q(d_2 - d_1)}{2\pi(t_1 - t_2)d_1 d_2} \tag{3.8}$$

式中　Q——球形电炉提供的热量。只要测出该热量，即可计算出所测绝热材料的热导率。

事实上，由于给出的 λ 是绝热材料在平均温度 $t_m = (t_1 + t_2)/2$ 时的热导率。因此，在实验中只要保持温度场稳定（采用恒温水浴），测出球径 d_1 和 d_2、热量 Q 以及内外球面温度，即可计算出平均温度 t_m 下绝热材料的热导率。改变 t_1 和 t_2，则可得到热导率与温度的关系曲线（λ-t 曲线）。

三、主要仪器与试剂

1. 球壁导热仪

实验装置如图 3.4 所示。主要部件是两个铜制同心球壳 1、2，球壳之间均匀填充被测绝热材料，内壳中装有电热丝绕成的球形电加热器 3。

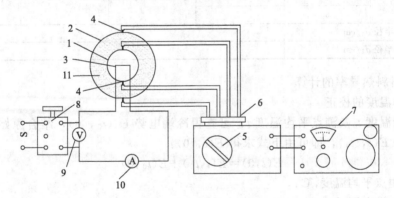

图 3.4　球壁导热仪实验装置

1—内球壳；2—外球壳；3—电加热器；4—热电偶热端；5—转换开关；6—热电偶冷端；

7—电位差计；8—调压器；9—电压表；10—电流表；11—绝热材料

2. 热电偶测温系统

铜-康铜热电偶三支（测外壳壁温度），镍铬-镍铝热电偶三支（测内壳壁温度），均焊接在壳壁上。通过转换开关将热电偶信号传递到电位差计，由电位差计检测出内外壁温度。

3. 电加热系统

外界电源通过稳压器后输出稳压电源，经调压器供给球形电炉加热器一个恒定的功率。用电流表和电压表分别测量通过加热器的电流和电压。

四、实验步骤

1. 将被测绝热材料放置在烘箱中干燥，然后均匀地装入球壳的夹层之中。

2. 按图 3.4 安装仪器仪表并连接导线，注意确保球体严格同心。检查连线无误后通电，使测试仪温度达到稳定状态（约 3～4h）。

3. 用温度计测出热电偶冷端的温度 t_0。

4. 每间隔 5～10min 测定一组温度数据。读数应保证对应点的温度不随时间变化（实验中以电位差计显示变化小于 0.02mV 为准），温度达到稳定状态时再记录。分别将内外球面的测定值取平均值，进行内外球面温度的查表计算，求出热导率。

5. 测定并绘制绝热材料的热导率和量度之间的关系。

6. 关闭电源，结束实验。

五、数据记录及处理

1. 测定数据记录

将有关原始数据和测定结果记入表 3.1 中。

表 3.1　测定数据记录

被测材料名称：_____　　冷端温度 t_0 =_____　　冷端电势 $E(t_0,0)$ =_____　　功率 Q =_____ W

项目		$E(t,t_0)$/mV	$E(t,t_0)$ 的平均值/mV	$E(t,0)$/mV	温度 t/℃
内球表面热电偶的热电势 $E_内$/mV	1				
	2				t_1 =　　℃
	3				
外球表面热电偶的热电势 $E_外$/mV	4				
	5				t_2 =　　℃
	6				
内球半径 d_1/cm					
外球半径 d_2/cm					

2. 绝热材料热导率的计算

（1）平均温度的校正

根据冷端温度 t_0 及测点平均温度 t，可查得冷端电势 $E(t_0,0)$，结合原始数据中各测点的平均电势 $E(t,t_0)$，即可由下式求得 $E(t,0)$：

$$E(t,0)=E(t,t_0)+E(t_0,0)$$

式中　t——测点平均温度，℃；

　　　t_0——冷端温度，℃；

　　　E——热电势，mV。

再由 $E(t,0)$ 值可查得测点温度 t_1、t_2。

（2）电加热器发热量计算：

$$Q=VI$$

式中　Q——单位时间内发热量，W；

　　　V——电加热器电压，V；

　　　I——电加热器电流，A。

（3）绝热材料的热导率计算

用式（3.8）计算材料的热导率。

3. 确定被测材料热导率和温度的关系，并绘制出 λ-t 曲线

由于此实验达到热稳定所需时间较长，无法在一个单元时间内进行不同温度下的多组测

量，现将实验室在不同温度下的实测结果列于表3.2，请完成计算，将结果列入表中，并画出 λ-t 曲线。

在球壁导热仪的夹层中均匀地装入已烘干的玻璃纤维，内球外径 $d_1 = 105mm$，外球内径 $d_2 = 151mm$。实测数据如表3.2所示。

表 3.2　绝热材料热导率数据

测量序号	内球壁的平均热电势/mV	外球壁的平均热电势/mV	室温/℃	内球壁温/℃	外球壁温/℃	电流/A	电压/V	平均温度/℃	热导率 λ/[W/(m·K)]
1	3.99	1.158	24.8			0.78	15.8		
2	4.23	1.082	23.5			0.81	16.05		
3	4.23	1.083	25.0			0.82	16.05		
4	4.57	1.181	25.0			0.85	17.1		
5	5.45	1.159	22.0			0.94	18.5		
6	6.01	1.622	19.0			1.04	20.2		
7	6.43	1.554	23.5			1.11	21.5		
8	7.17	1.881	23.5			1.18	23.0		
9	7.66	2.010	23.5			1.22	24.1		
10	7.76	2.122	23.5			1.23	24.4		
11	8.00	2.227	23.5			1.30	25.3		
12	8.97	2.381	23.5			1.37	27.5		

注：内球热电偶为镍铬-镍铝热电偶；外球热电偶为铜-康铜热电偶。

六、思考题

1. 热量的传递过程有哪几种？并举例说明？
2. 材料热导率的大小与哪些因素有关？
3. 在工程中，如何衡量散热损失的大小？

（Ⅲ）正常情况法测绝热材料的热扩散率

一、实验目的

1. 了解正常情况法测绝热材料的热扩散率的原理。
2. 掌握测试绝热材料热扩散率的方法。

二、实验原理

正常情况法是基于物体在被加热或冷却时，非稳态导热过程中的温度场变化规律来测定绝热材料的热扩散率的。由于它不能直接测出热扩散率，因此还要附加测定材料的比热容，才能获得热扩散率。此法的每次测试时间很短（一般20min左右），因此也适用于湿材料的测试。此外，它设备简单，对块状或松散材料都能运用。在本实验最后的附件中简要叙述了量热法测固体材料比热容的基本原理和方法。

由非稳态导热分析已知，均质物体在对流边界条件下加热或冷却时，其内部任一点的温度为：

$$\theta(x,y,z,\tau) = \sum_{i=1}^{\infty} A_i U_i e^{-m_i \tau} \tag{3.9}$$

此无穷级数随时间 τ 的增加收敛得很快，当 τ 大于某一值后，只取第一项已足够准确。此时，式（3.9）可改写为：

$$\theta(x,y,z,\tau)=AU\mathrm{e}^{-m\tau} \tag{3.10}$$

式中　θ——任意点的过余温度，$\theta=t_\mathrm{f}-t$，t_f 为周围介质的温度，若 $t_\mathrm{f}<t$，则取 $\theta=t-t_\mathrm{f}$；

　　　τ——时间，s；

　　　m——物体的冷却率，s^{-1}，表明物体加热或冷却速度的快慢，取决于热扩散率、几何形状及周围介质与物体之间的换热状况；

　　　A——由初始条件和边界条件确定的常数；

　　　U——任意点的坐标函数，物体内每一点都有确定的坐标函数值。

　　将式(3.10) 取对数，则：

$$\ln\theta=-m\tau+C \tag{3.11}$$

式中　C——常数项 A 和 U 的对数值，仍为常数。式(3.11) 对 τ 求导，得：

$$\frac{\partial(\ln\theta)}{\partial\tau}=-m \tag{3.12}$$

　　式(3.12) 表明，当物体加热或冷却过程进行了一段时间之后（初始阶段结束），物体中各点过余温度的对数值将随时间按直线规律降低，并且对于物体内不同位置的点，此直线的斜率（$-m$）将保持不变，如图 3.5 所示，m 为冷却率。冷却率不变的阶段称为"正常情况阶段"。冷却率 m 可通过实验测出，即当物体在恒温介质中加热或冷却时，测量物体内任一点的过余温度随时间的变化，并把它标绘于以 $\ln\theta$ 为纵坐标、τ 为横坐标的半对数坐标图上，如图 3.5 所示，则 m 的绝对值为：

$$|m|=\frac{\ln\theta_1-\ln\theta_2}{\tau_2-\tau_1} \tag{3.13}$$

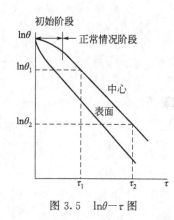

图 3.5　$\ln\theta-\tau$ 图

　　从非稳态导热的分析中还知道，当物体与介质间的传热系数趋于无穷大时，m 值将趋于一极限值 m_∞，并与热扩散率 a 成正比，即：

$$m_\infty=\frac{1}{K}a \tag{3.14}$$

式中　a——热扩散率，m^2/s；

　　　K——与物体几何形状有关的系数，m^2。

$$a=\frac{\lambda}{c\rho}$$

式中　c——比热容，$\mathrm{J}/(\mathrm{kg\cdot ℃})$；

　　　ρ——密度，$\mathrm{kg/m}^3$。

　　基于上述原理，当物体的几何尺寸确定后，K 值可知，则在满足 a 值的条件下，可以测出 m_∞，从而可以由式(3.14) 算出热扩散率 a。如果已知比热容，则 λ 就知道了（比热容的测定方法附后）。

　　通常，实验试件一般做成半径为 R、长为 l 的短圆柱体，它的形状系数推导如下：

　　短圆柱体可视为半径为 R 的无限长圆柱体与厚度为 l 的无限大平板两者正交时的切割体，它内部任意点的无量纲过余温度是两者相应点无量纲过余温度的乘积。以坐标点 (r,x) 为例，它的无量纲过余温度为：

$$\frac{\theta_{r,x}}{\theta_0}=\left(\frac{\theta_r}{\theta_0}\right)_柱\times\left(\frac{\theta_x}{\theta_0}\right)_板 \tag{3.15}$$

式中　θ_0——初始过余温度，$\theta_0=t_0-t_\mathrm{f}$；

　　　$\theta_{r,x}$——坐标为 (r,x) 的点的过余温度，$\theta_{r,x}=t_{r,x}-t_\mathrm{f}$；

θ_r——无限长圆柱体内离中心轴 r 距离处的过余温度；

θ_x——无限大平板内离中心面 x 距离处的过余温度。

毕渥数 Bi 很大时，式（3.15）右边各项分别为：

$$\left(\frac{\theta_r}{\theta_0}\right)_{柱}=C_1 e^{-2.405^2 Fo} \qquad \left(\frac{\theta_x}{\theta_0}\right)_{板}=C_2 e^{-\left(\frac{\pi}{2}\right)^2 Fo} \qquad (3.16)$$

式中 Fo——傅里叶数，对于平板 $Fo=\dfrac{a\tau}{(l/2)^2}$（$l$ 为平板厚度），对于圆柱体 $Fo=\dfrac{a\tau}{R^2}$；

C_1、C_2——为 Bi 与坐标点函数。例如，当 Bi 足够大时，中心点位置上的 $C_1=1.602$、$C_2=\dfrac{4}{\pi}$。C_1 及 C_2 虽与坐标有关，但它们对实验的最后结果无影响。

用 $\dfrac{\theta_{r,x}}{\theta_0}$ 改写式（3.12），当 $Bi\rightarrow\infty$ 时，为：

$$\frac{\partial\left(\ln\dfrac{\theta_{r,x}}{\theta_0}\right)}{\partial\tau}=-m_\infty \qquad (3.17)$$

将式（3.16）代入式（3.15）得到 $\dfrac{\theta_{r,x}}{\theta_0}$，再代入式（3.17），得：

$$\left[\left(\frac{\pi}{l}\right)^2+\left(\frac{2.405}{R}\right)^2\right]a=m_\infty \qquad 或 \qquad m_\infty=\frac{1}{K}a \qquad (3.18)$$

式中，$K=1/[(\pi/l)^2+(2.405/R)^2]$，为短圆柱体的形状系数，$m^2$。

用同样的方法还可以导出其他规则形状试件的形状系数，如立方体、长方体等，在此不再介绍。

三、主要仪器与试剂

正常情况法测热扩散率的实验设备包括恒温器（水浴、油浴及烘箱等）、电位差计（或自动记录打印的电子电位差计、数字电压表）、水银温度计、秒表等。

图 3.6 为正常情况法实验系统。试件 4 放在有搅拌器的恒温器中加热（或冷却）。对于块状材料，试件 4 可直接由待测材料做成，但表面要做防水处理（对水浴）；对于松散材料，则可制备若干个短圆筒，将待测材料装在筒中进行实验。热电偶 1 插在试件的中心位置附近即可。实验时，热电偶 2 放在恒温介质内，将电位差计串联在热电偶 1 和 2 之间，电位差计读数即过余温度的毫伏读数。

恒温器内介质的温度由温度计读取。

四、实验步骤

1. 实验自试件放入恒温器后开始，每隔 $20\sim60\text{s}$ 记录一次过余温度（自动记录仪可连续记录）。根据测试物料的热扩散率不同，测量时间约 20min。

2. 每次实验后，取出试件置于冷（或热）介质中使试件恢复到原来的初始温度，再重复上述试验。为节省时间，应准备多个试件轮流进行，但每个试件的材质、容重等应一样。

3. 记录过余温度和对应的时间。

五、数据记录及处理

将过余温度随时间的变化标绘于（$\ln\theta$-τ）的半对数坐标

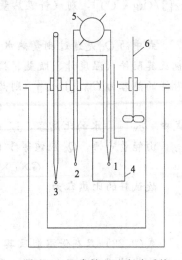

图 3.6 正常情况法实验系统
1、2—热电偶；3—温度计；4—试件；
5—电位差计；6—搅拌器

图上。确定正常情况阶段实验点的代表线（直线），并由式(3.13)算出冷却率 m_∞（注意单位为 s^{-1}），然后由式(3.14)算得热扩散率 a。

计算材料的密度 ρ（kg/m^3）：

$$\rho = \frac{M}{V} \tag{3.19}$$

式中　M——试料质量，kg；

　　　V——试料体积，m^3。

在多次重复试验所得数据的基础上进行综合平均，作出误差分析。

六、思考题

1. 热电偶 1 的位置为什么不影响最后实验结果？但为什么又应将热电偶插在中心附近？
2. 比较正常情况法与平板法、球体法的特点？
3. 形状系数 K 是否与测量位置有关？
4. 能否用此法测湿度很大的材料？
5. 如重复实验时，试件没有恢复到原来的初始温度，对实验结果是否有影响？
6. 测出的热扩散率是什么温度范围内的数据？能否测得 $a = f(t)$ 的关系？
7. 试分析能否在恒温空气烘箱中进行实验？
8. 推导长方体的形状系数 K。

【附件】

量热法测固体材料的比热容

一、原理与方法

如图 3.7 所示，取一小广口保温瓶，内装热水，质量为 W（kg），温度为 t_W（℃）。向瓶内倒入初温为 t_G 的试料，质量为 G（kg）。设 $t_G < t_W$，经充分混合达到热平衡后，瓶内热水温度变为 t_M（称混合温度）。此时，试料的温度由 t_G 上升为 t_M。若试料比热容为 c [$J/(kg \cdot ℃)$]，则试料吸热量为：

$$Q_G = G \times c \times (t_M - t_G) \tag{3.20}$$

式中的 Q_G 是通过测量热水温度的变化量来计算的，单位为 J。这里还必须注意，保温瓶及其附件（温度计、瓶盖、搅拌器等）的温度也将根据热水的温度而变化。设保温瓶及其附件的热容为 C_M [$J/℃$]，则热水及保温瓶等放出的热量共为：

$$Q_W = (c_W W + C_M) \times (t_W - t_M) \tag{3.21}$$

式中　c_W——水的比热容，$J/$（$kg \cdot ℃$）。

由能量守恒，Q_G 应该等于 Q_W，即：

$$G \times c \times (t_M - t_G) = (c_W W + C_M) \times (t_W - t_M)$$

故试料的比热容为：

$$c = \frac{(c_W W + C_M)(t_W - t_M)}{G(t_M - t_G)} \tag{3.22}$$

式(3.22) 只在保温瓶及其附件对周围环境无散热损失的情况下才正确。实际上，从开始装入试料到测定混合温度，要经历一段等待系统温度均匀的时间。在此过程中，系统要对外散热，搅拌器也因摩擦作用对水加热。因此，实验中温度计读出的混合物温度，并不是式(3.22) 中的 t_M，而是比 t_M 低一些的温度，设为 t'_M。因此，在应用式(3.22) 计算时，应将

t'_M修正为t_M，修正量为Δt_M。

确定Δt_M的方法如表3.3所示。设0时刻为开始记录的时间，此时瓶内热水温度为t_a，同时开始搅拌（如用手搅拌，动作要均匀；如电动搅拌，转速要适当）。经$\Delta\tau$（min）后（此时间间隔可根据试做情况确定），水温为t_W。由于散热损失及搅拌作用。t_W将小于t_a（搅拌摩擦的加热可能补偿不了散热损失），则此$\Delta\tau$内的温度损失为$\Delta t'_M = t_a - t_W$。在温度为t_W时加入试料。装料后，再搅拌$\Delta\tau$，使热水、试料及系统达到充分的热平衡。设此时的温度为t'_M。接着再继续搅拌$\Delta\tau$，记录这一时间的温度t_b，则由$2\Delta\tau$至$3\Delta\tau$之间的温度损失为$\Delta t''_M = t'_M - t_b$。这样，在$\Delta\tau$至$2\Delta\tau$之间的温度损失$\Delta t_M$，可极近似地认为等于：

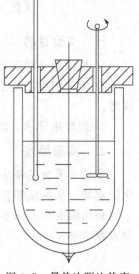

$$\Delta t_M = \frac{\Delta t'_M + \Delta t''_M}{2} = \frac{(t_a - t_W) + (t'_M - t_b)}{2} \qquad (3.23)$$

真实的混合温度应是：

$$t_M = t'_M + \Delta t_M \qquad (3.24)$$

图3.7 量热法测比热容

表3.3 温度变化表

记录时间间隔	温度/℃	备注
0	t_a	开始记温时间
$\Delta\tau$	t_W	加入试料时间
$2\Delta\tau$	t'_M	读混合物温度时间
$3\Delta\tau$	t_b	测温结束

为了计算试料的比热容，还须测量式(3.22)中的保温瓶及其附件的热容C_M。它的测定方法类似于上述测试方法，只是用已知质量和温度的冷水代替试料。于是：

$$C_M = \frac{g c_W (T_M - T_g)}{T_W - T_M} - W c_W \qquad (3.25)$$

式中　g——冷水量，kg；

　W——热水量，kg；

　T_g——冷水温度，℃；

　T_W——热水温度，℃；

　T_M——混合温度，℃。

与试料比热容测试方法一样，T_M也是修正后的混合温度，修正方法完全相同。但应注意，冷水的热容与待测试料的热容基本接近较好。此外，由于C_M和t_M等均与室温有关，因此应在同一次实验中测定。

二、思考题

1. 修正瓶子及附件等的温度损失时，根据加料前及测混合物温度后$\Delta\tau$时间内的温度变化来确定，有何意义？$\Delta\tau$选择过长或过短会带来什么影响？

2. 如果正常情况法中使用的物料是湿的，测比热容时是否也要用湿的？

3. 测比热容时的温度范围是否应与测热扩散率时的基本一致？

4. 试分析本实验中温度计的热惰性对实验准确性的影响？

（Ⅳ）常功率平面热源法测材料的热扩散率及热导率

一、实验目的

1. 加深对非稳态导热理论的理解，了解非稳态导热过程中温度的变化。

2. 学习用常功率平面热源法同时测定绝热材料的热导率 λ 和热扩散率 a 的实验方法和技能。

3. 理解热导率 λ 和热扩散率 a 对温度场的影响。

二、实验原理

常功率平面热源法是非稳态测试法。它基于常热流边界条件下半无限大物体内温度场变化的规律，来测定非金属材料的热扩散率，并能同时测出热导率。

初始温度为 t_0 的半无限大均质物体，当表面被常功率热流加热时，温度场由以下导热微分方程求解：

$$\frac{\partial \theta}{\partial \tau} = a \frac{\partial^2 \theta}{\partial x^2} \tag{3.26}$$

$$\left. \begin{aligned} 初始条件 \quad & \tau = 0 \quad \theta_{x,0} = 0 \\ 边界条件 \quad & x = 0 \quad q = -\lambda \left(\frac{\partial \theta}{\partial x} \right)_w = 常数 \end{aligned} \right\} \tag{3.27}$$

式中　θ——过余温度，以 t_0 为基准，例如 τ_1 时刻离表面距离为 δ_1 的点的过余温度 $\theta_{\delta_1,\tau_1} = t_{\delta_1,\tau_1} - t_0$，参看图 3.8；

q——热流密度，$\mathrm{W/m^2}$；

λ——热导率，$\mathrm{W/(m \cdot ℃)}$。

在式（3.27）的条件下，求解式（3.26）得：

$$\theta_{x,\tau} = \frac{2q}{\lambda} \sqrt{a\tau} \times ierfc\left(\frac{x}{2\sqrt{a\tau}} \right) \tag{3.28}$$

式中　$ierfc\left(\dfrac{x}{2\sqrt{a\tau}} \right)$——高斯补误差函数的一次积分值，本实验后面附有此函数数值表。

图 3.8 为常功率加热时，半无限大物体内温度场随时间变化的示意图。根据式（3.28），若物体初温为 t_0，从 0 时刻开始以常热流 q 加热，测出 τ_1 时刻表面温度 θ_{0,τ_1} 以及 τ_2 时刻离表面 δ_1 距离处的温度 θ_{δ_1,τ_2}（δ_1 是设定的测点位置），则由下列运算可得出该物体的热扩散率及热导率。

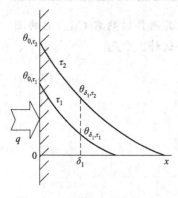

图 3.8　常热流边界条件下半无限大物体内的温度场

在 τ_1 时刻，由式（3.28），θ_{0,τ_1} 应为：

$$\theta_{0,\tau_1} = \frac{2q}{\lambda} \sqrt{a\tau_1} \times ierfc(0) = \frac{2q}{\lambda} \sqrt{a\tau_1} \times \frac{1}{\sqrt{\pi}} \tag{3.29}$$

在 τ_2 时刻，由式（3.28），θ_{δ_1,τ_2} 应为：

$$\theta_{\delta_1,\tau_2} = \frac{2q}{\lambda} \sqrt{a\tau_2} \times ierfc\left(\frac{\delta_1}{2\sqrt{a\tau_2}} \right) \tag{3.30}$$

以式（3.29）除以式（3.30），并消去 q 及 λ，整理后得：

$$ierfc\left(\frac{\delta_1}{2\sqrt{a\tau_2}} \right) = \frac{\theta_{\delta_1,\tau_2}}{\theta_{0,\tau_1}} \times \frac{1}{\sqrt{\pi}} \sqrt{\frac{\tau_1}{\tau_2}} \tag{3.31}$$

由实验测得 θ_{δ_1,τ_2}、θ_{0,τ_1}、τ_1、τ_2 后，代入式(3.31) 可求得 $ierfc\left(\dfrac{\delta_1}{2\sqrt{a\tau_2}}\right)$ 之值，再由误差函数表得到 $\dfrac{\delta_1}{2\sqrt{a\tau_2}}$ 的数值，从而可由已知的 δ_1 及 τ_2 求得热扩散率 a。

有了热扩散率 a，再代入式(3.29) 就可求出热导率 λ，故本实验可同时测出热扩散率与热导率。若已知试材密度 ρ，亦不难确定试材的比热容（但一般不用此法测比热容）。

此法测出的数据，可认为是平均温度 $t_m=(t_{0,\tau_1}+t_{\delta_1,\tau_2})/2$ 时的导热物性数据。

三、主要仪器与试剂

根据上述原理设计的实验装置结构如图 3.9 所示。将三块同种材料的试块Ⅰ、Ⅱ、Ⅲ叠置在一起，它们的厚度分别为 δ_1、δ_2、δ_3，要求：
$$\delta_3=\delta_1+\delta_2 \quad 且 \quad \delta_2\geqslant 3\delta_1$$

正方形的边长约为 $8\sim 10\delta_1$。在Ⅰ和Ⅲ之间放置一很薄的平面型加热器（用厚度为 $10\mu m$ 的康铜丝等制作的平板状加热器，原则上越薄越好）。对于厚度为 δ_3 和 $\delta_1+\delta_2$ 这样的有限厚度物体，加热后，如果在实验测量的时间内，加热作用所影响的深度比试材厚度小很多，则该有限厚物体可视为实验条件下的半无限大物体。在这种情况下，Ⅰ和Ⅲ之间的加热器所处的平面即为半无限大物体 $x=0$ 的表面。加热器的热量 Q 将向两边传递，每边各为 $Q/2$。

为了测量 $x=0$ 及 $x=\delta_1$ 处的温度，在试材Ⅰ和Ⅲ、Ⅰ和Ⅱ之间的中心位置上要安放热电偶。

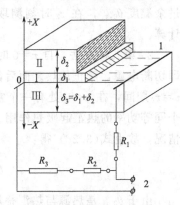

图 3.9 平面热源法
实验装置原理图
1—平面型加热器；2—直流稳压电源；
R_1、R_2、R_3—测试电路标准电阻

试验设备还包括温度测量仪表（电位差计或温度自动记录仪表）、秒表、游标卡尺及热量测量仪表等。由于加热功率很小，为了准确测定加热功率，采用直流稳压电源。测量电路如图 3.9 所示，电流及电压分别由标准电阻 R_1、R_2 上的电压降确定。R_3 为限流电阻（标准电阻），R_2 的阻值按等于 (R_2+R_3) 的 $1/100\sim 1/10000$ 选择。由于 R_1、R_2 上的电压降均为 mV 级，故本实验台的温度和电加热功率用同一台电位差计测量。

试件由一套夹具夹紧，使试材间接触良好。

四、实验步骤

1. 按照实验装置图将线路连接好，并开始加热。

2. 在用夹具夹紧试材和加热器时，对于容易压缩变形的材料，应注意压紧压力的大小并保持各处均匀。实验开始前，应测试一次 $x=0$ 及 $x=\delta_1$ 处的温度。如果两者一致，表明每块试材温度相同；如果它们的值有较大的差别，则可能是试材温度不均匀（重复实验后，试材尚未恢复到初始的均匀温度状态），或者热电偶本身存在系统误差。

3. 试材的厚度 δ_1、实测时间 τ_2 的选定，对实验结果的误差有较大影响。据文献推荐，可按热扩散率的范围选择如下：

$a=1.4\times 10^{-7}\sim 3\times 10^{-7}\,m^2/s$ 时，选择 $\delta_1=15mm$、$\delta_2=50mm$、$\tau_2=14\sim 16min$。

$a=3\times 10^{-7}\sim 5.5\times 10^{-7}\,m^2/s$ 时，选择 $\delta_1=20mm$、$\delta_2=65mm$、$\tau_2=12\sim 14min$。

$a=5.5\times 10^{-7}\sim 1\times 10^{-8}\,m^2/s$ 时，选择 $\delta_1=30mm$、$\delta_2=100mm$、$\tau_2=12\sim 15min$。

选定 τ_2 之后，τ_1 的时间比 τ_2 提前 $1\sim 2min$ 即可。

4. 为确信试材 Ⅱ 的顶部表面温度在实验期间没有发生变化，可在此处加装一对热电偶，以监视其温度。

5. 加热器功率应能使 θ_{0,τ_1} 达到 10℃ 以上，由此可选用单位面积上的功率 q（W/m²）为：

$$q = 30\frac{\lambda}{\delta_t}$$

较大的 q，对提高准确度有利。

6. 如采用电位差计测量，可事先将电位差计调到与预估温度相应的刻度处。随着温度的升高，检流计指针将逐渐向零点移动，它达到零点时，所记录的时间 τ 即为达到温度预估值所经历的时间。

7. 测试期间，环境温度发生变化会引起误差。为此，除注意保持环境温度不变外，对同一试材还应进行反复实验。

五、数据记录及处理

1. 第一种方法，如实验原理中所述，$\tau=0$ 时刻开始加热后，在 τ_1 时刻测取 $x=0$ 处的过余温度 θ_{0,τ_1}，在 τ_2 时刻测取 $x=\delta_1$ 处的过余温度 θ_{δ_1,τ_2}。数据由式（3.31）及式（3.29）计算。

2. 第二种方法，自 $\tau=0$ 时刻开始加热后，在 τ_1 时刻测得 $x=\delta_1$ 处的过余温度 θ_{δ_1,τ_1}，立即切断电源，停止加热。而后，再在 τ_2 时刻测 $x=0$ 处的 θ_{0,τ_2}。此法的原理是，从 $\tau=0$ 到 $\tau=\tau_2$ 期间，在 $x=0$ 处有一个常功率的热源起加热作用，而在 τ_1 到 τ_2 期间，这里又同时有一个同等功率的热汇起吸热作用。热源与热汇的叠加，就相当于平面热源只加热到 τ_1 时刻的情况，故由式（3.28）得：

$$\theta_{\delta_1,\tau_1} = \frac{2q}{\lambda}\sqrt{a\tau_1} \times ierfc\left(\frac{\delta_1}{2\sqrt{a\tau_1}}\right) \tag{3.32}$$

由于 θ_{0,τ_2} 是热源与热汇叠加的结果，故：

$$\theta_{0,\tau_2} = \frac{2q}{\lambda}\sqrt{a\tau_2} \times ierfc\left(\frac{0}{2\sqrt{a\tau_2}}\right) - \frac{2q}{\lambda}\sqrt{a(\tau_2-\tau_1)} \times ierfc\left(\frac{0}{2\sqrt{a(\tau_2-\tau_1)}}\right)$$

$$= \frac{2q}{\lambda}\sqrt{\frac{a}{\pi}}\left(\sqrt{\tau_2} - \sqrt{\tau_2-\tau_1}\right) \tag{3.33}$$

由式（3.32）及式（3.33）可解得 a 及 λ 值。

六、思考题

1. 本实验原理是否可用来测量金属等良导体的热物性？

2. 如欲测定试材在不同温度下的热物性，可采取什么措施？

3. 是否可用加热器本身的电阻值来计算热源功率，而不需要测定标准电阻 R_2 上的压降？

4. 本实验的原理是否可用来测湿材料？

5. 热电偶的热惰性会产生什么影响？如何减少这种影响？

6. 试将本法与前述正常情况法作一比较？

7. 如果 $\delta_1 + \delta_2$ 不等于 δ_3，是否会影响实验结果？

8. 试材的厚度应在何时测量？

附表　高斯补误差函数的一次积分值

x	$ierfc(x)$	x	$ierfc(x)$	x	$ierfc(x)$	x	$ierfc(x)$	x	$ierfc(x)$
		0.17	0.4104	0.35	0.2819	0.56	0.1724	0.90	0.0682
0.00	0.8642	0.18	0.4024	0.36	0.2758	0.58	0.1640		
		0.19	0.3944	0.37	0.2722	0.60	0.1550	0.92	0.0642
0.01	0.5542	0.20	0.3866	0.38	0.2637			0.94	0.0605
0.02	0.5444			0.39	0.2579	0.62	0.1482	0.96	0.0569
0.03	0.5350	0.21	0.3789	0.40	0.2521	0.64	0.1407	0.98	0.0535
0.04	0.5251	0.22	0.3713			0.66	0.1335	1.00	0.0503
0.05	0.5156	0.23	0.3638	0.41	0.2465	0.68	0.1267	1.10	0.0365
0.06	0.5062	0.24	0.3564	0.42	0.2409	0.70	0.1201	1.20	0.0260
0.07	0.4969	0.25	0.3491	0.43	0.2354			1.3	0.0183
0.08	0.4878	0.26	0.3419	0.44	0.2300	0.70	0.1138	1.4	0.0127
0.09	0.4787	0.27	0.3348	0.45	0.2247	0.74	0.1077	1.5	0.0086
0.10	0.4698	0.28	0.3278	0.46	0.2195	0.76	0.1020	1.6	0.0058
		0.29	0.3210	0.47	0.2144	0.78	0.0965	1.7	0.0038
0.11	0.4810	0.30	0.3142	0.48	0.2094	0.80	0.0912	1.8	0.0025
0.12	0.4523			0.49	0.2045			1.90	0.0016
0.13	0.4437	0.31	0.3075	0.50	0.1996	0.82	0.0861	2.00	0.0010
0.14	0.4352	0.32	0.3010			0.84	0.0813		
0.15	0.4268	0.33	0.2945	0.52	0.1902	0.86	0.0767		
0.16	0.4186	0.34	0.2882	0.54	0.1811	0.88	0.0724		

实验 15　流体传热系数测定实验

（Ⅰ）空气横掠单圆管传热系数的测定

一、实验目的

1. 了解空气横掠单圆管的传热实验的原理。
2. 掌握测定流速、热流量、温度的方法及应注意的问题。
3. 通过实测数据的整理，阐述用计算机整理实验数据的基本步骤和计算程序。

二、实验原理

根据牛顿冷却公式，壁面平均对流传热系数 α [W/（m^2·℃）] 为：

$$\alpha = \frac{Q}{(t_m - t_f)F} \tag{3.34}$$

式中　t_m——管壁平均温度，℃；

　　　t_f——实验管前后流体的平均温度，℃；

　　　F——管壁传热面积，m^2；

　　　Q——对流传热量，W。

根据传热学理论，传热系数与流速、管径、温度、流体物性等有关，并可用下列特征数方程式关联：

$$Nu = f(Re, Pr) \tag{3.35}$$

对于空气，由于 Pr 可作为常数处理，所以上式可由下列函数表达：

$$Nu=CRe^n \tag{3.36}$$

式中　C, n——由实验确定的常数；

$\quad\quad Nu$——努塞尔数，$Nu=\dfrac{\alpha d}{\lambda}$；

$\quad\quad Re$——雷诺数，$Re=\dfrac{ud}{\nu}$；

$\quad\quad Pr$——普朗特数，$Pr=\dfrac{\nu}{a}$；

$\quad\quad d$——管外径，m；

$\quad\quad u$——流体在实验管所在流道的最窄截面处的流速，m/s；

$\quad\quad \lambda$——流体的热导率，W/(m·℃)；

$\quad\quad a$——流体的热扩散率，m²/s；

$\quad\quad \nu$——流体的运动黏度，m²/s。

各物性参数采用边界层平均温度 $t_m=(t_w+t_f)/2$ 作为定性温度。

由此可知，在实验中须测定 Re 和 Nu 两个特征数中的各量，即 a、u、d、λ、ν 等。为此，必须测量 Q、u、t_w、t_f、d 及管长 l 等。

三、主要仪器与试剂

实验设备包括：风道、风机、温度计、微压计和毕托管（或热线风速仪）、电位差计（或数字电压表）及热量测量仪表（根据实验管加热方法不同而不同，一般情况下多采用电阻丝加热，这时需配备电流表、电压表、调压变压器、交流稳压电源等）。设备系统图如图 3.10 所示。

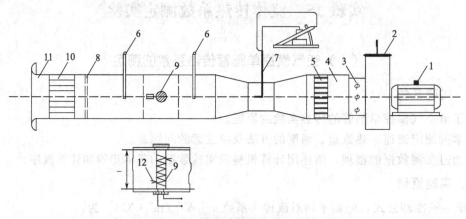

图 3.10　空气横掠单圆管换热实验装置图

1—电动机；2—离心风机；3—风量调节阀；4—橡皮软套管；5、10—格栅；6—温度计；7—微压计及毕托管；
8—金属丝网；9—实验管；11—风管入口；12—热电偶

实验风道全长分为进口段、试验段及测速段。风道断面一般是矩形，实验管横架在试验段中。为使风道内气流速度分布均匀及减少空气入口阻力，风道进口采用单扭或双扭曲线的圆滑收缩喇叭口。实验段之前，一般还装有蜂窝形或方形格栅和金属丝网以作整顿气流之用。空气经实验段后，进入测速段，为了在较低空气流量下仍能测准空气速度，一般在测速段采用小断面风道，这样，测速段前后接有缩放口。测速段后还装有格栅，以减轻风机进口处旋绕气流对前面的影响。橡皮软套管用来隔震。风量调节门可做成百叶窗式装在风机入口处（若采用可控硅直流调速电动机带动风机，则不需要风量调节门）。为使风机转速稳定，风机电源应接稳压电源。

实验管一般采用黄铜或紫铜管。管端用隔热材料封口并支撑于风道壁上。管壁沿轴向和圆周均匀地嵌有数对热电偶。图 3.11 是采用电阻丝加热实验管的热量测量电路及热电偶测试电路。

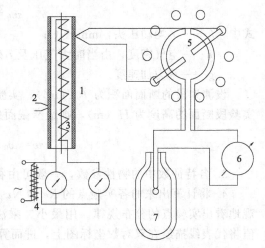

图 3.11 实验管测量系统
1—实验管；2—热电偶；3—电阻丝；4—调压变压器；
5—热电偶转换开关；6—电位计；7—0℃保温瓶

四、实验步骤

1. 为使实验点均匀地分布在整个实验范围内，应事先测出设备最大可能达到的风速，据此选定若干实验风速。

2. 实验数据应在稳态换热条件下测取，为此可每隔数分钟测一次温度。若经连续 2~3 次测试无显著变化（用变化量与测试值之比的百分数来判断，一般应低于 0.5%），方可认为实验工况稳定。

3. 由于测速段风速分布可能不均匀，因此毕托管（或风速仪）应固定在一坐标架上，移动毕托管测出断面速度分布，从而求得平均风速。

4. 扩展实验的范围主要靠改变风速和变更实验管直径。实验管表面单位面积的电加热功率一般可不改变，只在高风速时适当增加电功率。

5. 大气压的高低会影响风道进口空气密度，实验中应注意同时测定大气压。

五、数据记录及处理

1. 计算辐射换热量

实验管除以对流方式向空气传热外，还将有一部分热量以辐射方式传给风道壁，故从实测的电热功率中减去辐射热量才是对流传热量。辐射热量可按大空腔与内包壁之间的辐射传热处理，即：

$$Q_R = \varepsilon C_b \left[\left(\frac{T_w}{100} \right)^4 - \left(\frac{T_f}{100} \right)^4 \right] F \tag{3.37}$$

式中 ε——管子表面发射率（黑度）；

C_b——黑体辐射系数，$C_b = 5.67 \text{W}/(\text{m}^2 \cdot \text{K}^4)$；

T_w——管壁热力学温度，由管壁各热点偶测出的温度平均值确定，K；

T_f——风道壁热力学温度，可近似认为等于风道空气温度，故 $T_f/\text{K} = t_f/\text{℃} + 273.15$，K；

F——散热面积，$F = \pi d l$，m^2；

l——管子长度，m。

管子发射率 ε 可事先测定，必须指出，ε 是难于准确测定的一个值，这将给实验结果带来误差。为了减少由此带来的影响，一般应使管面发射率尽可能低一些（镀镍或铬并仔细擦拭，使其光滑银亮）。这一问题在其他对流传热问题的实验研究（如空气自由流动传热）中也应予以重视。

2. 测管面最窄处的风速

首先由测速段风速的平均动压头计算平均风速 w_0（m/s）：

$$w_0 = \sqrt{2gh/\rho} \tag{3.38}$$

式中 h——平均动压头，mmH_2O；

ρ——空气密度，由当时大气压及 t_f 确定，kg/m^3；

g——重力加速度。

设测速段的断面面积为 f_w（m^2），实验段断面面积为 f_d（m^2），实验管直径为 d（m），实验段断面的高度为 H（m），则最窄截面处的风速为：

$$w = w_0 \times \frac{f_w}{f_d} \times \frac{H}{H-d} \tag{3.39}$$

3. 各特征数中的物性参数，一般可由物性数据表按定性温度用线性插值法确定。

4. 将计算出来的各实验点的 Re 和 Nu 标绘在双对数坐标图上（图 3.12），由图可以直观地看出实验点的分布规律。用最小二乘法确定式（3.36）中的系数 C 和 n，再根据 C、n 值将代表线描绘在双对数坐标图上，进而算出实验点与代表线的平均偏差。

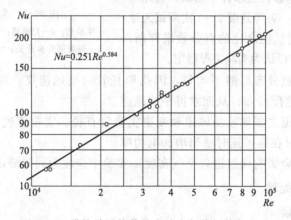

$Nu = 0.251Re^{0.584}$

图 3.12 横掠单圆管传热实验点与特征数方程式

5. 为了获得可靠的特征数关系式，除了考虑实验设备及测试仪器的因素以外，还要在尽可能大的实验范围内测取较多的实验点。这样，数据整理工作量较大，需采用计算机进行。

六、思考题

1. 以本实验为例，试讨论相似理论在对流传热实验研究中的应用。

2. 试设计一种结构，用以减少或避免实验管端部的热损失。

3. 为什么本实验可认为风道壁温度等于空气温度，并用空气温度来计算辐射传热量？辐射传热量占全部传热量的百分之几？估算由于 ε 的偏差给实验结果带来的误差。

4. 标绘测速段断面速度分布图，并进行分析。

5. 在数据整理中，物性参数除上述指出的用插值方法计算外，还可以预先将物性参数随温度的变化规律整理成一个近似函数（如用多项式 $y = a + bx + cx^2 + \cdots$ 拟合），再用此函数计算物性。试以热导率为例，找出它在 $0 \sim 200℃$ 范围内随温度变化的近似函数式，并比较两种方法的特点。

6. 分析本实验中实验管的边界条件属于常热流边界条件，还是常壁温边界条件？

（Ⅱ）空气自由流动传热系数的测定

一、实验目的

1. 掌握空气自由流动传热系数的测定方法。

2. 了解单相流体自由流动传热原理。

二、实验原理

单相流体自由流动传热取决于流体的运动状态、流体物性、壁面的几何特征（形状、尺寸、位置等）以及传热的边界条件。因此，自由流动传热项目很多，就一些典型情况而言可以分为以下几种。

1. 按壁面几何特征分：水平圆管、竖平壁或竖圆管、水平平板（热面朝上或朝下）、有限厚度的空气夹层。

2. 按边界条件分：常热流边界条件、常壁温边界条件。

3. 按流态分：层流、湍流。

传热的单值性条件不同，它们的传热规律也不同，由实验得到的特征数方程式也会有差别。显然，要想在同一套实验设备上进行上述不同情况下的自由流动传热实验是不可能的。虽然如此，但可以指出的是，它们的实验方法基本上是一样的。本节仅介绍空气沿水平圆管层流自由运动传热的实验方法，其边界条件近似于常热流。

按壁面平均温度计算的平均对流传热系数为：

$$\alpha = \frac{Q}{(t_m - t_f)F}$$

式中　t_m——管壁平均温度，℃；

　　　t_f——远离实验管的周围空气温度，℃；

　　　F——管子传热面积，m^2；

　　　Q——对流传热量，W。

实验管平均传热系数与壁面尺寸、空气物性、温差等的关系，由下列特征数方程式关联：

$$Nu = C(GrPr)^n \tag{3.40}$$

式中　Gr——格拉晓夫数，$Gr = \dfrac{g\alpha_V \Delta t d^3}{\nu^2}$；

　　　Pr——普朗特数，$Pr = \dfrac{\nu}{a}$；

　　　Nu——努塞尔数，$Nu = \dfrac{\alpha d}{\lambda}$；

　　　α_V——空气体膨胀系数，K^{-1}；

　　　λ——空气热导率，$W/(m \cdot ℃)$；

　　　a——空气的热扩散率，m^2/s；

　　　Δt——管壁与周围空气间的温度差，$\Delta t = t_w - t_f$；

　　　ν——空气运动黏度，m^2/s；

　　　d——水平圆管的直径，m。

为了确定式(3.40)中的系数 C、n，应在实验中测量 Nu、Pr 及 Gr 中有关的各量，即 t_f、t_w、Q、d 等。

在自由流动换热的情况下，当 $GrPr > 10^9$ 时，流态将变为湍流。一般情况下，除非管径很大，管壁温度很高，水平圆管自由流动是很难达到湍流工况的。

三、主要仪器与试剂

本实验由数根直径不同的水平圆管组成，并配以相应的功率测量仪表（电流表、电压表或单相功率表）、温度测量仪表（电位差计或数字电压表、水银温度计）等。实验设备系统

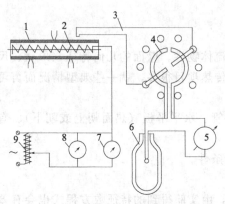

图 3.13 自由流动换热实验装置系统图
1—实验管；2—镍铬丝；3—热电偶；4—转换开关；
5—电位计；6—冰点保温瓶；7—电流表；
8—电压表；9—调压变压器

如图 3.13 所示。由于 Gr 的大小受管子直径影响最大，故只有采用一组不同直径的管子进行实验，才能获得较大 Gr 范围内的实验数据。

把镍铬电阻丝均匀绕制的加热器装在管内，管壁嵌有数对热电偶以测管表面温度。管壁平均温度由这些热电偶的算术平均值计算。

管子的长度应远大于它的直径，同时加强实验管端部的热绝缘，以减少端部热损失。

管子表面的发射率应尽可能小些，为此表面应仔细擦拭，使其银亮、光滑，或镀镍铬、抛光。

管子表面的空气应力求不受干扰。为此，实验管应与实验人员所在房间分开，使实验管周围空气处于静止状态。此外，要避免阳光直晒管子表面。若室内有空调器或暖气设备，实验时应予关闭。

四、实验步骤

实验数据应在充分热稳定的状态下测取。为此，对于每根管子，从实验加热开始，每隔一定时间测取一次温度，从 t_w 随时间 τ 的变化情况，判断是否已达稳定，如图 3.14 所示。由于实验管功率一般比较低，故当实验管的热容量较大时，达到热稳态所需时间就比较长。

五、数据记录及处理

1. 关于实验室据的整理，主要有以下两个问题：

（1）定性温度　用壁温与周围空气温度的平均值作为定性温度。

（2）对流传热量　对流传热量等于管子散热量（测出的电加热功率）减去辐射散热量。关于辐射热量可按大空腔与内包壁之间的辐射传热公式计算，即：

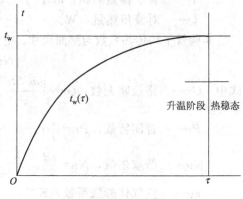

图 3.14 壁面温升曲线

$$Q_R = \varepsilon C_b \left[\left(\frac{T_w}{100} \right)^4 - \left(\frac{T_f}{100} \right)^4 \right] F$$

式中　ε——管子表面的发射率；

C_b——黑体辐射系数，$C_b = 5.67 W/(m^2 \cdot K^4)$；

T_w——管子表面平均温度，K；

T_f——周围壁面的温度，K；

F——管子换热面积，$F = \pi dl$，m^2；

l——换热部分的长度。

与管子辐射换热的是周围的壁面，因此在计算辐射热量时要采用周围壁面的温度 T_f'。它是墙壁、天花板、地板的综合值。在一般情况下，T_f'很难准确测定，但是在室内外温度相差不太大的季节，将室内空气温度 T_f 作为 T_f' 是可行的。为了减少由此引起的误差，可将实验管设置在一个大套间内，使它没有直接与室外空间换热的墙壁和天花板。

2. 由实验数据确定 Nu 及 $PrGr$。将实验点标绘在以 Nu 数为纵坐标、以 $PrGr$ 为横坐标的双对数坐标图上。以回归分析方法确定式（3.40）中的系数 C、n 及实验点与代表线的偏差，并将结果与文献推荐的经验特征数方程式进行比较。

六、思考题

1. 怎样才能使本实验的实验管的加热条件成为常壁温（或近似的常壁温）？
2. 管子表面的热电偶应沿长度和圆周均匀分布，目的何在？
3. 如果室内空气不平衡，会导致什么结果？
4. 本实验的 $PrGr$ 范围有多大？是否可达到湍流状态？

（Ⅲ）蒸气沿竖壁凝结时传热系数的测定

一、实验目的

1. 探讨凝结换热机理，寻找强化换热的方法。
2. 通过氟里昂蒸气在竖壁上层流膜状凝结传热系数的测定，了解凝结传热的基本试验方法。

二、实验原理

在稳态工况下，当干饱和蒸气在冷凝壁面上凝结时，若凝液平均温度为 t_m，则凝结换热量为：

$$Q = mr + mc_p(t_p - t_m) \tag{3.41}$$

式中　m——单位时间的凝结液量，kg/s；

c_p——凝结液的定压比热容，J/(kg·℃)；

r——饱和温度 t_p 下的蒸气潜热，J/kg；

t_p——蒸气饱和温度，℃；

t_m——凝液的平均温度，当凝结液膜温度分布为线性规律时，$t_m = (t_p + t_w)/2$。

而壁面与凝结传热系数的平均值为：

$$\alpha = \frac{Q}{(t_p - t_w)F} \tag{3.42}$$

式中　t_w——冷凝壁表面平均温度，℃；

F——冷凝表面积，m^2。

实验测得 m、t_p、t_w 及蒸气压 p 后，由式（3.42）可求得平均凝结传热系数。

努塞尔根据连续液膜的层流运动和液膜的导热机理，从理论上导出了干饱和蒸气层流膜状凝结传热系数的计算式。对于竖壁：

$$\alpha = 0.943 \left[\frac{g\rho^2 \lambda^3 r}{\mu h(t_p - t_w)} \right]^{1/4} \tag{3.43}$$

式中　ρ——凝液密度，kg/m^3；

λ——凝液热导率，W/(m·℃)；

g——重力加速度，m/s^2；

μ——凝液动力黏度，Pa·s；

h——竖壁高度，m。

以上物性 ρ、λ 及 μ 以 t_m 作为定性温度，r 按 t_p 确定。

后来，实验研究发现，上述理论值与实验测定值相比偏低，这主要由于努塞尔的理论公式是基于若干假定条件而导出的，例如忽略液膜下滑运动时的惯性力作用、对流传热作用等。理论与实验的差值与壁面高度、冷凝温度差 Δt 等条件有关。

还应注意，式(3.43)是纯蒸气在竖壁上的平均传热系数，如果蒸气中有不凝性气体（例如空气），即使是微量的，传热系数也将大大降低。此外，蒸气速度、表面粗糙度、蒸气含油雾等，都是影响凝结传热的因素，实验应注意消除它们的干扰。

三、主要仪器与试剂

实验装置及系统如图 3.15（a）所示。本体 1 为密封良好的厚壁有机玻璃方筒，每边宽 $30\sim40\mathrm{cm}$，高约 50cm，底部安设加热蒸发器 5。蒸气穿过液滴分离网 10，再经带孔的隔板 9 进入冷凝空间（此外隔板还可消除器壁对冷凝表面的辐射影响），在铜质冷凝试件 2 的表面上凝结。凝结液由量筒 3 收集计量。经计量后，打开电磁阀 4，凝液自动流入下部的蒸发器。容器左上侧装有微型风扇 11，其作用是让容器中的蒸气有微弱的循环，使蒸气内含有的不凝性气体不致聚集在试件周围。冷凝试件如图 3.15（b）所示，表面尺寸约有 50mm × 50mm，表面抛光，并在试件距表面 2mm 及 6mm 处自上而下均匀埋设 4～5 对热电偶。为加强对试件的冷却，冷却水一侧增加了肋片。冷却水由高位水箱供给，以保持水压稳定。聚四氟乙烯块 15 紧密包裹住试件 2，以便隔热。

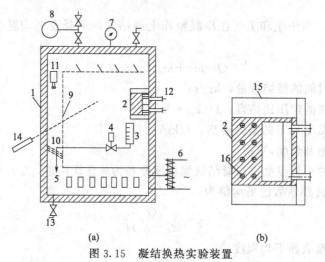

图 3.15　凝结换热实验装置

1—有机玻璃容器；2—铜试件；3—量筒；4—电磁阀；5—电加热蒸发器；6—调压变压器；7—压力表；
8—真空泵；9—内隔板；10—铜丝网；11—微型风扇；12—冷却水进出口；13—液体进料口；
14—激光器；15—聚四氟乙烯块；16—热电偶

电加热蒸发器 5 由调压变压器调节功率。加热器的面积应尽可能大一些，这样可使加热器表面维持尽可能低的热流通量，以降低沸腾温差，减轻沸腾时蒸气的带液作用。

为监视蒸气是否为干饱和蒸气，在容器外设激光器 14，在激光照射下液滴将呈现粒子状（类似太阳光柱中的灰尘）。为使蒸气为干饱和蒸气，在激光照射下，只允许有极少量的液滴，否则热量计算将带来较大误差。

本实验工质可采用氟里昂 R-113 或氟里昂 R-11（在标准大气压下，氟里昂 Q-113 的沸点为 47.6℃，氟里昂 R-11 为 23.8℃）。采用这类工质，实验装置的温度水平大大降低，与环境温差小，实验工况易于稳定。若采用水蒸气，则本装置需在负压下进行实验。

真空泵用于抽除装置内的空气，并充填氟里昂工质。

铜试件 2 内埋设热电偶的目的有三：①按导热作用推算表面温度；②监测铜块向四周散热损失的大小，当热损失很小时，由离表面不同距离处热电偶的温度差按导热算出来的热量，应与凝结换热量符合；③可测出表面温度自上而下的分布。

四、实验步骤

1. 用游标卡尺精确测定冷凝表面的尺寸。要求表面光洁、无污垢、无锈蚀。

2. 准确标定盛放凝结液的量筒。

3. 调节加热器负荷，保持容器的压力恒定，并随时用激光观察容器内的蒸气带液情况。

4. 试件 2 内各热电偶的温度稳定后，才可测取数据。

5. 调节冷却水量或加热器功率，获得不同壁温 t_w 下的实验结果。

五、数据记录及处理

1. 分别算出埋设在试件内不同深度 δ_1 和 δ_2 处的两排热电偶的温度平均值 t_1 和 t_2，按位置距离的比例标绘在如图 3.16 所示的坐标图上，由 t_1 与 t_2 连线的延伸线找到表面温度 t_w。

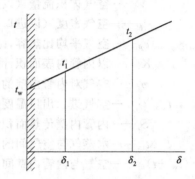

若已知试件材料的热导率 λ，则可由 t_1 和 t_2 算出冷凝换热量 Q（W）：

$$Q = \frac{\lambda}{\delta_2 - \delta_1}(t_2 - t_1)F \qquad (3.44)$$

由上式得到的 Q 值与式（3.41）的计算值的偏差，应在容许范围内。以此可检测实验是否有重大误差。

图 3.16　表面温度 t_w 的确定方法

2. 将根据实测数据由式（3.42）算出的传热系数 α，与由式（3.43）计算得到的理论值进行比较。本实验装置中，由于试件高度 h 很小，实验值应接近理论值。

3. 由蒸气压力 p 查蒸气表得到的饱和温度，应与实验测出的蒸气温度一致。如果蒸气中含有不凝性气体，则测出的蒸气温度将低于与蒸气压力相应的饱和温度。根据实测压力和温度，用道尔顿定律可以计算出蒸气中不凝性气体的含量，从而可进一步分析不凝性气体对凝结传热的影响。此法在不凝性气体含量较低时很不准确，准确的办法是采用气相色谱仪测定不凝性气体含量，但仪器及操作均较复杂。

六、思考题

1. 若蒸气是湿蒸气，对实验会产生什么结果？

2. 为什么试件的冷却水侧要加肋片？

3. 实验用工质如分别采用水和氟里昂，在相同的壁温和 t_p 下，传热系数将有何不同？

4. 当工质选定后，若不凝性气体是空气，怎样由实测压力和温度计算不凝性气体的含量？

（Ⅳ）水蒸气冷凝时传热系数测定实验

一、实验目的

1. 观察水蒸气在水平管外壁上的冷凝现象。

2. 测定空气-水蒸气在套管换热器中的总传热系数；

3. 测定空气在圆形直管内强制对流时的传热膜系数及其与雷诺数 Re 的关系。

二、实验原理

在套管换热器中，环隙通以水蒸气，内管管内通以空气，水蒸气冷凝放热以加热空气，在传热过程达到稳定后，有如下热量衡算关系式（忽略热损失）：

$$Q = V\rho c_p(t_2 - t_1) = K_i S_i \Delta t_m = \alpha_i S_i (t_w - t)_m \qquad (3.45)$$

由此可得总传热系数：

$$K_i = \frac{V\rho c_p (t_2 - t_1)}{S_i \Delta t_m} \tag{3.46}$$

空气在管内的对流传热系数（传热膜系数）：

$$\alpha_i = \frac{V\rho c_p (t_2 - t_1)}{S_i (t_w - t)_m} \tag{3.47}$$

式中　　Q——传热速率，W；

　　　　V——空气体积流量（以进口状态计），m^3/s；

　　　　ρ——空气密度（以进口状态计），kg/m^3；

　　　　c_p——空气平均比热容，$J/(kg \cdot \text{℃})$；

　　　　K_i——以内管内表面积计的总传热系数，$W/(m^2 \cdot \text{℃})$；

　　　　α_i——空气对内管内壁的对流传热系数，$W/(m^2 \cdot \text{℃})$；

　t_1、t_2——空气进、出口温度，℃；

　　　　S_i——内管内壁传热面积，m^2；

　　Δt_m——水蒸气与空气间的对数平均温度差，℃；

$(t_w - t)_m$——空气与内管内壁间的对数平均温度差，℃。

$$\Delta t_m = \frac{(T - t_1) - (T - t_2)}{\ln \dfrac{T - t_1}{T - t_2}} \tag{3.48}$$

式中　　T——蒸汽温度（取进、出口温度相同），℃。

$$(t_w - t)_m = \frac{(t_{w1} - t_1) - (t_{w2} - t_2)}{\ln \dfrac{t_{w1} - t_1}{t_{w2} - t_2}}$$

式中　　t_{w1}、t_{w2}——内管内壁上进、出口温度，℃。

当内管材料导热性能很好，且管壁很薄时，可认为内管内外壁温度相同，即测得的外壁温度视为内壁温度。

流体在圆形直管内作强制湍流（流体流动的雷诺数 $Re > 10000$）时，对流传热系数 α_i 与雷诺数 Re 的关系可近似写成：

$$\alpha_i = ARe^n \tag{3.49}$$

式中，A 和 n 为常数。两边取对数得：

$$\ln\alpha_i = \ln A + n\ln Re$$

根据原始实验数据计算出不同雷诺数 Re（要求 $Re > 10000$）下的对流传热系数 α_i，以 $\ln Re$ 为横坐标，$\ln\alpha_i$ 为纵坐标，作图得一直线，其斜率即为 n。

三、主要仪器与试剂

本实验装置由风机（旋涡气泵）、变频器、孔板流量变送器、蒸汽发生器、套管换热器、温度传感器等构成，其流程如图 3.17 所示。

来自蒸汽发生器的水蒸气进入套管换热器，与来自风机的空气进行热交换，冷凝水经管道排入地沟。冷空气经孔板流量计进入套管换热器内管（紫铜管，直径 $\phi16mm \times 1.5mm$，长度 $L = 1010mm$），热交换后放空。

四、实验步骤

1. 检查仪表、风机、测温点是否正常，检查进系统的蒸汽调节阀是否关闭。

2. 打开总电源开关、仪表电源开关（蒸汽发生器由教师启动）。

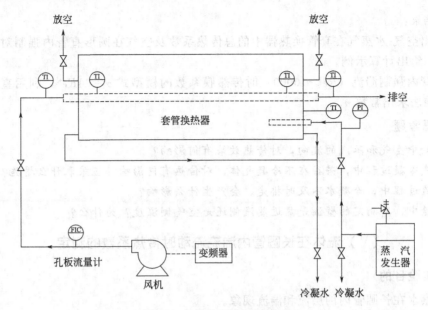

图 3.17 传热实验流程简图

3. 启动风机（手动操作时采用"直接启动"，自动操作时采用"变频器启动"），全开风量调节阀。

4. 排除蒸汽管线中原积存的冷凝水（方法：关闭进系统的蒸汽调节阀，打开蒸汽管冷凝水排放阀）。

5. 排净后，关闭蒸汽管冷凝水排放阀，打开进系统的蒸汽调节阀，使蒸汽缓缓进入换热器环隙（切忌猛开，防止玻璃爆裂伤人）以加热套管换热器，再打开换热器冷凝水排放阀（冷凝水排放阀不要开启过大，以免蒸汽泄漏），使环隙中冷凝水不断地排至地沟。

6. 仔细调节进系统蒸汽调节阀的开度，使蒸汽压力稳定保持在 0.05MPa 以下（可通过微调不凝性气体排空阀使压力达到需要的值），以保证在恒压条件下操作。

7. 手动操作时：根据测试要求，由大到小调节空气流量手动调节阀的开度，合理确定 5～6 个实验点，待稳定后从控制面板上读取温度、压力、流量等有关数据。

自动操作时：进入"对流给热系数测定实验"计算机控制界面，根据测试要求，由大到小改变空气流量（调节变频器改变风机转速），合理确定 5～6 个实验点，待稳定后点击"数据采集"按钮由计算机自动记录有关数据。所有实验完成后单击"退出"按钮停止实验。

8. 实验终了，首先关闭蒸汽调节阀，切断设备的蒸汽来路，再关闭风机、仪表电源及总电源（蒸汽发生器由教师关闭）。

五、数据记录及处理

数据记录见表 3.4。

表 3.4 水蒸气冷凝时传热系数测定数据记录

序号	蒸汽压力 /kPa	蒸汽温度 T/℃	空气流量 V/(m³/h)	空气入 t_1/℃	空气出 t_2/℃	壁温入 t_{w1}/℃	壁温出 t_{w2}/℃

注：紫铜内管直径 ϕ16mm×1.5mm，长度 L=1010mm。

实验结果：

1. 算出空气-水蒸气在套管换热器中的总传热系数及空气在圆形直管内强制对流时的传热膜系数，给出计算示例。

2. 按管内强制湍流（$Re > 10000$）时传热膜系数的模型式 $\alpha_i = ARe^n$，利用直线图解法或最小二乘法求出常数 n。

六、思考题

1. 实验中空气和蒸汽的流向，对传热效果有何影响？

2. 蒸汽冷凝过程中，若存在不冷凝气体，对传热有何影响、应采取什么措施？

3. 实验过程中，冷凝水不及时排走，会产生什么影响？

4. 实验中，所测定的壁温是靠近蒸汽侧还是空气侧温度？为什么？

（Ⅴ）流体在长圆管内湍流流动时传热系数的测定

一、实验目的

1. 观察水在长圆管内的层流和湍流现象。

2. 测定水在长圆管内湍流流动时传热系数。

二、实验原理

在常热流边界条件或常温边界条件下，流体在长圆管内被加热时，其管壁温度及流体温度的变化如图 3.18 所示。可见，不同的加热边界条件，在整理实验数据时将有所差别。理论分析及实验研究还表明，常热流条件下的换热系数比常壁温条件下的换热系数高，对于层流，可高 20%；对于湍流，当 $Pr > 0.7$ 时，两者之差 $< 5\%$，其影响可忽略。

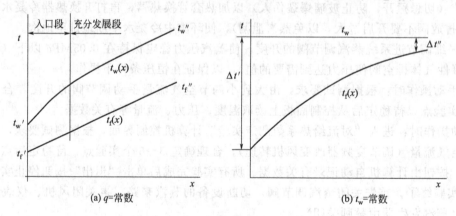

图 3.18 管内流体温度及壁温的变化

流体在长圆管内湍流流动时，采用下列特征数方程式来整理传热系数的实验数据：

$$Nu = CRe^n Pr^{1/n} (\mu_f / \mu_w)^{0.14} \tag{3.50}$$

式中　Nu——努塞尔数，$Nu = \dfrac{\alpha d}{\lambda}$；

　　　Pr——普朗特数，$Pr = \dfrac{\nu}{a}$；

　　　Re——雷诺数，$Re = \dfrac{vd}{\nu}$；

　　　μ_f——液体的动力黏度（以流体的平均温度换算），Pa·s；

μ_w——流体的动力黏度（以壁面的平均温度换算），$Pa \cdot s$；

a——流体的热扩散率，m^2/s；

v——管截面平均流速，$v = \dfrac{4M}{\pi d^2 \rho}$，$m/s$；

d——管内径，m；

M——管内流体质量流量，kg/s；

α——平均换热系数，$W/(m^2 \cdot ℃)$。

$$\alpha = \frac{Q}{F \Delta t} \tag{3.51}$$

式中　F——管子换热面积，按内表面积计算，m^2；

Q——管子换热面上的传热量，W；

Δt——换热平均温度差。

$$Q = c_p M (t''_f - t'_f) \tag{3.52}$$

$$\Delta t = t_w - t_f$$

式中　c_p——流体的定压比热容；

t_w——壁面平均温度，由测量值求平均；

t_f——流体的平均温度，由管子进出口温度的平均值确定。

$$t_f = \frac{t''_f + t'_f}{2}$$

式中　t'_f——进口截面处流体的平均温度，$℃$；

t''_f——出口截面处流体的平均温度，$℃$。

以上各式中的热导率 λ、动力黏度 μ_f、运动黏度 ν、定压比热容 c_p、密度 ρ 以及 Pr 等物性参数，以管内流体平均温度 t_f 作为定性温度，而动力黏度 μ_w 则以 t_w 作为定性温度，均由物性表查得。

综上所述，为了获得长圆管内湍流换热的实验结果，在满足长圆管的条件下实验应测定特征数中所涉及的各量，即 t'_f、t''_f、M、t_w（沿管长分布）、管子尺寸（直径 d 及长度 l）。此外，为了检验实验的误差，尚须测定加热功率及环境温度等。

三、主要仪器与试剂

本实验所用流体为水，在管外缠绕电阻丝进行加热。实验装置如图 3.19 所示。

冷水由高位水箱 1（使水压恒定）经流量测量仪 2（孔板、涡轮流量计或转子流量计）进入进口混合室 3（使实验管入口截面温度均匀和流速分布均匀，减少初始扰动的影响），再流过实验管 4 被加热，由出口混合室 13 排入冷却系统（出口可做成收缩状，以利测量流体出口平均温度）。高位水箱的水由水泵 8 供给，多余的水由高位水箱的溢流口溢出流入冷却池。水量由阀门 14 控制，以稍有溢流为度。整个实验管连同它的进出口混合室，均用保温材料保温。

实验管外沿管全长均匀缠绕镍铬电阻丝，力求加热功率各处一致。加热功率由电流表及电压表（或单相功率表）测量，电流由稳压电源供给。电阻丝与实验管必须有良好的电绝缘。实验管内的水所吸收的热量按水的流量、温差来确定，而不按加热功率确定。在稳态工况下，若测量系统工作正常，加热电功率应大于水所吸收的功率，即加热电功率等于水吸收的热量、保温层表面对流及辐射散热损失、实验管端部热损失之和。测量电加热功率的目的在于检验整个系统测试是否正常。

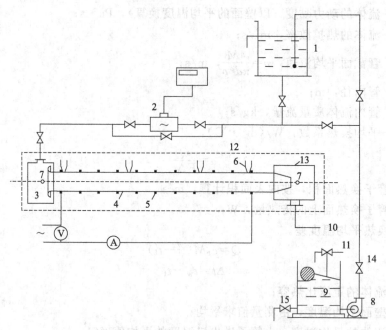

图 3.19　水在管内湍流换热实验装置系统图

1—高位水箱；2—流量测量仪表；3—进口混合室；4—实验管；5—镍铬电阻丝加热器；6—壁温热电偶（若干对）；

7—进出口热电偶；8—循环水泵；9—冷水箱；10—排水入冷却池（塔）；11—由冷却池（塔）来水；

12—保温外壳；13—出口混合室；14—水泵出口调节阀；15—泄水阀

实验管内径以 14～20mm 为宜，长度则应为 1.5～2.5m。

热电偶 7 分别从管两端的混合室测取进出口温度，亦可采用 1/10 刻度的精密水银温度计（应垂直或倾斜插入）。进出口温度是本实验的关键数据，仪表应仔细校验。

热电偶 6 若干对，均匀分布在管壁全长及四周，测量全管长壁温的变化，进而可求出平均温度。

四、实验步骤

1. 检查实验仪器电路、水路的连接是否完好，打开电加热器开始加热，调节加热电压、水流量，加热一段时间后，保持水温、水流量的稳定，实验数据需要在稳定状态下测量。

2. 改变水的流量（或同时改变加热功率）可获得不同 Re 工况下的实验数据。应使实验点分布在尽可能大的 Re 范围内。

3. 计算水的吸热量及电加热器功率，如果水吸收的热量大于电加热器功率，则该实验点数据不合理，应检查原因，并将该点数据舍去。

五、数据记录及处理

1. 计算局部换热系数 α_x：

$$\alpha_x = \frac{q}{t_{wx} - t_{fx}}$$

式中　α_x——以管子进口为起点，距进口距离为 x 处的局部换热系数，$W/(m^2 \cdot ℃)$；

q——热流密度，$q = \dfrac{Q}{F}$，W/m^2；

t_{wx}——x 点处的局部壁温；

t_{fx}——x 点处流体的局部温度。

在常热流条件下，流体温度按线性规律计算确定，即由图 3.18（a）可知：

$$t_{fx} = t_f' + \frac{x}{l}(t_f'' - t_f')$$

式中 l——管子长度。

以 α_x 为纵坐标，x/l 为横坐标，将不同 x/l 处的 α_x 标绘于十进位坐标图上，可得到 α_x 随管长 l 的变化。

对于不同的 Re，都可以整理出与之相应的 α_x 变化曲线，由此可以分析 α_x 随 Re 的变化。

2. 整理计算出各实验工况的平均传热系数、Nu、Pr、Re。计算式是式（3.50）～式（3.52）。将实验点标绘在以 $Nu/[Pr^{1/n}(\mu_f/\mu_w)^{0.14}]$ 为纵坐标，以 Re 为横坐标的双对数坐标图上，由回归分析可以确定式（3.50）中的 C、n 值，并再进一步计算出实验点与代表线之间的偏差。由于实验点多，计算工作比较复杂，可利用计算机编程处理实验数据。

六、思考题

1. 试用传热学的基本知识和计算公式，结合实验台的具体情况，估计实验台的散热损失约占加热量的百分之几？

2. 如何使进口水温 t_f' 不随时间变化？试从实验设备系统提出合理的设计方案。

3. 试设计以空气为流体的实验系统。

4. 本实验设备是否能进行层流传热系数的测定实验？

实验 16　卡计法测材料表面半球向总发射率

各种材料表面的发射率、反射率、吸收率，对于传热问题的分析、计算都是十分重要的基础数据。由于这些热辐射物性参数取决于材料的种类、性质、表面状况、温度等因素，因此，除了少数极光滑又无污染的理想表面可以用电磁学原理预测外，热辐射物性参数主要靠实验手段测定。

测量热辐射性质的方法分两类：

1. 卡计法：稳态卡计法和非稳态卡计法。

2. 辐射测量法：利用多种辐射仪进行测量，如热空腔辐射法（如法向发射率测定仪）、积分球反射法（如积分球仪）、镜面反射法等。与卡计法相比，辐射测量法所用设备比较简单，但测试误差大，适于批量快速测试材料的热辐射性质。

（Ⅰ）稳态卡计法

一、实验目的

1. 了解稳态卡计法测材料表面发射率的基本原理。

2. 掌握稳态卡计法的实验方法。

二、实验原理

在如图 3.20 所示的密闭高真空腔内，若试件 1 的表面积 F_1 远比空腔内壁面 2 的面积 F_2 小得多，即 $F_1/F_2 \ll 1$，且内壁上涂敷发射率较高的材料，试件表面温度均匀且稳定，并认为是灰体，则表面 1 和 2 之间的辐射换热 Q_{12}（W）可用下式计算：

$$Q_{12} = F_1 \epsilon_1 C_b \left[\left(\frac{T_1}{100} \right)^4 - \left(\frac{T_2}{100} \right)^4 \right] \tag{3.53}$$

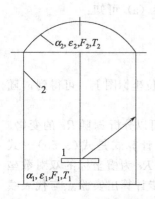

图 3.20　稳态卡计法原理图

式中　T_1——试件表面温度，K；

$\qquad T_2$——腔壁表面温度，K；

$\qquad \varepsilon_1$——试件表面半球向总发射率；

$\qquad C_b$——黑体辐射系数，$C_b = 5.67W/(m^2 \cdot K^4)$。

在稳态情况下，测定试件的辐射换热量 Q_{12}、温度 T_1 及 T_2 后，可由式（3.53）求出总发射率 ε_1。

三、主要仪器与试剂

本实验装置包括真空系统、真空腔、电加热器及功率测量仪表、温度测量仪表、真空计及恒温液冷却系统等。真空系统由机械真空泵和油扩散泵组成，它应能保证真空腔内真空度达到 10^{-5}mmHg（1mmHg = 133.322Pa）。在此真空度下，腔内的残余气体分子的导热和对流传热作用才可以忽略，这是正确进行实验的必要条件。

真空腔及测试装置如图 3.21 所示。真空腔下部与真空系统相连。真空腔由外罩 7 和内罩 8 组成，内罩上焊有盘管，管内通恒温的冷却液。冷却液根据 T_2 的范围选择，一般采用恒温水，此内罩称为热沉。

测试件装置放在空腔的隔热座 6 上，它由主加热器 2、保护加热器 3 等组成。主加热器是一个很薄的方形加热板（一般是边长 40～50mm 的正方形），其上放均热板 9，试件 1 放在均热板上。试件与均热板之间可涂少许硅脂（可耐温 250℃），以防两者之间存在空隙，为使主加热器的热量全部通过试件辐射出去，应尽可能减少底部和侧面的热损失。为此，把主加热器放在一个方形或圆形的保护加热器 3 的上部，用支柱 5 支起（保护加热器高 40～50mm，直径 70～90mm）。调节保护加热器的加热功率，使其内表面也维持尽可能接近 T_1 的温度，并保持稳定。为减少主加热器底部、保护加热器内外表面的热辐射，零件表面均镀金。

主加热器、保护加热器、试件以及热沉等均焊有热电偶。

试件 1 应薄而平整，一般约厚 1mm。为确保试件表面温度均匀，应在它的中心和边缘各装一对热电偶。

本装置适用于在温度 T_1 不太高的条件下测定金属、非金属及各种热辐射涂层的半球向总发射率。准确度好，但每次实验所需时间较长。

四、实验步骤

1. 检查仪表设备的连接是否完好，开启真空泵、电加热器以及测温系统。

2. 待系统达到预定真空度 10^{-5}mmHg 后，停止真空泵。此后真空腔应能维持稳定的真空，无泄漏。

3. 调节好恒温冷却液的温度。由于试件功率很小，故热沉的温度将等于冷却液的温度。

4. 仔细调节保护加热器的电压，使它的温度与主加热器一致（一般经过多次实验后，就可准确掌握保护加热器与主加热器功率的匹配关系）。

5. 在充分稳态条件下，测取各项数据。

五、数据记录及处理

由式（3.53）计算试件的半球向总发射率，并分析本实验的误差的大小。

本实验的误差包括：非灰体误差，残余气体导热损失、支柱的导热损失、测温热电偶及导线导热损失、主加热器与保护加热器的温度不严格相等造成的热辐射损失引起的误差、试件表面温度不均匀等产生的误差。

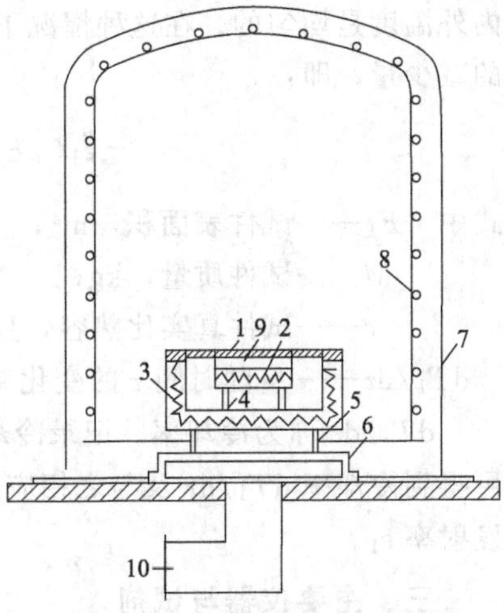

非灰体误差是由工程材料不是严格的灰体引起的：式(3.53)只适用于灰体。对于工程材料，它们的吸收率除与 T_1 有关外，还与 T_2 有关，因此式(3.53)将带来"非灰体误差"。在 $T_2/T_1 \leqslant 1/5$ 或 $T_2 \rightarrow T_1$ 的两种情况下可以忽略非灰体误差。使用液氮冷却热沉，可创造 $T_2/T_1 \leqslant 1/5$ 的条件。

导线和支柱引起的导热损失，可以根据杆肋导热公式计算。

试件表面温度不均匀引起的误差，是由于表面温度不均匀，测量值不能代表整个表面的温度而产生的。此项误差可根据表面温度分布状况计算出来。

图 3.21　稳态卡计法实验装置简图

1—试件；2—主加热器；3—保护加热器；
4、5—支柱；6—隔热座；
7—外罩；8—热沉；9—均热板；
10—真空泵接口

六、思考题

1. 怎样设置热电偶才能正确测量表面温度？
2. 在各加热器的表面镀金的作用是什么？
3. 热沉的温度可以直接引用恒温冷却液的温度，为什么？
4. 从保证试件表面温度均匀的作用来看，方形或圆形试件有无区别？
5. 真空腔漏气时是否影响实验的准确性？
6. 如果试件面积 F_1 与热沉面积 F_2 之比不能满足 $F_1/F_2 \ll 1$ 时，实验结果如何？

（Ⅱ）非稳态卡计法

一、实验目的

1. 了解非稳态卡计法测材料表面发射率的基本原理。
2. 掌握非稳态卡计法的实验方法。

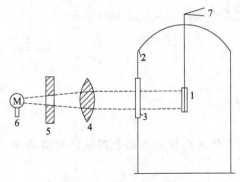

图 3.22　非稳态卡计法实验原理图

1—试件；2—真空腔；3—窗孔；4—聚光透镜；
5—水冷光栅；6—光源；7—热电偶引出线

二、实验原理

如图 3.22 所示，薄金属试件 1 悬挂在高真空腔内，试件面积 F_1 与真空腔内壁面积 F_2 之比远小于 1，且腔内壁的发射率和吸收率均接近 1。真空度为 10^{-5} mmHg 左右，在真空腔外，通过玻璃窗孔 3，用光辐照的方法加热腔内试件。

当试件温度升高至预定的温度后停止加热，试件将因热辐射作用而逐渐冷却。在此冷却过程中，若试件较薄，发射率不高，热导率较大，则冷却过程的毕渥数 $\left(Bi = \dfrac{\alpha l}{\lambda}\right)$ 将远小于 1，此时可认为试件内外温度是均匀的。在这种情况下，由能量守恒关系可知，试件辐射换热量等于试件热容量的减少量，即：

$$\varepsilon_1 C_b F_1 \left[\left(\frac{T_1}{100} \right)^4 - \left(\frac{T_2}{100} \right)^4 \right] = Mc \frac{dT_1}{d\tau} \tag{3.54}$$

式中　F_1——试件表面积，m^2；

　　　M——试件质量，kg；

　　　c——试件真实比热容，$J/(kg \cdot ℃)$；

　$dT_1/d\tau$——T_1 随时间 τ 的变化率，$℃/s$。

$dT_1/d\tau$ 称为冷却率。记录冷却过程中每一时刻的 T_1，并绘制出它随试件的变化曲线，可得到冷却率 $dT_1/d\tau$ 及与之相应的 T_1、T_2。将已知的 M、c 代入式（3.54），就可以求得总发射率 ε_1。

三、主要仪器与试剂

稳态卡计法所使用的真空系统及真空腔完全可以用于本实验。

加热用辐射光源可采用体积小功率大的镍钨灯泡。用聚光透镜使光束均匀投射在试件上，光源与透镜之间置一水冷光栅，见图 3.22。

温度测量可采用自动记录电位差计（记录温度变化曲线）或自动打印数字电压表数据（间隔一定时间打印 T_1）。

四、实验步骤

实验方法与稳态卡计法基本相同，要维持真空腔的真空度及真空腔壁面温度恒定。光辐照加热试件时，要力求均匀照射在试件上。

五、数据记录及处理

若在测试的温度范围内，试件比热容 c 及发射率 ε_1 都是常数，与温度无关，则可将式（3.54）改写成为：

$$Y = \varepsilon_1 \frac{C_b F_1}{Mc} (X - X_0) \tag{3.55}$$

式中，$Y = dT_1/d\tau$；$X = \left(\frac{T_1}{100} \right)^4$；$X_0 = \left(\frac{T_2}{100} \right)^4$。$T_2$ 不变，X_0 为常量。

可见，在 Y 为纵坐标、X 为横坐标的图上，式（3.55）为直线，即 $Y = a + bX$，其斜率 $b = \varepsilon_1 \frac{C_b F_1}{Mc}$，从 X-Y 图上得到直线斜率 b 后，不难求得 ε_1：

$$\varepsilon_1 = b \frac{Mc}{C_b F_1} \tag{3.56}$$

六、思考题

1. 为什么 Bi 小时可认为试件温度场内外均匀度好？

2. 为什么试件温度必须内外均匀？

3. 热电偶丝的粗细（粗线的热惰性大，对温度的变化反应慢且导热作用强）对实验结果有何影响？为什么？

4. 能否用此法测非金属材料的发射率？

5. 试制定数据整理的具体方法，例如在非稳态卡计法中如何计算出冷却率？

6. 将稳态卡计法与非稳态卡计法进行比较，分析它们的特点。

实验 17 辐射测量法测材料法向总发射率及反射率

（Ⅰ）热空腔辐射法测法向总发射率

一、实验目的

1. 了解热空腔辐射法测定材料表面法向总发射率的原理。
2. 掌握用法向发射率测定仪测定材料表面法向总发射率的方法。

二、实验原理

本实验的原理是，在稳态下将黑空腔中的黑体与被测物体的法向辐射力进行比较，从而确定被测物体法向发射率。图 3.23 为实验原理图，图中封闭空腔由被测物 1、人工黑体圆筒 2 和感温元件 3 三个表面组成。三个表面的温度分别为 T_1、T_2、T_3。其中，$T_1 > T_3$，T_3 是由 1 对 3 的热辐射引起的。在相同的 T_1 下，不同发射率的物体 1 的热辐射在感温元件 3 上产生的温度 T_3 将不同。表面 1 的发射率大时，T_3 高。

在封闭的空腔中，使 $\varepsilon_2 = \varepsilon_3 = 1$，且 $F_3 \ll F_1$，则当忽略 F_3 对 F_1 的有效辐射的影响时，根据辐射热平衡的原理，F_3 获得的热量应为：

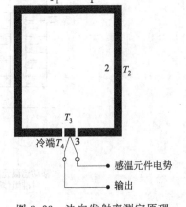

$$Q_3 = \varepsilon_1 F_1 \varphi_{13} E_{b1} + R_1 F_2 \varphi_{23} E_{b2} \varphi_{13} + F_3 \varphi_{23} E_{b2} - F_3 E_{b3} \tag{3.57}$$

式中 φ——角系数；

　　　R——反射率；

　　　F——面积，m^2；

　　　E_b——黑体辐射力，W/m^2。

当 T_1 和 T_2 相差很小时，$R_1 = 1 - \alpha_1 = 1 - \varepsilon_1$；由角系数的相对性，可得 $\varphi_{1A} F_1 = \varphi_{A1} F_A$；由角系数的完整性，可得 $\sum_{k=1}^{n} \varphi_{ik} = 1$；由于 $\varphi_{23} \ll 1$，φ_{23}^2 项为二阶小量，可忽略。于是式（3.57）可简化为：

图 3.23 法向发射率测定原理
1—试件；2—黑体圆筒；3—感温元件

$$Q_3 = \varepsilon_1 F_1 \varphi_{13} \sigma_b (T_1^4 - T_3^4) + F_3 \sigma_b (T_3^4 - T_4^4) \tag{3.58}$$

式中 σ_b——黑体辐射常数，$\sigma_b = 5.67 \times 10^{-8} \, W/(m^2 \cdot K^4)$。

若 T_3 与 T_4 之差 $\Delta T \ll T_4$（T_3 与 T_4 分别为感温元件的热端与冷端温度），则：

$$T_3^4 - T_4^4 \approx T_3^3 (T_3 - T_4) \tag{3.59}$$

可用式（3.59）进一步简化式（3.58）。

另一方面感温元件 3 表面所获得的热量 Q_3，由温度为 T_4 的冷却介质带走。设其对流换热系数为 α，则 Q_3 亦可表达为：

$$Q_3 = \alpha F_3 (T_3 - T_4) \tag{3.60}$$

联立式（3.58）、式（3.59）、式（3.60）得：

$$T_3 - T_4 \approx \frac{\varepsilon_1 F_1 \varphi_{13} \sigma_b}{F_3 \alpha - F_3 \sigma_b T_3^3} (T_1^4 - T_3^4) \tag{3.61}$$

如果感温元件产生的电势 Φ 与 $\Delta T = T_3 - T_4$ 成正比，即：

$$\Phi = K(T_3 - T_4) \tag{3.62}$$

式中，K 为比例常数。则最后可得到感温元件的电势 Φ 与系统辐射各参量的关系：

$$\Phi = \left[\frac{KF_1\varphi_{13}\sigma_b}{F_3\alpha - F_3\sigma_b T_3^3}(T_1^4 - T_3^4)\right]\varepsilon_1 = C\varepsilon_1 \tag{3.63}$$

式中，C 代表方括号内的各项。

若在相同的温度下，将物体 1 换成一个黑体，则感温元件的电势 Φ_b 为：

$$\Phi_b = C \tag{3.64}$$

将 Φ 与 Φ_b 相比，可得被测物法向总发射率 ε_1 为：

$$\varepsilon_1 = \frac{\Phi}{\Phi_b} \tag{3.65}$$

比较法具有简便、快速的优点，但准确度不高。通常用于对大量试件 ε 值的粗测。

三、主要仪器与试剂

实验设备包括法向发射率测量仪、电位差计、检流计、恒温器等。测量仪本体构造原理如图 3.24 所示。它由四个部分组成。

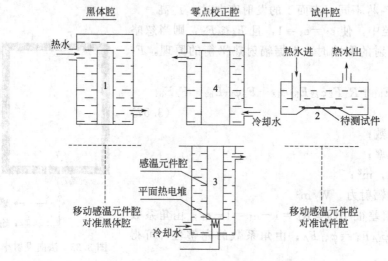

图 3.24　法向发射率测定仪

1—黑体腔；2—待测试件；3—热电堆；4—零点校正黑体

黑体腔：热工黑体，长度与直径之比等于 3.14，其铜腔壁涂无光黑漆。由恒温器来的热水（60~70℃）经过黑体腔后，再直接流进待测试件腔内。

待测试件腔：待测试件为金属或其他良导体，直接紧固在热水腔上，以保证温度与人工黑体腔一致。

平面热电堆感温元件腔：铜腔壁。直径与长度的比例应能够使平面热电堆只吸收试件和黑体法向发射的能量。感温元件腔由恒温冷却水冷却。平面热电堆为串联型热电偶，在小温差下，热电势近似地与热端和冷端温差成正比。

零点校正腔：与黑体腔相似，它由恒温冷却水冷却，与感温元件腔温度一样，用来校正仪器零点。

上述黑体腔、零点校正腔、试件腔放在同一机箱内，而感温元件腔放在一滑板上，可左右移动。当它对准零点校正腔时校正零点，输出信号为 0；对准黑体腔时测得电势 Φ_b；对准试件腔时测得电势 Φ。

四、实验步骤

1. 把恒温器温度调节到指定值。

2. 当感温元件腔对准零点校正腔时，电位差计应指零。若不指零，应予校正。

3. 将感温元件腔分别对准黑体腔和试件腔，检测电势 Φ_b 和 Φ。反复多次，每次测试应稳定 3～5min，要求输出电势无明显波动。

五、数据记录及处理

由多次测量值计算平均值，求得温度 T_1 下的法向总发射率。

六、思考题

1. 测定法向发射率有何实际意义？

2. 试分析本仪器能否测发射率较低的试件？

3. 待测试件的厚度是否影响测试结果？对于不良导体，是否适用？

4. 试分析影响测试准确性的因素。

5. 仔细分析式（3.57），说明它忽略了哪些项目的辐射热量。

（Ⅱ）积分球反射法测反射率

一、实验目的

1. 了解积分球反射法测定材料表面反射率的原理。

2. 掌握积分球仪测定材料表面反射率的方法。

二、实验原理

本实验原理是在稳定条件下将已知发射率的物体向热电堆发射热辐射所引起的热电势，与同样条件下被测物体向热电堆反射热辐射所产生的热电势进行比较，从而确定被测物的反射率。

一般工程材料都是非透明体，吸收率 A 与反射率 R 有以下关系：

$$A = 1 - R$$

测出 R，可求得吸收率 A。图 3.25 为测试原理图。一空心球，内壁涂一层具有漫反射性质的涂料（如白色氧化镁或硫酸钡）。在球壁上开孔装上试件和平面热电堆感温元件，并在试件孔对面壁上开一辐射光线进口孔（偏离约 10°）。用溴钨灯作为辐射光线的光源。当光线聚射到试件上时，由于反射作用，反射至球壁。经多次反射，能量将均匀分布在球壁上。

根据能量守恒，可得球壁上的照度：

$$E = \frac{F}{4\pi r^2} \times \frac{R}{1 - R_w}$$

式中　F——聚射到试件上的光通量，W；

$\qquad E$——球壁上的照度，W/m²；

$\qquad R_w$——球壁反射率；

$\qquad R$——试件反射率；

$\qquad r$——球腔半径，m。

由于 R_w 与 r 均为常数，故球壁照度 E 与光通量 F 及试件反射率 R 的乘积成正比。若用相同强度的光照射被测试件（设反射率为 R_2）和已知反射率的试件（设反射率为 R_1），则球壁上

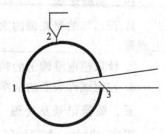

图 3.25　积分球反射法原理图
1—试件；2—热电堆；
3—辐射光线进口孔

的照度分别为：

$$E_1 = \frac{F}{4\pi r^2} \times \frac{R_1}{1-R_w}; \quad E_2 = \frac{F}{4\pi r^2} \times \frac{R_2}{1-R_w}$$

于是

$$\frac{E_1}{E_2} = \frac{R_1}{R_2} \qquad (3.66)$$

由于热电堆输出电势 Φ 与 E 成正比，即：

$$E_1 = K\Phi_1; \quad E_2 = K\Phi_2$$

故

$$\frac{E_1}{E_2} = \frac{\Phi_1}{\Phi_2} \qquad (3.67)$$

由式(3.66) 和式(3.67) 可得被测试件反射率：

$$R_2 = R_1\frac{\Phi_2}{\Phi_1} \qquad (3.68)$$

Φ_1、Φ_2 由实验测出，R_1 已知，因而可求得 R_2。

由于材料的反射率 R 和吸收率 A 均与波长有关，而实验中以溴钨灯作辐射源，它的光谱与太阳光不同，因此所测得的反射率和吸收率只能接近于材料对太阳光的吸收率和反射率。此法测试速度快，但准确度不高。

三、主要仪器与试剂

试验设备包括积分球仪、电位差计、检流计等。本体如图 3.26 所示，光源为溴钨灯泡。光线经聚光镜及进光孔投射到积分球腔壁上的试件上。经多次反射辐射后，由感温元件热电堆输出热电势。导轨用来调节光源、聚光镜与积分球之间的距离，并使之保持在一条直线上。

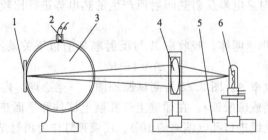

图 3.26　积分球仪

1—试件；2—热电堆；3—积分球；4—聚光镜；5—导轨；6—光源

四、实验步骤

1. 按已知的聚光镜的物距、像距，调节聚光镜、光源与试件间的距离，使灯丝在试件上成像。

2. 读取热电堆输出的热电势值。

3. 注意试件表面的洁净，防止手摸污染而改变反射率。

五、数据记录及处理

按式（3.68）整理计算反射率及吸收率。

六、思考题

1. 球腔内壁涂层的反射率 R_w 高好还是低好？

2. 实验所测反射率是什么波长下的反射率？

3. 标准试件的反射率是否与被测试件的反射率比较接近为好？

4. 是否可用此法来测定具有定向反射性质材料的反射率？

5. 试件反射率高或低是否对测试误差有影响？

6. 试分析本实验的误差来源。

实验 18　导电纸电热模拟二维稳态温度场

一、实验目的

1. 了解电热模拟原理以及导电纸电热模拟的实验方法。

2. 加深对电热模拟的理解。

二、实验原理

对于稳态导热，均质物体内二维温度场的数学表达式为：

$$\frac{\partial^2 t}{\partial x^2} + \frac{\partial^2 t}{\partial y^2} = 0 \tag{3.69}$$

而在稳态情况下，电流通过电阻率不变的导电体时，二维电场的数学表达式是：

$$\frac{\partial^2 V}{\partial x^2} + \frac{\partial^2 V}{\partial y^2} = 0 \tag{3.70}$$

式中　t——温度；

　　　V——电位。

形式上，式（3.69）与式（3.70）完全一致。这表明导热与导电两类现象具有相似的规律，彼此可以类比，即导电体内的电位分布可用来模拟导热体内的温度分布，电阻可模拟热阻，电流可模拟热流。因此，只要导电体与导热体几何形状及其边界条件相似，通过测定电场电位即可确定导热体内的温度场，这就是电热类比。

本实验采用电子率均匀分布的导电纸模拟二维稳态导热物体。实验中将导电纸按与导热体成一定比例剪成几何相似的模型，并按图 3.27 组成测试电路。

图 3.27 中，R_1 和 R_2 是可调电阻箱。当测笔尖与模型纸上任意一点接触时，即形成如图 3.28 所示的桥路，其中电阻 R_3 和 R_4 使检流计指针指零时，桥路内的电流 I_1 与 I_2 的关系是：

$$I_1 R_1 = I_2 R_2$$

故测点 (x, y) 处的电位 $V_{x,y}$ 与电源电位 V_1 之差为：

$$V_1 - V_{x,y} = I_1 R_1 \tag{3.71}$$

且　　　$$V_1 - V_2 = I_1(R_1 + R_2) \tag{3.72}$$

式（3.71）与式（3.72）相比，得：

$$\frac{V_1 - V_{x,y}}{V_1 - V_2} = \frac{R_1}{R_1 + R_2} \tag{3.73}$$

由于电位 V_1 和 V_2 分别模拟导热物体边界上的温度 t_1 和 t_2，故模型上任何点的电位差与温度成比例。它们的模拟关系可表达为：

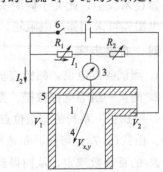

图 3.27　电热模拟装置（采用检流计）

1—导电纸模型；2—电池；3—检流计；

4—测笔；5—边界夹具；6—开关

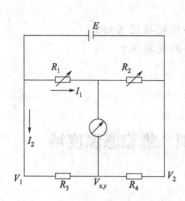

图 3.28　电热模拟等效桥路

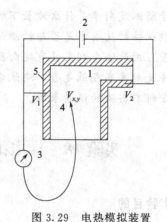

图 3.29　电热模拟装置
（采用万用电表）

1、2、4、5—与图 3.27 同；
3—万用表

$$\frac{t_1 - t_{x,y}}{t_1 - t_2} = \frac{V_1 - V_{x,y}}{V_1 - V_2} \tag{3.74}$$

从上两式得：

$$\frac{t_1 - t_{x,y}}{t_1 - t_2} = \frac{R_1}{R_1 + R_2}$$

即

$$t_{x,y} = t_1 - \frac{R_1}{R_1 + R_2}(t_1 - t_2) \tag{3.75}$$

由可调电阻 R_1 和 R_2 的读数，即可确定测试点的温度 $t_{x,y}$。

模拟亦可采用图 3.29 所示的简单电路。此时，模型内任意点的电位直接由万用电表读出，而由式（3.74）确定 $t_{x,y}$。此法设备简单，但万用电表本身内阻对测试电位有一定的影响，准确程度较差一些。

三、主要仪器与试剂

实验设备包括导电纸模型、可调电阻箱、检流计、直流电源（电池组或直流稳压电源）。若采用图 3.29 的电路，检流计及可调电阻箱均可不要，改用万用电表。

为使导电纸模型边界上的电位均匀（模拟常壁温边界条件），导电纸可用一条状夹子均匀夹紧在木板上，此夹子同时又是电极，它与导电纸接触处可涂敷一层银浆，以便接触良好。电阻箱可采用钮式电阻箱，阻值由 0.1Ω 到 10000Ω 连续可调。

四、实验步骤

1. 测试各点电位，测针应垂直于纸面，不可用力过大，以免弄破纸。

2. 测量一组等电位数据。方法是保持 R_1 和 R_2 电阻值总和不变，选定一个 R_1 值，移动测针，可找到一系列的等电位点。这些点的连线即此 R_1 值下的等电位线，它相当于一条等温线。由式（3.73）可知，每改变一个 R_1 值，就可找到一条等温线。R_1 值可事先按总电阻 $R_1 + R_2$ 的百分数选定，从而得到若干等温线。R_1 和 R_2 之和应大致与导电纸模型的总电阻值相近。可采用整数（例如 100Ω、1000Ω、10000Ω），以便于调节和计算。按测针所指坐标位置，将等电位点记录在方格坐标纸的模型图内，即可绘制出各等温线。在测绘中要随时分析等温线的走向，以判断测试是否正常。

五、数据记录及处理

由式（3.75）计算各等温线的温度。确定热流量（取被测物高为 1m）：

$$Q=\frac{\Delta t}{\delta_1/(\lambda F_1)} \tag{3.76}$$

式中 λ——物体的热导率，$W/(m\cdot℃)$；

   δ_1——物体的当量厚度，m；

   F_1——物体的当量导热面积，m^2。由于被测物取 1m 高，所以 F_1 在数值上等于当量宽度。

任何形状的二维导热物体，都可以等效于一个厚为 δ_1、宽为 F_1 的矩形物体，如图 3.30 所示。

模型的电流 I_2 是热流量的模拟量。

$$I_2=\frac{\Delta V}{R}=\frac{\Delta V}{r\delta_e/F_e} \tag{3.77}$$

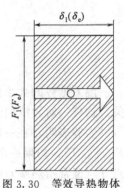

图 3.30 等效导热物体

式中 R——模型纸的电阻；

   I_2——流过模型纸的电流；

   ΔV——施加在模型纸上的电位差；

   δ_e——导电纸模型的当量厚度；

   F_e——导电纸模型的当量宽度；

   r——宽 1m、长 1m 的导电纸的电阻值。

将式（3-76）与式（3-77）相比得：

$$\frac{Q}{I_2}=\frac{\Delta t}{\Delta V}\times\frac{\lambda F_1}{\delta_1}\times\frac{r\delta_e}{F_e} \tag{3.78}$$

由于被测物与模型几何相似，则：

$$\frac{F_1}{F_e}=\frac{\delta_1}{\delta_e}$$

故式（3.78）可调整为：

$$Q=\frac{\Delta t}{\Delta V}rI_2\lambda \tag{3.79}$$

式中，电流 $I_2=\frac{\Delta V}{R}$。R 是模型的电阻，在实验中测定。

六、思考题

1. 测试等温线时，所选定的 R_1 与 R_2 的大小对结论是否产生影响？选 $R_1+R_2=10\Omega$ 和选 $R_1+R_2=10000\Omega$ 有何不同？

2. 若已知边界对流传热系数及介质温度 t_f，怎样模拟对流传热边界条件？

3. 试分析图 3.27 和图 3.29 两法的特点？

4. 对于由多种材料拼装组成的物体，如何应用导电纸模拟？

实验 19 热电偶的制作与校正

一、实验目的

1. 了解热电偶温度计的测温原理。

2. 掌握热电偶温度计的制作和校正方法。

3. 掌握电位差计的原理和使用方法。

二、实验原理

1. 热电偶原理

将两种不同材质的金属导线连接成闭合回路，如果两接点的温度不同，由于金属的热电效应，在回路中就会产生一个与温差有关的电动势，称为温差电势。在回路中串接一毫伏表，就能粗略地测出温差电势值。如图 3.31 所示。

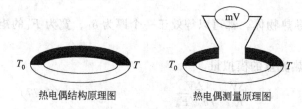

热电偶结构原理图   热电偶测量原理图

图 3.31   热电偶结构与测量原理图

温差电势的大小只与两个接点的温差有关，与导线的长短粗细和导线本身的温度分布无关。这样一对导线的组合就称为热电偶温度计。简称热电偶。

实验表明，在一定温度范围，温差电势 E 与两接点的温度 T_0、T 存在着函数关系 $E = F(T_0，T)$，如果一个接点 T_0（通常指冷端）的温度保持不变，则温差电势就只与另一个接点 T（通常指热端）的温度有关，即 $E = F(T)$，当测得温差电势之后，即可求出另一个接点（热端）的温度。

为了增加温差电势，提高测量精度，可将几个热电偶串联成热电堆，如图 3.32 所示。

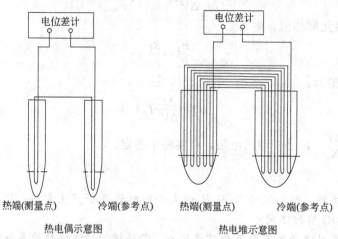

热端(测量点)   冷端(参考点)   热端(测量点)   冷端(参考点)

热电偶示意图   热电堆示意图

图 3.32   热电偶与热电堆示意图

2. 热电偶的标定

将热电偶作为温度计，必须先将热电偶的温差电势与温度值 T 之间的关系进行标定。

一般不用内插式计算，而是用实验方法，用表格或 $T\text{-}E$（或 $E\text{-}T$）特性曲线表示。标定方法一般采用固定点法和标准热电偶法。固定点法即测量已知沸点或熔点温度的标准物质在沸点或熔点时的温差电势值。标准热电偶法即将待标热电偶与标准热电偶一起置于恒温介质中，逐点改变恒温介质的温度，待热电偶处于热平衡状态下测出每一点的温差电势。热电偶的 $T\text{-}E$ 特性曲线如图 3.33 所示。

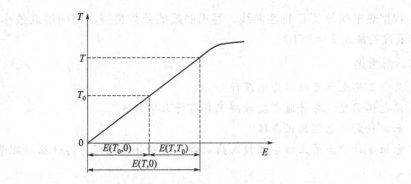

图 3.33　热电偶 T-E 特性曲线

3. 热电偶的分类

热电偶的种类繁多，各有其优缺点。可根据不同的用途选择不同型号的热电偶。目前我国已经标准化的常用商品热电偶有表 3.5 所示的几种。

表 3.5　常用商品热电偶

热电偶分类	型号	新分度号	旧分度号	使用温度/℃	
				长期	短期
铂铑$_{10}$-铂	WRLB	S	LB-3	1300	1600
铂铑$_{30}$-铂铑$_6$	WRLB	B	LL-2	1600	1800
镍铬-镍硅	WRLB	K	EU-2	1000	1300
镍铬-考铜	WREA	T	EA-2	600	800

三、主要仪器与试剂

本实验所用仪器材料如下：

直流电位差计一台，恒温水浴一套，隔离变压器两台，绝缘套管两根，钢丝钳一把，电偶丝，硼砂，硅油若干。

四、实验步骤

1. 热电偶的制作

按实验要求，截取两根适当长度的电偶丝，消除两端的氧化膜，套上绝缘套管，用钢丝钳将两根电偶丝的端部绞合在一起。微微加热，立即蘸取少许硼砂，再在热源上加热，使硼砂均匀地覆盖住绞合头，防止电偶丝高温焊接时氧化。

交流弧焊法：将隔离变压器输出电压调至 30V 左右，以碳棒为一极，绞合头为一极，用绝缘良好的夹子夹住，使两极相碰，电弧产生的瞬间高温使绞合头熔焊在一起，形成光滑的焊珠。

刚焊接好的热电偶存在内应力，金相结构不符合要求，使用过程中会导致温差电势不稳定，结果重现性差。精密测量用的热电偶必须进行严格的热处理，消除内应力。

2. 热电偶的校正

将热电偶的两端分别插入盛有少许硅油的玻管中，然后将一支玻管（冷端）插入盛有冰水的保温瓶中，另一支玻管（热端）插入恒温水浴中。调节恒温水浴的温度，在室温至 80℃ 之间均匀地取六个不同温度的点，用电位差计分别测出各温度点的电动势。

五、数据记录及处理

1. 根据测得不同温度时的温差电动势，作热电偶的 T-E 特性曲线。

2. 根据热电偶的 T-E 特性曲线，写出曲线的函数类型，用图解或最小二乘法求出 T-E 之间的函数关系式 $T=F(E)$。

六、思考题

1. 为什么热电偶可以作为温度计？
2. 热电偶温度计与普通温度计测温各有什么优缺点？
3. 如何确定热电偶的正负极？
4. 电位差计作为第三种导体接入热电偶的两种导体之间，为什么对测量结果无影响？

实验 20　顺流逆流传热温差实验

一、实验目的

1. 熟悉换热器性能的测试方法。
2. 了解套管式换热器的结构特点及其性能。
3. 加深对顺流和逆流两种流动方式换热器换热能力差别的认识。

二、实验原理

顺逆流传热温差实验，是对应用较广的套管式换热器进行顺流和逆流两种流动方式的性能测试，以加深对传热设备构造的认识、掌握传热过程的强化手段及传热计算。

换热器性能试验的内容主要为测定换热器的总传热系数、对数传热温差和热平衡误差等，两种不同流动方式，不同工况的传热情况和性能进行比较和分析。

三、主要仪器与试剂

本实验装置采用冷水可用阀门换向进行顺逆流实验，工作原理如图 3.34 所示。换热形式为热水—冷水换热式。

本实验台的热水加热采用电加热方式，冷、热流体的进出口温度采用巡检仪测定，采用温控仪控制和保护加热温度。

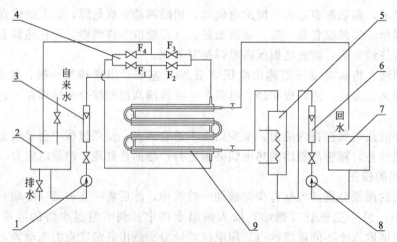

图 3.34　顺逆流传热实验原理图

1—冷水泵；2—冷水箱；3—冷水浮子流量计；4—冷水顺逆流换向阀门组；5—电加热水箱；

6—热水浮子流量计；7—回水箱；8—热水泵；9—套管式换热器

实验装置如图 3.35 所示。

实验装置参数如下。

1. 换热器换热面积（F）：套管式换热器具面积 0.45m²。

2. 电加热器总功率：6.0kW。

3. 冷、热水泵：允许工作温度≤80℃；额定流量 3m³/h；扬程 12m；电机电压 220V；电机功率 370W。

4. 转子流量计：型号 LZB-15；流量 40～400L/h；允许温度范围 0～120℃。

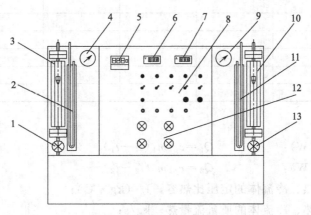

图 3.35　实验装置简图

1—热水流量调节阀；2—热水套管出口压力表；3—热水流量计；4—换热器热水进口压力表；5—数显温度计；
6—电压表；7—电流表；8—加热开关组；9—换热器冷水进口压力表；10—冷水流量计；
11—冷水出口压力计；12—逆顺流转换阀门组；13—冷水流量调节阀

四、实验步骤

1. 实验前准备

（1）熟悉实验装置及使用仪表的工作原理和性能。

（2）打开所要实验的换热器阀门，关闭其他阀门。

（3）按顺流（或逆流）方式调整冷水换向阀门的开或关。顺流：打开 F_1、F_3，关闭 F_2、F_4。逆流：打开 F_2、F_4，关闭 F_1、F_3。

（4）向冷、热水箱充水，禁止水泵无水运行（热水泵启动，加热才能供电）。

2. 实验操作

（1）接通电源；启动热水泵（为了提高热水温升速度，可先不启动冷水泵），并尽可能地调小热水流量到合适的程度。

（2）将加热器开关分别打开（热水泵开关与加热开关已进行连锁，热水泵启动，加热才能供电）。

（3）用巡检仪观测温度（计算机采集带变送输出）。待冷、热流体的温度基本稳定后，既可测读出相应测温点的温度数值，同时测读转子流量计冷、热流体的流量读数。

（4）要改变流动方向（顺-逆流）的试验，或需要绘制换热器传热性能曲线而要求改变工况［如改变冷水（热水）流速（或流量）］进行试验，或需要重复进行试验时，都要重新安排试验，试验方法与上述实验基本相同，并记录下这些试验的测试数据。

（5）实验结束后，首先关闭电加热器开关，5min 后切断全部电源。

五、数据记录及处理

把测试结果记录在实验数据记录表中，见表 3.6。

表 3.6 实验数据记录表

换热器名称：　　　　　　　　　　　环境温度 $t_0 =$ _____℃

顺逆流	热流体			冷流体		
	进口温度 $T_1/℃$	出口温度 $T_2/℃$	流量计读数 $V_1/(L/h)$	进口温度 $t_1/℃$	出口温度 $t_2/℃$	流量计读数 $V_2/(L/h)$
顺流						
逆流						

1. 数据计算

热流体放热量（W）：　　　　　　$Q_1 = c_{p1} m_1 (t_1' - t_1'')$

冷流体吸热量（W）：　　　　　　$Q_2 = c_{p2} m_2 (t_2'' - t_2')$

式中　c_{p1}、c_{p2}——热、冷流体的定压比热容，J/（kg·℃）；

　　　m_1、m_2——热、冷流体的质量流量热，kg/s；

　　　t_1'、t_1''——热流体的进、出口温度，℃；

　　　t_2'、t_2''——冷流体的进、出口温度，℃。

平均换热量：　　　　　　　　　$Q = \dfrac{Q_1 + Q_2}{2}$

热平衡误差：　　　　　　　　　$\Delta = \dfrac{Q_1 - Q_2}{Q} \times 100\%$

对数传热温差（℃）：　　　　　$\Delta t_m = \dfrac{\Delta t' - \Delta t''}{\ln \dfrac{\Delta t'}{\Delta t''}}$

传热系数：　　　　　　　　　　$\alpha = \dfrac{Q}{F \Delta t_m}$

　　　　　　　　　　　　　　　$\Delta t' = t_1' - t_1''$

　　　　　　　　　　　　　　　$\Delta t'' = t_2'' - t_2'$

式中　F——换热器的换热面积，m^2。

注：热、冷流体的质量流量 m_1、m_2 是根据修正后的流量计体积流量读数 V_1、V_2 再乘以 $\dfrac{1}{2}(t_1' + t_1'')$、$\dfrac{1}{2}(t_2' + t_2'')$ 对应的密度换算成的质量流量值。

2. 绘制传热性能曲线

以传热系数为纵坐标，冷水（热水）流速（或流量）为横坐标绘制传热性能曲线。

注意事项：

1. 热流体在热水箱中加热温度不得超过 80℃。

2. 实验台使用前应加接地线，以保安全。

六、思考题

根据测试方法和实验结果，分析产生误差的原因。

附：巡检仪设置

控制参数(一级参数)设定　　按　　Set 键大于 5s

符号	名称	设定数值		
AT1	通道显示时间	AT1＝3		
AA	断线报警	AA＝0		
CLK	设定参数禁锁	CLK＝132		

其他不设

二级参数设定　　CLK＝132 后同时按 Set 键和▲键 30s 进入,按 Set 键依次设置

符号	名称	设定数值	测试范围	传感器类型	传感器用途
DE	仪表设备号	4			
BT	通讯波特率	不设			
-n1	第 1 通道开	0		Pt100.1 铂电阻	t_1' 温度
-n2	第 2 通道开	0		Pt100.1 铂电阻	t_1'' 温度
-n3	第 3 通道开	0		Pt100.1 铂电阻	t_2' 温度
-n4	第 4 通道开	0		Pt100.1 铂电阻	t_2'' 温度
-n5	第 5 通道开	0		差压传感器	换热器阻力
-n6	第 6 通道开	0			
-n7—n16	第 7～16 通道关闭	－1			

第 1、2、3、4、5、6 通道二级参数设置:

　　按 SET 键,在 PV 视窗显示 CLK,SV 视窗显示 132 的情况下,同时按下 SET 键和▲键 30s,进入二级参数设定:

DE	仪表设备编号	4	也可不设	
1SL0	输入分度号	09	Pt100.1 铂电阻	
1SL1	小数点	01		
1SL2	无	0		
1SL3	无	0		
1SL4	无	0		
1-Pb	零点迁移	根据情况		
1KKK	量程放大倍数	根据情况		

其他不设

　　注:1. n-Pb 设置:当巡检仪与测试仪表数值不符时,可该项的数值进行修正,正值减,负值加。

　　2. 也可以使用量程放大倍数 nKKK 行修正:

$$nKKK = \frac{仪表显示值}{巡检仪示值}。$$

第四章 燃烧实验

实验 21 煤的工业分析

一、实验目的

1. 了解煤的工业分析的方法及其重要性。
2. 掌握煤的水分、灰分和挥发分的测定方法和固定碳的计算方法。
3. 判断分析煤样的种类。

二、实验原理

煤的工业分析，又叫煤的技术分析或实用分析，是评价煤质的基本依据。在国家标准中，煤的工业分析包括煤的水分、灰分、挥发分和固定碳等指标的测定。通常煤的水分、灰分、挥发分是直接测出的，而固定碳是用差减法计算出来的。

（1）煤的水分 是煤炭计价中的一个辅助指标。煤的水分直接影响煤的使用、运输和储存。煤的水分增加，煤中有用成分相对减少，且水分在燃烧时变成蒸汽要吸热，因而降低了煤的发热量。

（2）煤的灰分 是指煤完全燃烧后剩下的残渣。残渣是煤中可燃物完全燃烧，煤中矿物质（除水分外所有的无机质）在煤完全燃烧过程中经过一系列分解、化合反应后的产物。所以确切地说，灰分应称为灰分产率。煤中灰分也是煤炭计价指标之一。在灰分计价中，灰分是计价的基础指标；在发热量计价中，灰分是计价的辅助指标。

（3）煤的挥发分 即煤在一定温度下隔绝空气加热，逸出物质（气体或液体）中减掉水分后的含量。剩下的残渣叫做焦渣。因为挥发分不是煤中固有的，而是在特定温度下热解的产物，所以确切地说应称为挥发分产率。煤的挥发分不仅是炼焦、气化要考虑的一个指标，也是动力用煤的一个重要指标，是动力煤按发热量计价的一个辅助指标。挥发分是煤分类的重要指标。煤的挥发分反映了煤的变质程度，挥发分由大到小，煤的变质程度由小到大。如泥炭的挥发分高达 70%，褐煤一般为 40%～60%，烟煤一般为 10%～50%，高变质的无烟煤则小于 10%。

（4）煤的固定碳 煤中去掉水分、灰分、挥发分，剩下的就是固定碳。煤的固定碳与挥发分一样，也是表征煤的变质程度的一个指标，随变质程度的增高而增高。所以一些国家以固定碳作为煤分类的一个指标。固定碳是煤的发热量的重要来源，所以它也是作为煤发热量计算的主要参数。固定碳也是合成氨用煤的一个重要指标。

本实验遵循热解质量法的原理，根据煤样中各组分的不同物理化学性质，控制不同的温度和时间，使其中的某种组分发生热分解或完全燃烧，并以试样失去的重量占原试样重量的百分比作为该组分的重量百分含量。

三、主要仪器与试剂

马弗炉、鼓风干燥箱、分析天平（0.0001g）、压饼机、秒表、干燥器、玻璃称量瓶

（ϕ40mm×25mm）、挥发分坩埚（ϕ33mm×40mm，带盖）、瓷灰皿（55mm×25mm×14mm）、坩埚架、坩埚架夹、耐热瓷板或石棉板。

四、实验步骤

安全预防：马弗炉在实验过程中温度较高，需采取一定的防护措施，以免被烫伤。

1. 水分的测定

① 用预先干燥并称量过的称量瓶称取粒度小于 0.2mm 的煤样（1±0.1）g，精确至 0.0002g，平摊在称量瓶中。

② 打开称量瓶盖，放入预先鼓风并已加热到 105~110℃ 的干燥箱中，在一直鼓风的条件下，烟煤干燥 1 h，无烟煤干燥 1~1.5 h。

③ 从干燥箱中取出称量瓶，立即盖上盖，放入干燥器中冷却至室温（约 20min）后，称量，并记录数值。

④ 进行检查性干燥，每次 30min，直到连续两次干燥煤样的质量减少不超过 0.001g 或质量增加时为止。在后一种情况下，要采用质量增加前一次的质量为计算依据。水分在 2% 以下时，不必进行检查性干燥。

2. 灰分的测定

① 用预先灼烧至质量恒定的灰皿，称取粒度小于 0.2mm 的煤样（1±0.1）g，精确至 0.0002g，均匀地摊平在灰皿中，使其每平方厘米的质量不超过 0.15g。将盛有煤样的灰皿预先分排放在耐热瓷板或石棉板上。

② 将马弗炉加热到 850℃，打开炉门，将放有灰皿的耐热瓷板或石棉板缓慢地推入马弗炉中，先使第一排灰皿中的煤样灰化。待 5~10min 后，煤样不再冒烟时，以每分钟不大于 2 cm 的速度把其余各排灰皿顺序推入炉内炽热部分（若煤样着火发生爆燃，试验应作废）。

③ 关上炉门并使炉门留有 15mm 左右的缝隙，在（815±10）℃ 的温度下灼烧 40min。

④ 从炉中取出灰皿，在空气中冷却约 5min，移入干燥器中冷却至室温（约 20min）后，称量。

⑤ 进行检查性灼烧，温度为（815±10）℃，每次 20min，直到连续两次灼烧的质量变化不超过 0.001g 为止。用最后一次灼烧后的质量为计算依据。

3. 挥发分测定方法

① 用预先在 900℃ 温度下灼烧至质量恒定的带盖瓷坩埚，称取粒度为 0.2mm 以下空气干燥煤样（1±0.01）g，精确至 0.0002g，然后轻轻振动坩埚，使煤样摊平，盖上盖，放在坩埚架上。褐煤和长焰煤应预先压饼，并切成约 3mm 的小块。

② 将马弗炉预先加热至 920℃ 左右。打开炉门，迅速将放有坩埚的坩埚架送入恒温区并关上炉门，准确加热 7min。坩埚及坩埚架刚放入后，炉温会有所下降，必须在 3min 内使炉温恢复至（900±10）℃，否则此实验作废。加热时间包括温度恢复时间在内。

③ 从炉中取出坩埚，放在空气中冷却 5min 左右，移入干燥器中冷却至室温（约 20min）后，称量并记录数值。

五、数据记录及处理

1. 数据汇总表（表 4.1）

表 4.1　实验数据汇总表

测定成分	容器名称	容器空重/g	加样总重/g	样品重/g	热处理后总重/g	失重/g	计算结果/%
水分 M_{ad}							
灰分 A_{ad}							
挥发分 V_{ad}							
固定碳 FC_{ad}							
焦渣类型							
样煤种类							

2. 煤样的水分的计算

煤样的水分按下式计算，将计算结果汇入表 4.1 中。

$$M_{ad} = \frac{m_1}{m} \times 100 \tag{4.1}$$

式中　M_{ad}——煤样的水分含量，%；

　　　m——煤样的质量，g；

　　　m_1——煤样干燥后失去的质量，g。

3. 煤样的空气干燥基灰分的计算

煤样的空气干燥基灰分按下式计算，将计算结果汇入表 4.1 中。

$$A_{ad} = \frac{m_1}{m} \times 100 \tag{4.2}$$

式中　A_{ad}——空气干燥基灰分的质量分数，%；

　　　m_1——灼烧后残留物的质量，g；

　　　m——煤样的质量，g。

4. 煤样的空气干燥基挥发分的计算

（1）煤样的空气干燥基挥发分按下式计算，将计算结果汇入表 4.1 中。

$$V_{ad} = \frac{m_1}{m} \times 100 - M_{ad} \tag{4.3}$$

式中　V_{ad}——空气干燥基挥发分的质量分数，%；

　　　m_1——煤样加热后减少的质量，g；

　　　m——煤样的质量，g；

　　　M_{ad}——煤样的水分含量，%。

（2）根据测定挥发分所得焦渣的特征，按下列规定判断其类型：

① 粉状（1 型）：全部是粉末，没有相互黏着的颗粒。

② 黏着（2 型）：用手指轻碰即成粉末或基本上是粉末，其中较大的团块轻轻一碰即成粉末。

③ 弱黏结（3 型）：用手指轻压即成小块。

④ 不熔融黏结（4 型）：以手指用力压才裂成小块，焦砟上表面无光泽，下表面稍有银白色光泽。

⑤ 不膨胀熔融黏结（5 型）：焦砟形成扁平的块，煤粒的界线不易分清，焦砟上表面有明显银白色金属光泽，下表面银白色光泽更明显。

⑥ 微膨胀熔融黏结（6 型）：用手指压不碎，焦砟的上、下表面均有银白色的金属光

泽，但焦砟表面具有较小的膨胀泡（或小气泡）。

⑦ 膨胀熔融黏结（7 型）：焦砟上、下表面有银白色金属光泽，明显膨胀，但高度不超过 15mm。

⑧ 强膨胀熔融黏结（8 型）：焦砟上、下表面均有银白色金属光泽，焦渣高度大于 15mm。

5. 固定碳的计算

固定碳按下式计算，将计算结果汇入表 4.1 中。

$$FC_{ad} = 100 - (M_{ad} + A_{ad} + V_{ad}) \tag{4.4}$$

式中　FC_{ad}——空气干燥基固定碳的质量分数，%；

　　　M_{ad}——煤样的水分含量，%；

　　　A_{ad}——空气干燥基灰分的质量分数，%；

　　　V_{ad}——空气干燥基挥发分的质量分数，%。

6. 判断煤的种类

我国煤的分类是以干燥无灰基挥发分含量 V_{daf} 为依据划分的，不同种类煤的挥发分质量分数如表 4.2 所示。

表 4.2　不同种类煤的挥发分质量分数

煤的种类	褐煤	烟煤	无烟煤
V_{daf}/%	>37	10~46	<10

在此，需要将空气干燥基挥发分 V_{ad} 换算成干燥无灰基挥发分 V_{daf}。按下式计算并判断样品煤的种类。

$$V_{daf} = V_{ad} \times \frac{100}{100 - (M_{ad} + A_{ad})} \tag{4.5}$$

六、思考题

1. 煤的工业分析主要分析的是哪些成分？在实际应用中具有怎样的重要意义？

2. 在进行煤的水分、灰分、挥发分实验时，各应注意些什么？

实验 22　煤的元素分析

一、实验目的

1. 了解碳、氢测定仪的基本构造，掌握其基本原理和操作方法。

2. 掌握煤中碳、氢、氮含量的测定方法和氧含量的计算方法。

二、实验原理

煤中存在的元素有数十种之多，除无机矿物质和水分以外，其余都是有机质。由于组成煤的基本结构单元是以碳为骨架的多聚芳香环系统，在芳香环周围有碳、氢、氧及少量的氮和硫等原子组成的侧链和官能团，如羧基（—COOH）、羟基（—OH）和甲氧基（—OCH₃），说明了煤中有机质主要由碳、氢、氧、氮、硫等元素组成。在煤中含量很少但种类繁多的其他元素，一般不作为煤的元素组成，而只当作煤中伴生元素或微量元素。

煤的元素组成，是研究煤的变质程度、计算煤的发热量、估算煤的干馏产物的重要指标，也是工业中以煤作燃料时进行热量计算的基础。例如煤的变质程度不同，其结构单元不同，元素组成也不同。碳含量随变质程度的增加而增加，氢、氧含量随变质程度的增加而减少，氮、硫与变质程度则无关系。

（1）煤中的碳　碳是煤中最重要的组成元素。一般认为，煤是由带脂肪侧链的大芳环和稠环所组成的。这些稠环的骨架是由碳元素构成的。因此，碳元素是组成煤的有机高分子的最主要元素。同时，煤中还存在着少量的无机碳，主要来自碳酸盐类矿物，如石灰岩和方解石等。碳含量随煤化度的升高而增加。因此，整个成煤过程，也可以说是增碳过程。

（2）煤中的氢　氢是煤中第二个重要的组成元素。除有机氢外，在煤的矿物质中也含有少量的无机氢。它主要存在于矿物质的结晶水中。在煤的整个变质过程中，随着煤化度的加深，氢含量逐渐减少，煤化度低的煤，氢含量大；煤化度高的煤，氢含量小。总的规律是氢含量随碳含量的增加而降低。

（3）煤中的氮　煤中的氮含量比较少，一般为 $0.5\%\sim3.0\%$。氮是煤中唯一的完全以有机状态存在的元素。煤中有机氮化物被认为是比较稳定的杂环和复杂的非环结构的化合物，其原生物可能是动、植物脂肪。植物中的植物碱、叶绿素和其他组织的环状结构中都含有氮，而且相当稳定，在煤化过程中不发生变化，成为煤中保留的氮化物。以蛋白质形态存在的氮，仅在泥炭和褐煤中发现，在烟煤中很少，几乎没有发现。煤中氮含量随煤的变质程度的加深而减少。它与氢含量的关系是，随氢含量的减少而减少。

（4）煤中的氧　氧是煤中第三个重要的组成元素，它在煤中存在的总量和形态直接影响着煤的性质。它以有机和无机两种状态存在。有机氧主要存在于含氧官能团，如羧基（—COOH）、羟基（—OH）和甲氧基（—OCH$_3$）等中；无机氧主要存在于煤中水分、硅酸盐、碳酸盐、硫酸盐和氧化物等中。煤中有机氧随煤化度的加深而减少，甚至趋于消失。

本实验采用三节炉法来测定煤中的碳、氢含量，采用半微量开氏法测定氮的含量，并根据实验结果计算氧的含量。

三、主要仪器与试剂

1. 仪器

包括：碳氢测定仪（结构如图 4.1 所示）、蒸馏装置（见图 4.2）、分析天平、开氏瓶（50mL 和 250mL）、直形玻璃冷凝管（300mm）、短颈玻璃漏斗（φ30mm）、铝加热体（使用时四周围垫以绝热材料，如石棉绳等）、开氏球、圆盘电炉、万能电炉、锥形瓶（250mL）、圆底烧瓶（1000mL）、微量滴定管（10mL，分度值为 0.05mL）。

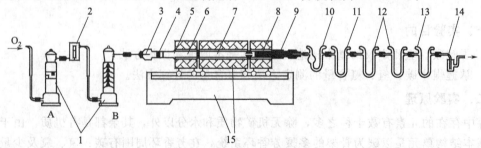

图 4.1　碳氢测定仪

1—气体干燥塔；2—流量计；3—橡皮塞；4—铜丝卷；5—燃烧舟；6—燃烧管；7—氧化铜；
8—铬酸铅；9—银丝卷；10—吸水 U 形管；11—除氮氧化物 U 形管；12—吸收二氧化碳 U 形管；
13—空 U 形管；14—气泡计；15—三节电炉及控温装置

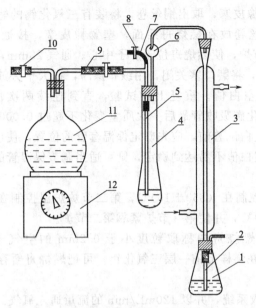

图 4.2 蒸馏装置

1—锥形瓶；2、5—玻璃管；3—直形玻璃冷凝管；4—开氏瓶；6—开氏球；7—橡皮管；
8—夹子；9、10—橡皮管和夹子；11—圆底烧瓶；12—万能电炉

2. 试剂

① 碱石棉或碱石灰、三氧化钨、粒状二氧化锰。以上试剂均为化学纯。

② 无水氯化钙或无水过氯酸镁、氧化铜、铬酸铅、浓硫酸、硫酸标准溶液 $\left[c\left(\frac{1}{2}H_2SO_4\right) = 0.025\text{mol/L} \right]$、高锰酸钾或铬酸酐、95％乙醇、蔗糖、硼酸溶液（30g/L，配制时加热溶解并滤去不溶物）、混合催化剂（将 32g 无水硫酸钠、5g 纯硫酸汞和 0.5g 硒粉研细，混合均匀）、混合碱溶液（将 37g 氢氧化钠和 3g 硫化钠溶解于蒸馏水中，配制成 100mL 溶液）。以上试剂均为分析纯。

③ 碳酸钠纯度标准物质。

④ 甲基红和亚甲基蓝混合指示剂。a 液：称取 0.175g 甲基红指示剂，研细，溶于 50mL 95％乙醇中。b 液：称取 0.083g 亚甲基蓝指示剂，溶于 50mL 95％乙醇中。将溶液 a 和 b 分别存于棕色瓶中，用时按（1+1）混合。混合指示剂使用期不应超过 1 周。

⑤ 银丝卷、铜丝卷、真空硅胶、氧气（99.9％）。

四、实验步骤

安全预防：浓硫酸具有腐蚀性，避免直接接触，皮肤接触时立即用肥皂和清水冲洗。炉体在实验过程中温度较高，需采取一定的防护措施，以免被烫伤。

1. 碳、氢的测定

（1）空白试验 将仪器各部分按图 4.1 所示连接好，检查整个系统的气密性，通电升温，并接通氧气，调节氧气流量为 120mL/min。在升温过程中，将第一节电炉往返移动几次，通气 20min 左右。取下吸收系统，将各 U 形管磨口塞关闭，用绒布擦净，在天平旁放置 10min 左右，称量。当第一节炉达到并保持在（850±10）℃，第二节炉达到并保持在（800±10）℃，第三节炉达到并保持在（600±10）℃后开始作空白试验。此时将第一节移至紧靠第二节炉，接上已经通气并称量过的吸收系统。在一个燃烧舟内加入三氧化钨（质量和

煤样分析时相当）。打开橡皮塞，取出铜丝卷，将装有三氧化钨的燃烧舟用镍铬丝推棒推至第一节炉入口处，将铜丝卷放在燃烧舟后面，塞紧橡皮塞，接通氧气，调节氧气流量为120mL/min。移动第一节炉，使燃烧舟位于炉子中心。通气23min，将第一节炉移回原位。

2min 后取下 U 形管，将磨口塞关闭，用绒布擦净，在天平旁放置 10min 后称量。吸水 U 形管增加的质量即为空白值。重复上述试验，直到连续两次所得空白值相差不超过0.0010g，除氮管、二氧化碳吸收管最后一次质量变化不超过 0.0005g 为止。取两次值的平均值作为空白值。在做空白试验前，应先确定保温套管的位置，使出口端温度尽可能高又不会使橡皮帽热分解，如空白值不易达到稳定，则可适当调节保温管的位置。

（2）煤样分析

① 将第一节炉炉温控制在（850±10）℃，第二节炉炉温控制在（800±10）℃，第三节炉炉温控制在（600±10）℃，并使第一节炉紧靠第二节炉。

② 在预先灼烧过的燃烧舟中称取粒度小于 0.2mm 的空气干燥煤样 0.2g，精确至0.0002g，并均匀铺平。在煤样上铺一层三氧化钨。可把燃烧舟暂存入专用的磨口玻璃管或不加干燥剂的干燥器中。

③ 接上已称量的吸收系统，并以 120mL/min 的流量通入氧气。打开橡皮塞，取出铜丝卷，迅速将燃烧舟放入燃烧管中，使其前端刚好在第一节炉炉口。再放入铜丝卷，塞紧橡皮塞，立即开启 U 形管，通入氧气，并保持 120mL/min 的流量。1min 后向净化系统方向移动第一节炉，使燃烧舟的一半进入炉子。过 2min，使燃烧舟全部进入炉子。再过 2min，使燃烧舟位于炉子中心。保温 18min 后，把第一节炉移回原位。2min 后，取下吸收系统，将磨口塞关闭，用绒布擦净，在天平旁放置 10min 后称量（除氮管不称量）。第二个吸收二氧化碳 U 形管变化小于 0.0005g，计算时忽略。

2. 氮的测定

① 在薄纸上称取粒度小于 0.2mm 的空气干燥煤样 0.2g，精确至 0.0002g。把煤样包好，放入 50mL 开氏瓶中，加入混合催化剂 2g 和浓硫酸 5mL。然后将开氏瓶放入铝加热体的孔中，并用石棉板盖住开氏瓶的球形部分。在瓶口插入一短颈玻璃漏斗，防止硒粉飞溅。在铝加热体中心的小孔中放热电偶。接通放置铝加热体电炉的电源，缓缓加热到 350℃ 左右，保持此温度，直到溶液清澈透明、漂浮的黑色颗粒完全消失为止。遇到分解不完全的煤样时，可将煤样磨细至 0.1mm 以下，再按上述方法消化，但必须加入高锰酸钾或铬酸酐0.2～0.5g。分解后如无黑色粒状物且呈草绿色浆状，表示消化完全。

② 将冷却后的溶液用少量蒸馏水稀释后，移至 250mL 开氏瓶中。用蒸馏水充分洗净原开氏瓶中的剩余物，洗液并入 250mL 开氏瓶，使溶液体积约为 100mL。然后将盛溶液的开氏瓶放在图 4.2 所示的蒸馏装置上。

③ 把直形玻璃冷凝管的上端连接到开氏球上，下端用橡皮管连上玻璃管，直接插入一个盛有 20mL 硼酸溶液和 1～2 滴混合指示剂的锥形瓶中。玻璃管浸入溶液并距瓶底约 2mm。

④ 在 250mL 开氏瓶中注入 25mL 混合碱溶液，然后通入蒸汽进行蒸馏，蒸馏至锥形瓶中溶液的总体积达 80mL 为止，此时硼酸溶液由紫色变成绿色。

⑤ 蒸馏完毕后，拆下开氏瓶并停止供给蒸汽。用蒸馏水冲洗插入硼酸溶液中的玻璃管的内壁、外壁。洗液并入锥形瓶中，用硫酸标准溶液滴定吸收溶液由绿色变成钢灰色即为终点。记录下硫酸用量，由硫酸用量求出煤中氮的含量。

⑥ 空白试验采用 0.2g 蔗糖代替煤样，试验步骤与煤样分析相同。

五、数据记录及处理

1. 计算空气干燥煤样的碳（C_{ad}）、氢（H_{ad}）的质量分数

空气干燥煤样的碳（C_{ad}）、氢（H_{ad}）的质量分数分别按式（4.6）和式（4.7）计算：

$$C_{ad} = \frac{0.2729m_1}{m} \times 100 \tag{4.6}$$

$$H_{ad} = \frac{0.1119(m_2 - m_3)}{m} \times 100 - 0.1119M_{ad} \tag{4.7}$$

式中　C_{ad}——空气干燥煤样的碳含量，%；

　　H_{ad}——空气干燥煤样的氢含量，%；

　　m——分析煤样的质量，g；

　　m_1——吸收二氧化碳 U 形管的增量，g；

　　m_2——吸水的 U 形管的增重，g；

　　m_3——空白值，g；

　　M_{ad}——空气干燥煤样的水分含量，%；

　0.2729——将二氧化碳折算成碳的因数；

　0.1119——将水折算成氢的因数。

2. 计算空气干燥煤样的氮（N_{ad}）的质量分数

空气干燥煤样的氮（N_{ad}）的质量分数按式（4.8）计算：

$$N_{ad} = \frac{c(V_1 - V_2) \times 0.014}{m} \times 100 \tag{4.8}$$

式中　N_{ad}——空气干燥煤样的氮含量，%；

　　c——硫酸标准溶液的浓度，$mol \cdot L^{-1}$；

　　m——煤样的质量，g；

　　V_1——硫酸标准溶液的用量，mL；

　　V_2——空白试验时硫酸标准溶液的用量，mL；

　0.014——氮$\left(\frac{1}{2}N_2\right)$的毫摩尔质量，g/mmol。

3. 氧的计算

氧（O_{ad}）的质量分数按式（4.9）计算：

$$O_{ad} = 100 - M_{ad} - A_{ad} - C_{ad} - H_{ad} - N_{ad} - S_{t,ad} - (CO_2)_{ad} \tag{4.9}$$

式中　O_{ad}——空气干燥煤样的氧含量，%；

　　$S_{t,ad}$——空气干燥煤样的全硫含量，%；

　　M_{ad}——空气干燥煤样的水分含量，%；

　　A_{ad}——空气干燥煤样的灰分含量，%；

$(CO_2)_{ad}$——空气干燥煤样中碳酸盐二氧化碳的含量，%。

六、思考题

1. 煤的元素分析方法有哪些？主要分析的是哪几种成分元素，简述原因。

2. 对煤进行元素分析具有怎样的意义？

3. 碳、氢测定仪主要由哪几部分构成，各部分的作用是什么？

实验 23　煤的发热量的测定

一、实验目的

1. 明确发热量的定义，掌握测定发热量的数据处理方法和原理。
2. 了解热量计中主要部件的作用，掌握热量计的基本原理和操作方法。

二、实验原理

煤的发热量，又称为煤的热值，即单位质量的煤完全燃烧所发出的热量。煤的发热量是煤按热值计价的基础指标。煤作为动力燃料，主要是利用煤的发热量，发热量愈高，其经济价值愈大。同时发热量也是计算热平衡、热效率和煤耗的依据，以及锅炉设计的参数。

煤的发热量在氧弹热量计（结构见图 4.3 和图 4.4 所示）中进行测定。氧弹热量计的基本原理是能量守恒定律。一定量的分析试样在氧弹热量计中，在充有过量氧气的氧弹内燃烧，氧弹热量计的热容量通过在相近条件下燃烧一定量的基准量热物苯甲酸来确定，根据试样燃烧前后量热系统产生的温升，并对点火热等附加热进行校正后即可求得试样的弹筒发热量。从弹筒发热量中扣除硝酸生成热和硫酸校正热（硫酸与二氧化硫形成热之差）即得高位发热量。

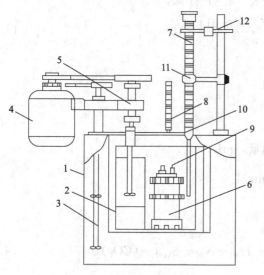

图 4.3　热量计结构示意图

1—外筒；2—内筒；3—搅拌器；4—电机；5—绝缘支架；
6—氧弹；7—内筒温度计；8—外筒温度计；9—点火栓；
10—外筒盖；11—读数放大器；12—振荡器

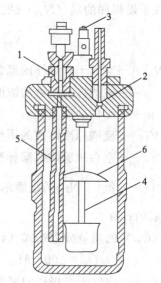

图 4.4　氧弹结构示意图

1—充气阀；2—放气阀；3—电极；
4—坩埚架；5—充气管；6—燃烧挡板

煤的恒容低位发热量和恒压低位发热量可以通过分析试样的高位发热量计算。计算恒容低位发热量需要知道煤样中水分和氢的含量。原则上计算恒压低位发热量还需知道煤样中氧和氮的含量。

本实验包括定量进行燃烧反应到定义的产物和测量整个燃烧过程引起的温度变化。实验过程分为初期、主期（反应期）和末期。对于恒温式热量计，初期和末期的作用是确定热量计的热交换特性，以便在燃烧反应期间对热量计内筒与外筒间的热交换进行校正。初期和末期的时间应足够长。

三、主要仪器与试剂

1. 仪器

热量计、氧弹、分析天平、燃烧皿、压力表和氧气导管、压饼机、氧气瓶（99.5%）、秒表、烧杯。

2. 试剂

氢氧化钠标准溶液（A.R.，0.1mol/L）、甲基红指示剂（2g/L）、苯甲酸（基准量热物质）、点火丝（直径0.1mm左右的铂、铜、镍丝或其他已知热值的金属丝或棉线）、点火导线（φ3mm镍铬丝）、酸洗石棉绒、擦镜纸。

四、实验步骤

1. 按使用说明书安装调节热量计。

2. 在燃烧皿中称取粒度小于0.2mm的空气干燥煤样0.9～1.1g，称准到0.0002g。燃烧时易于飞溅的试样，可用已知质量的擦镜纸包紧再进行测试，或先在压饼机中压饼并切成2～4mm的小块使用。不易燃烧完全的试样，可先在燃烧皿底铺上一个石棉垫，或用石棉绒做衬垫（先在皿底铺上一层石棉绒，然后以手压实）。石英燃烧皿不需任何衬垫。如加衬垫仍燃烧不完全，可提高充氧压力至3.2MPa，或用已知质量和热值的擦镜纸包裹称好的试样并用手压紧，然后放入燃烧皿中。

3. 取一段已知质量的点火丝，把两端分别接在氧弹的两个电极柱上，弯曲点火丝接近试样，注意与试样保持良好接触或保持微小的距离（对易飞溅和易燃的煤），并注意勿使点火丝接触燃烧皿，以免形成短路而导致点火失败，甚至烧毁燃烧皿。同时还应注意防止两电极间以及燃烧皿与另一电极之间的短路。

往氧弹中加入10mL蒸馏水。小心拧紧氧弹盖，注意避免燃烧皿和点火丝的位置因受震动而改变，往氧弹中缓缓充入氧气，直至压力到2.8～3.0MPa，充氧时间不得少于15s；如果不小心充氧压力超过3.2MPa，停止试验，放掉氧气后、重新充氧至3.2MPa。

4. 往内筒中加入足够的蒸馏水，使氧弹盖的顶面（不包括突出的进、出气阀和电极）淹没在水面下10～20mm。内筒水量应在所有实验中保持一致，相差不超过0.5g。

水量最好用称量法测定。如用容量法，则需对温度变化进行补正。注意恰当调节内筒水温，使终点时内筒比外筒温度高1K左右，以使终点时内筒温度出现明显下降。外筒温度应尽量接近室温，相差不得超过1.5K。

5. 把氧弹放入装好水的内筒中，如氧弹中无气泡漏出，则表明气密性良好，即可把内筒放在热量计中的绝缘架上。然后接上点火电极插头，装上搅拌器和量热温度计，并盖上外筒的盖子。温度计的水银球（或温度传感器）对准氧弹主体（进、出气阀和电极除外）的中部，温度计和搅拌器均不得接触氧弹和内筒。靠近量热温度计的露出水银柱的部位（使用玻璃水银温度计时），应另悬一支普通温度计，用以测定露出柱的温度。

6. 初期温度测定。开动搅拌器，5min后开始计时和读取内筒温度（t_0）并立即通电点火。随后记下外筒温度（t_j）和露出柱温度（t_e）。外筒温度至少读到0.05K，内筒温度借助放大镜读到0.001K。每次读数前，应开动振荡器振动3～5s。观察内筒温度（注意：点火后20s内不要把身体的任何部位伸到热量计上方）。如在30s内温度急剧上升，则表明点火成功。点火后100s时读取一次内筒温度（t_{100s}）。

7. 终期温度测定。接近终点时，开始按 1min 间隔读取内筒温度。读数精确到 0.001K。读温前开动振荡器，读准到 0.001K。以第一个下降温度作为终点温度（t_n）。试验主要阶段至此结束。一般热量计由点火到终点的时间为 8～10min。

8. 停止搅拌，取出内筒和氧弹，开启放气阀，放出燃烧废气，打开氧弹，仔细观察弹筒和燃烧皿内部，如果有试样燃烧不完全的迹象或有炭黑存在，试验应作废。称出残余点火丝的质量并记录。

9. 用蒸馏水充分冲洗氧弹内各部分、放气阀、燃烧皿内外和燃烧残渣。把全部洗液（共约 100mL）收集在一个烧杯中供测硫使用。把洗液煮沸 2～3min，取下稍冷后，以甲基红为指示剂，用氢氧化钠标准溶液滴定，记录其消耗量，以求出洗液中的总酸量，从而计算出由弹筒洗液测得的煤的含硫量 $S_{b,ad}$（%）。

五、数据记录及处理

1. 弹筒发热量的计算

① 冷却校正值按式（4.10）计算：

$$C=(n-\alpha)v_n+\alpha v_0 \tag{4.10}$$

式中　C——冷却校正值，K；

　v_0、v_n——初期、终期温度下降速度；

　n——由点火到终点的时间，min；

　α——相应温升比所对应的经验值。

当 $\Delta/\Delta_{100s}\leqslant1.20$ 时，$\alpha=\Delta/\Delta_{100s}-0.10$；

当 $\Delta/\Delta_{100s}>1.20$ 时，$\alpha=\Delta/\Delta_{100s}$。

其中 Δ 为主期内总温升（$\Delta=t_n-t_0$），Δ_{100} 为点火后 100s 时的温升（$\Delta_{100s}=t_{100s}-t_0$）。

② 贝克曼温度计的平均分度值按式（4.11）计算：

$$H=H^{\ominus}+0.00016(t_s-t_e) \tag{4.11}$$

式中　H——贝克曼温度计的平均分度值；

　$H^{\ominus}$——该基点温度下对应于标准露出柱温度时的平均分度值；

　t_s——该基点温度所对应的标准露出柱温度，℃；

　t_e——试验中的实际露出柱温度，℃；

　0.00016——水银对玻璃的相对膨胀系数。

③ 点火丝产生的热量按式（4.12）计算：

$$q_1=（点火丝原质量-残余点火丝质量）\times 所用点火丝发热量 \tag{4.12}$$

各种点火丝的发热量如表 4.3 所示

表 4.3　点火丝的发热量

丝的种类	铁丝	镍铬丝	铜丝	铂丝	棉线
发热量/(J/g)	6700	6000	2500	427	17500

④ 空气干燥煤样的弹筒发热量 $Q_{b,ad}$ 按式（4.13）计算：

$$Q_{b,ad}=\frac{EH[(t_n+h_n)-(t_0+h_0)+C]-(q_1+q_2)}{m} \tag{4.13}$$

式中　$Q_{b,ad}$——空气干燥煤样的弹筒发热量，J/g；

　E——热量计的热容量，J/K；

　C——冷却校正值，K；

q_1——点火丝产生热量，J；

q_2——添加物（如包纸等）产生的总热量，J；

m——试样质量，g；

H——贝克曼温度计的平均分度值，使用数字显示温度计时，$H=1$；

h_0——t_0的毛细孔径修正值，使用数字显示温度计时，$h_0=0$；

h_n——t_n的毛细孔径修正值，使用数字显示温度计时，$h_n=0$。

2. 恒容高位发热量的计算

① 弹筒洗液的含硫量 $S_{b,ad}$ 按式（4.14）计算：

$$S_{b,ad}=(c\times V/m-aQ_{b,ad}/60)\times 1.6 \tag{4.14}$$

式中　$S_{b,ad}$——由弹筒洗液测得的煤的含硫量，%；

c——氢氧化钠标准溶液的物质的量浓度，mol/L；

V——滴定用去的氢氧化钠溶液体积，mL；

60——相当 1m mol 硝酸的生成热，J/mmol；

a——硝酸形成热校正系数；

m——称取的试样质量，g；

1.6——与 $\frac{1}{2}H_2SO_4$ 相当的 $\frac{1}{2}S$ 的毫摩尔质量，g/mmol。

② 空气干燥煤样的恒容高位发热量 $Q_{gr,ad}$ 按式（4.15）计算：

$$Q_{gr,ad}=Q_{b,ad}-(94.1S_{b,ad}+aQ_{b,ad}) \tag{4.15}$$

式中　$Q_{gr,ad}$——空气干燥煤样的恒容高位发热量，J/g；

$Q_{b,ad}$——空气干燥煤样的弹筒发热量，J/g；

$S_{b,ad}$——由弹筒洗液测得的煤的含硫量，%，当全硫含量低于 4.00% 时，或发热量大于 14.60 MJ/kg 时，用全硫（按 GB/T 214 测定）代替 $S_{b,ad}$；

94.1——空气干燥煤样中每 1.00% 硫的气化热校正值，J/g；

a——硝酸形成热校正系数。

当 $Q_b\leqslant 16.70MJ/kg$，$a=0.0010$；

当 $16.70<Q_b\leqslant 25.10MJ/kg$，$a=0.0012$；

当 $Q_b>25.10MJ/kg$，$a=0.0016$。

3. 恒容低位发热量的计算

煤的收到基恒容低位发热量按式（4.16）进行计算：

$$Q_{net,v,ar}=(Q_{gr,v,ad}-206H_{ad})\times\frac{100-M_t}{100-M_{ad}}-23M_t \tag{4.16}$$

式中　$Q_{net,v,ar}$——煤的收到基恒容低位发热量，J/g；

$Q_{gr,v,ad}$——煤的空气干燥基恒容高位发热量，J/g；

M_t——煤的收到基全水分的质量分数，%；

M_{ad}——煤的空气干燥基水分的质量分数，%；

H_{ad}——煤的空气干燥基氢的质量分数，%；

206——对应于空气干燥样煤中每 1% 氢的气化热校正值（恒容），J/g；

23——对应于收到基煤中每 1% 水分的气化热校正值（恒容），J/g。

4. 恒压低位发热量的计算

恒压低位发热量可按式（4.17）计算：

$$Q_{net,p,ar} = [Q_{gr,v,ad} - 212H_{ad} - 0.8(O_{ad} + N_{ad})] \times \frac{100 - M_t}{100 - M_{ad}} - 24.4M_t \qquad (4.17)$$

式中　$Q_{net,p,ar}$——煤的收到基恒压低位发热量，J/g；

　　　$Q_{gr,v,ad}$——煤的空气干燥基恒容高位发热量，J/g；

　　　　O_{ad}——空气干燥煤样中氧的质量分数，%；

　　　　N_{ad}——空气干燥煤样中氮的质量分数，%；

　　　　212——对应于空气干燥样煤中每1%氢的气化热校正值（恒压），J/g；

　　　　0.8——对应于空气干燥样煤中每1%氧和氮的气化热校正值（恒压），J/g；

　　　　24.4——对应于收到基煤中每1%水分的气化热校正值（恒压），J/g。

六、思考题

1. 什么是发热量？测定煤的发热量有何意义？
2. 热量计主要由哪几部分构成，各部分的作用是什么？
3. 实验过程中，点火时应注意什么？导致点火失败的原因有哪些？

实验 24　烟气成分分析

一、实验意义和目的

（一）实验意义

1. 通过测定窑炉废气成分，计算过量系数，来判断窑炉的供风情况。
2. 由窑炉烟气中的 CO 含量，可以推测窑炉内的化学不完全燃烧的程度。结合供风情况，进而判断窑内物料的煅烧情况。
3. 通过窑炉系统不同部位的烟气成分分析比较，可计算漏风量。
4. 对窑炉废气有害成分的分析，可以获知废气对大气环境的污染程度。

（二）实验目的

1. 掌握奥氏气体分析器的操作，能独立进行烟气成分的测定。
2. 根据烟气成分进行空气过剩系数 α 的计算，分析燃烧情况。
3. 学习通过测定窑炉系统不同部位的烟气成分计算漏风量的方法。
4. 了解烟气成分分析的意义。

二、实验原理

一般说来，不论是固体燃料、液体燃料还是气体燃料，其燃烧产物——烟气的主要成分都是 H_2O、CO_2、O_2、CO 及 N_2。在硅酸盐工业生产中，通过对窑炉不同部位的烟气成分进行分析，不仅可以判断窑炉内的供风及燃料燃烧情况，而且可以发现系统的漏风情况，对指导生产有着十分重要的意义。

工业上，用于烟气成分分析的仪器种类有很多，本实验介绍一种比较简单的仪器——奥氏气体分析器。它是一种利用不同的化学试剂对混合气体的选择性吸收来达到对烟气成分进行分析目的的方法。主要是对燃烧产物中的 CO_2、O_2 和 CO 的体积分数进行测定。

其原理为：

用苛性钾（KOH）或苛性纳（NaOH）溶液吸收 CO_2，吸收过程如下：

$$2KOH + CO_2 \longrightarrow K_2CO_3 + H_2O$$

同时，此溶液亦吸收烟气中含量很少的 SO_2，其反应式为：

$$2KOH + SO_2 \longrightarrow K_2SO_3 + H_2O$$

用焦性没食子酸 $[C_6H_3(OH)_3]$ 碱溶液吸收 O_2 过程的反应式为：

$$C_6H_3(OH)_3 + 3KOH \longrightarrow C_6H_3(OK)_3 + 3H_2O$$

三羟基苯钾

$$4C_6H_3(OK)_3 + O_2 \longrightarrow 2[(KO)_3C_6H_2 \cdot C_6H_2(OK)_3] + 2H_2O$$

六羟基联苯钾

用氯化亚铜 (Cu_2Cl_2) 的氨溶液吸收 CO，吸收反应如下：

$$Cu_2Cl_2 + 2CO + 4NH_3 + 2H_2O \longrightarrow 2Cu + (COONH_4)_2 + 2NH_4Cl$$

草酸铵

三、主要仪器与试剂

1. 奥氏气体分析器

实验室所用的奥氏气体分析仪如图 4.5 所示。仪器的主要部分是三个吸收瓶。每个吸收瓶是由底部连通的装有吸收液的前后两个瓶所组成。前瓶通过旋塞可吸入气样。为了加快吸收速度，在前瓶中装有许多组玻璃管，增大了气样与吸收剂的接触面积。后瓶则是在分析过程中贮存吸收液，避免溢出。为防止吸收液在空气中吸收 O_2，在贮液瓶液面加少许石蜡封液。吸收瓶分别通过旋塞 K_1、K_2 和 K_3 与梳形管 5 相通，梳形管一端经三通阀 7 和气样或大气相通，另一端与量气管相通。量气管下端通过胶管与水准瓶 6 连接，在水准瓶中用饱和食盐水做封闭液。为防止 CO_2 溶于封闭液，可在封闭液中加少量 Na_2CO_3，以甲基红着色。通过水准瓶的抬高或下降，可以把气体吸入或排出。干燥器 8 中装有干燥剂，可滤掉烟气中的灰尘和水气。仪器所有连接处都用胶管对接封严，旋塞及二通阀均涂凡士林密封。取气胆 9 用来装被测烟气气样。

2. 吸收剂

（1）KOH 溶液，注入吸收瓶 1。

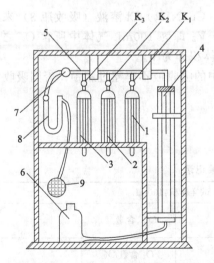

图 4.5 奥氏气体分析仪

1、2、3—吸收瓶；4—量气管；5—梳形管；
6—水准瓶；7—三通阀；8—干燥器；
9—取气胆；K_1、K_2、K_3—吸收
瓶活塞

（2）$C_6H_3(OK)_3$ 溶液（焦性没食子酸的碱溶液），注入吸收瓶 2。

（3）$Cu(NH_3)_2Cl$ 溶液（氯化亚铜的氨溶液），注入吸收瓶 3。

3. 封闭溶液

饱和食盐水。

4. 烟气发生器

烟气试样可直接取自锅炉烟道，也可取自烟气发生器（实验室使用）。

四、实验步骤

1. 检查漏气

关闭活塞 K_1、K_2、K_3，打开三通活塞 7 和大气相通，提高水准瓶 6，使量气管 4 内的液面上升到上端刻线处，然后关闭三通阀 7。放下水准瓶 6，观察量气管 4 内的液面情况。若液面稳定不变，说明整个分析器系统是严密不漏气的。否则，需要检查漏气部位，并进行密封。

2. 取样

(1) 用吸收剂洗吸收瓶 提高水准瓶 6，并打开 7，使 4 内液面上升到上端刻线附近，水准瓶 6 保持不变。再关 7，然后打开 K_1，缓慢下移水准瓶 6，使 1 中的液面上升至上端刻线，关上 K_1。同样方法，使 2、3 中的液面上升到刻线，关闭 K_2、K_3。

(2) 用烟气洗梳形管并使封闭液被气体饱和。将取气胆与干燥器 8 相通，旋转三通阀 7，使系统与大气隔绝而与取气胆相通，并打开取气胆上的夹子，下移水准瓶 6，使气样自动流入量气管 4 中约 50mL，因为梳形管及各支管中有空气，此时所吸取的那部分烟气中混有空气，不能当作试样，应把它排入空气中，随即旋转 7，使系统与大气相通而与取气胆隔绝，提高水准瓶 6，使量气管内液面上升到标线，以排出气体。用上述方法再取一份烟气，重新排出，这样重复 3～4 次，方能正式取样。

(3) 开始取样。打开三通阀 7 为二通，使得取气胆与吸收器相通而与大气隔绝，同时放低水准瓶 6，将烟气吸入量气管中，当液面下降至刻度 100mL 以下少许时，关闭 7，使量气管液面与水准瓶液面处在同一高度，打开 7 为二通，使得吸收瓶与取气胆隔绝而与大气相通，并小心升高水准瓶，使多余气体放出，而使量气管中液面升至刻度 100mL。关闭 7 为三不通，使烟气样与外界隔绝。

3. 分析并作好原始数据记录

升高水准瓶 6，给量气管 4 中待测气体施加压力，再打开装有 KOH 溶液的吸收瓶 1 的活塞 K_1，于是待被测气体进入 KOH 吸收瓶，直至量气管的液面到达标线为止。然后放下水准瓶，将气体抽回，如此往返 4～5 次，最后一次将气体自吸收瓶中抽回，当吸收瓶内液面回到原始顶端标线处，关闭 KOH 吸收瓶的旋塞 K_1，将水准瓶移近量气管，对齐液面，等候大约 30s 后，读出气体体积 (V_1)。吸收前后气体体积之差 $100-V_1$，即是 100mL 混合气体中所含 CO_2 之体积。在读取体积读数后，应检查吸收是否完全，为此，再重复上述吸收过程一次，如体积相差不大于 0.1mL，即认为已吸收完全。否则，要继续重复上述过程，进行再吸收。

按同样方法，依次用 $C_6H_3(OK)_3$ 溶液（吸收瓶 2）、$Cu(NH_3)_2Cl$ 溶液（吸收瓶 3）来吸收 O_2、CO，吸收后分别测得体积为 V_2、V_3，则 V_1-V_2 即为 100mL 气体中所含 O_2 之体积，V_2-V_3 为 100mL 气体中所含 CO 的体积。N_2 的体积即为 V_3。

注意：在吸收过程中，升降水准瓶一定要使吸收瓶中的吸收液不得超过瓶颈，否则吸收液进入梳形管将会使测量产生很大误差。

五、数据记录及处理

烟气成分分析测试结果见表 4.4。

表 4.4   烟气成分分析测试结果记录

分析气样名称：烟气		试样体积：100mL		
瓶 1 吸收后试样剩余量 V_1/mL		CO_2 容积 $V_{CO_2}=(100-V_1)/mL$		CO_2 含量/%
瓶 2 吸收后试样剩余量 V_2/mL		O_2 容积 $V_{O_2}=(V_1-V_2)/mL$		O_2 含量/%
瓶 3 吸收后试样剩余量 V_3/mL		CO 容积 $V_{CO}=(V_2-V_3)/mL$		CO 含量/%
		N_2 容积 $V_{N_2}=V_3/mL$		N_2 含量/%

空气过剩系数 α 的计算：

$$\alpha = \frac{\varphi_{N_2}}{\varphi_{N_2} - 3.76(\varphi_{O_2} - 0.5\varphi_{CO})} \tag{4.18}$$

式中，φ 为各气体的体积分数。

六、注意事项

1. 奥氏气体分析器上的所有活塞不得互换使用。

2. 在整个实验过程中，封闭液和吸收液不得进入梳形管。

3. 吸收过程中，应缓慢提高和降低平衡瓶，以防止被测烟气与空气在吸收瓶与缓冲瓶的连接管处相互交换；

4. 每个吸收过程需要完全。

七、思考题

1. 试说明水准瓶在实验中的作用是什么？

2. 实验前为什么要检查仪器的严密性？如有漏气，如何处理？

3. 烟气成分分析在工业生产中有何作用？

4. 在水泥预热预分解生产工艺中，在预热器出口排放到大气中的烟气通常都有哪些气体？

实验 25　氧指数测定

一、实验目的

1. 了解氧指数测定法的基本原理。

2. 掌握氧指数测定的方法。

二、实验原理

氧指数指在规定实验条件下，在氧、氮混合气流中，测定刚好维持垂直试样燃烧的最低氧气浓度，用 OI 表示。氧指数是评价材料相对燃烧性的一种方法，氧指数高，表明材料难燃；氧指数低表明材料易燃。一般而言，氧指数小于 22%，称该材料为易燃材料；氧指数在 22%～27%，称该材料为可燃材料；氧指数大于 27% 称该材料为难燃材料。因此，氧指数的测定在建筑工程中有着十分重要的意义，被广泛使用。本实验将试样垂直固定在燃烧筒中，使氧、氮混合气流由下向上流过，点燃试样顶端，同时计时和观察试样燃烧长度，与所规定的判据相比较。在不同的氧浓度中试验一组试样，测定塑料刚好维持平稳燃烧时的最低氧浓度，用混合气中氧含量的体积分数表示。

三、主要仪器与试剂

本实验采用 LFY-606 氧指数测定仪，其工作原理示意如图 4.6 所示。该实验仪器配有专用点火器，如图 4.7 所示。实验中还需要秒表。

四、试样制备

根据材料相应的标准和制备试样的 ISO 方法所规定的程序，模塑或切割出符合表 4.5 所列最宜试样类型规定尺寸的试样。

试样表面应当清洁和没有影响燃烧行为的缺陷，例如模塑周边溢料或机加工毛刺。要注

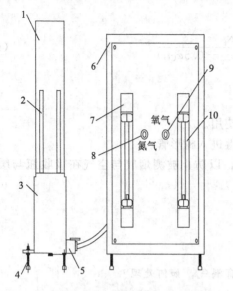 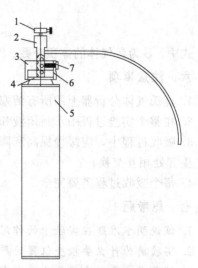

图 4.6　LFY-606 氧指数测定仪示意图

1—燃烧玻璃筒；2—试样夹；3—底座；4—底脚；
5—混合气体供应阀；6—控制箱；7—氮气流量计；
8—氮气流量调节阀；9—氧气流量调节阀；10—氧气流量计；

图 4.7　点火器结构示意图

1—阀头；2—气嘴；3—卡盘；
4—橡胶垫；5—打火机气瓶；
6—卡爪；7—螺钉

表 4.5　试样类型、尺寸和用途

类型	型号	长/mm	宽/mm	厚/mm	用途
自撑材料	Ⅰ	80～150	10±0.5	4±0.25	用于模塑材料
	Ⅱ			10±0.5	用于泡沫材料
	Ⅲ			<10.5	用于原厚的片材
	Ⅳ	70～150	6.5±0.5	3±0.25	用于电器用模塑料或片材
非自撑材料	Ⅴ	140①	52±0.5	≤10.5	用于软片或薄膜等

① 极限偏差为—5。

注：不同型号、不同厚度的试样，测试结果不可比。

意试样与样品材料中与某种不均匀性有关的位置和方位。

所取样品应至少能制备 15 根试样。

为了检测试样烧过的距离，可根据试样的形式和所用的点火程序来划标线。

五、实验步骤

1. 试验装置检查：按照图 4.6 组装好仪器，在燃烧底座内填入随仪器附带的小珠子，填入量参见 GB/T 2406—93。将控制箱 6 后盖板下两气管分别与氧气瓶、氮气瓶相连，并用管夹夹紧。其中与前面板对应的右侧为氧气管，左侧为氮气管。将后盖板下端正中的外径 8mm 的气管与混合气体供应阀 5 相连。首先顺时针旋紧氮气、氧气气瓶控制阀 8、9，关闭混合气体供应阀 5，然后打开氮气、氧气气瓶供气阀门，并打开阀门 5，观察氮气、氧气流量计 7、10 的浮子是否固定不动，若不动说明装置不漏气。关闭所有阀门，准备试验。

2. 开始试验时氧浓度的确定：当被测试样的氧指数完全未知时，可根据试样在空气中点燃的情况，估计开始试验时的氧浓度。如在空气中迅速燃烧，则开始试验时的氧浓度为 18% 左右；在空气中缓慢燃烧或时断时续，则为 21% 左右；在空气中离开点火源即灭，则至少为 25%。据此推定的氧浓度，从本实验附录 B 中查出相应的氧流量和氮流量。

3. 将试样夹在夹具上，垂直地安装在燃烧筒的中心位置上，保证试样顶端低于燃烧筒顶端至少 100mm，其暴露部分最低处应高于燃烧筒底部配气装置顶端至少 100mm。

4. 调节气体混合装置和流量控制装置。开启氧、氮气钢瓶阀门，再打开混合气体供气阀 5。用氮、氧气流量调节阀 8、9 调节相应的氮气和氧气流量使之符合本实验附录 B 的数值，让调节好的气流在试样点火之前冲洗燃烧筒至少 30s，在点火和燃烧过程中保持此流量不变。

5. 用点火器点燃试样：将点火器头最上方的阀头按逆时针方向打开，用打火机从气嘴细长管口处点燃点火器。将点火器气管伸入燃烧玻璃筒内在试样上点火。待试样上端全部点燃后，移去点火器，顺时针方向关闭点火器阀头，并立即开始测定续燃和阴燃时间，随后测定损毁长度。对于自撑试样（见表 4.5），可使用顶端点燃法的 A 法和扩散点燃法的 B 法。

方法 A——顶端点燃法：使火焰的最低可见部分接触试样顶端并覆盖整个顶表面，勿使火焰碰到试样的棱边和侧表面。在确认试样顶端全部着火后，立即移去点火器，开始计时或观察试样烧掉的长度。点燃试样时，火焰作用的时间最长为 30s，若在 30s 内不能点燃，则应增大氧浓度，继续点燃，直至 30s 内点燃为止。方法 A 的标线应画在距点火端 50mm 处。

方法 B——扩散点燃法：充分降低和移动点火器，使火焰可见部分施加于顶表面，同时施加于垂直侧表面约 6mm 长。点燃试样时，火焰作用时间最长为 30s，每隔 5s 左右稍移开点火器观察试样，直至垂直侧表面稳定燃烧或可见燃烧部分的前锋到达上标线处，立即移去点火器，开始计时或观察试样燃烧长度。若 30s 内不能点燃试样，则增大氧浓度，再次点燃，直至 30s 内点燃为止。方法 B 的标线应画在距点火端 10mm 和 60mm 处。

6. 燃烧行为的评价。燃烧行为的评价准则，如表 4.6 所示。

表 4.6　燃烧行为的评价准则

试样型式	点燃方式	评价准则（两者取一）	
		燃烧时间/s	燃烧长度
Ⅰ、Ⅱ、Ⅲ、Ⅳ	A 法	≥180	燃烧前锋超过上标线
	B 法		燃烧前锋超过下标线
Ⅴ	B 法		燃烧前锋超过下标线

点燃试样后，立即开始计时，观察试样燃烧长度及燃烧行为，若燃烧中止，但在 1s 内又自发再燃烧，则继续观察和计时。

如果试样的燃烧时间或燃烧长度均不超过表 4.6 的规定，则这次实验记录为"O"反应，并记下燃烧长度或时间。

如果二者之一超过表 4.6 的规定，扑灭火焰。记录这次实验为"×"反应。

还要记下材料的燃烧特征，例如熔滴、烟灰、结炭、漂游性燃烧、灼烧、余辉或其他需要记录的特性。如果有无焰燃烧，应根据需要，报告无焰燃烧情况或报告无焰燃烧时的氧指数。

7. 下次实验准备：取出试样，擦净燃烧筒和点火器表面的污物，使燃烧筒的温度回复至常温或另换一个为常温的燃烧筒，进行下一个实验。如果试样足够长，可以将试样倒过来或剪掉燃烧过的部分再用，但不能用于计算氧浓度。

8. 逐次选择氧浓度：根据"少量样品升-降法"这一特定的条件，以任意步长作为改变量。按 3～7 条进行一组试样的试验。

如果前一条试样的燃烧行为是"×"反应，则降低氧浓度。

如果前一条试样的燃烧行为是"O"反应，则增大氧浓度。

9. 初始氧浓度的确定：采用任一合适的步长，重复 3～8，直到以体积分数表示的二次氧浓度之差不大于 1.0%，并且一次是"○"反应，一次是"×"反应为止。将这组氧浓度中得"○"反应的记作初始氧浓度 φ_O。

注：记录本条和下条试验结果的表格示于附录 A。

10. 氧浓度的改变：用初始氧浓度 φ_O 重复 3～7 操作，记录在 φ_O 时所对应的"×"或"○"反应。即为 N_L 系列的第一个值。

用氧浓度的 0.2%（体积分数）为步长，重复 3～8 操作，测得一组氧浓度值及对应的反应。直至得到不同于上面（即 N_L 系列的第一个值）的反应为止，记下这些氧浓度值及其反应。上面 10 步骤测得的结果即为 N_L 系列。

仍以 0.2%（体积分数）为步长，重复 3～8 操作，再测试四条试样，记下各次的氧浓度及对应的反应，最后一条试样的氧浓度，用 φ_F 表示。10 步骤全部的试验结果组成 N_T 系列。

六、数据记录及处理

1. 氧指数的计算

以体积分数表示的氧指数，按下式计算：

$$OI = \varphi_F + Kd \tag{4.19}$$

式中　OI——氧指数；

　　　φ_F——N_T 系列最后一个氧浓度（体积分数），取一位小数；

　　　d——10 步骤使用和控制的两个氧浓度之差，即步长（0.2%），取一位小数；

　　　K——查表 4.7 所得的系数。

计算结果的 OI 取一位小数，不能修约。

表 4.7　K 值表

1	2	3	4	5	6
最后五次试验的反应	a. N_L 前几次测试的反应如下时的 K 值				
	O	OO	OOO	OOOO	
×OOOO	−0.55	−0.55	−0.55	−0.55	O××××
×OOO×	−1.25	−1.25	1.25	−1.25	O×××O
×OO×O	0.37	0.38	0.38	0.38	O××O×
×OO××	−0.17	−0.14	−0.14	−0.14	O××OO
×O×OO	0.02	0.04	0.04	0.04	O×O××
×O×O×	−0.50	0.46	−0.45	−0.45	O×O×O
×O××O	1.17	1.24	1.25	1.25	O×OO×
×O×××	0.64	0.73	0.76	0.76	O×OOO
××OOO	−0.30	−0.27	0.26	−0.26	OO×××
××OO×	−0.83	−0.76	0.75	−0.75	OO××O
××O×O	0.83	0.94	0.95	0.95	OO×O×
××O××	0.30	0.46	0.50	0.50	OO×OO
×××OO	0.50	0.65	0.68	0.68	OOO××
×××O×	−0.04	0.19	0.21	0.25	OOO×O
××××O	1.60	1.92	2.00	2.01	OOOO×
×××××	0.89	1.33	1.47	1.50	OOOOO
	b. N_L 前几次测试的反应如下时的 K 值				最后五次试验的反应
	×	××	×××	××××	

2. K 值的确定

按 10 步骤中的 N_L 系列的第一个反应如为"O"反应，则第一个相反的反应是"×"反应，从表 4.7 第一栏中找出所对应的反应，并按 N_L 系列的前几个反应，查出所对应的行数，即为所需 K 值，其符号与表中符号相同。

按 10 步骤中的 N_L 系列的第一个反应如为"×"反应，则第一个相反的反应是"O"反应，从表 4.7 第六栏中找出所对应的反应，并按 N_L 系列的前几个反应，查出所对应的行数，即为所需 K 值，其符号与表中符号相反。

七、注意事项

1. 点火时千万不能将气嘴细长口对着人或物。

2. 试验时不要将头、脸、手靠近燃烧筒上口，以免灼伤。

八、思考题

1. 氧指数主要表征高分子材料的难燃性，如何用氧指数划定高分子材料难燃级别？

2. 高分子材料的分子化学结构与其氧指数大小有何关系？举例说明。

附录 A　试验结果记录

采用 GB2406 方法测出的氧指数，试验结果记录可用如下形式：

材料：酚醛层压板　　　　　　　试样类型：Ⅲ（厚度 4mm）

点燃方法：A 法　　　　　　　　点燃气体：丙烷

状态调节：按 GB 2918 进行　　试验日期：2000 年 10 月 15 日

第一部分：初始氧浓度的测试结果，记于表 A1。

氧浓度间隔不大于 1% 的一对"×"和"O"反应中，"O"反应的氧浓度 $\varphi_O = 30.0$，该值再次用于第二部分的首次测定。

第二部分：氧指数的测定结果，记于表 A2。

查表 4.7 得，$K = -1.25$。

$$OI = \varphi_F + Kd = 29.8\% + (-1.25 \times 0.2\%) = 29.55\% \approx 29.5\%$$

表 A1　初始氧浓度的测试结果记录

氧浓度/%	25.0	35.5	30.0	32.0	31.0
燃烧时间/s	10	>180	140	>180	>180
燃烧长度/mm			—		
反应（"O"或"×"）	O	×	O	×	×

表 A2　氧指数 N_T 系列的测定结果记录

项目	N_L 系列测定						φ_F		
氧浓度/%	30.0	29.8	29.6	29.4	29.4	29.6	29.4	29.6	29.8
燃烧时间/s	>180	>180	>180	150	150	>180	130	165	>180
燃烧长度/mm			—				—		
反应	×	×	×	O	O	×	O	O	×

附录 B 氧浓度与氧气、氮气流量的关系

表 B1 氧浓度与氧气、氮气流量

氧气浓度/%	氧气流量/(L/min)	氮气流量/(L/min)	氧气浓度/%	氧气流量/(L/min)	氮气流量/(L/min)
10.0	1.14	10.26	16.4	1.87	9.53
10.2	1.16	10.24	16.6	1.89	9.51
10.4	1.19	10.21	16.8	1.92	9.48
10.6	1.21	10.19	17.0	1.94	9.46
10.8	1.23	10.17	17.2	1.96	9.44
11.0	1.25	10.15	17.4	1.98	9.42
11.2	1.28	10.12	17.6	2.01	9.39
11.4	1.30	10.10	17.8	2.03	9.37
11.6	1.32	10.08	18.0	2.05	9.35
11.8	1.35	10.05	18.2	2.07	9.33
12.0	1.37	10.03	18.4	2.10	9.30
12.2	1.39	10.01	18.6	2.12	9.28
12.4	1.41	9.99	18.8	2.14	9.26
12.6	1.44	9.96	19.0	2.17	9.23
12.8	1.46	9.94	19.2	2.19	9.21
13.0	1.48	9.92	19.4	2.21	9.19
13.2	1.50	9.90	19.6	2.23	9.17
13.4	1.53	9.87	19.8	2.26	9.14
13.6	1.55	9.85	20.0	2.28	9.12
13.8	1.57	9.83	20.2	2.30	9.10
14.0	1.60	9.80	20.4	2.33	9.07
14.2	1.62	9.78	20.6	2.35	9.05
14.4	1.64	9.76	20.8	2.37	9.03
14.6	1.66	9.74	21.0	2.39	9.01
14.8	1.69	9.71	21.2	2.42	8.98
15.0	1.71	9.69	21.4	2.44	8.96
15.2	1.73	9.67	21.6	2.46	8.94
15.4	1.76	9.64	21.8	2.49	8.91
15.6	1.78	9.62	22.0	2.51	8.89
15.8	1.80	9.60	22.2	2.53	8.87
16.0	1.82	9.58	22.4	2.55	8.85
16.2	1.85	9.55	22.6	2.58	8.82

续表

氧气浓度/%	氧气流量/(L/min)	氮气流量/(L/min)	氧气浓度/%	氧气流量/(L/min)	氮气流量/(L/min)
22.8	2.60	8.80	30.2	3.44	7.96
23.0	2.62	8.78	30.4	3.47	7.93
23.2	2.64	8.76	30.6	3.49	7.91
23.4	2.67	8.73	30.8	3.51	7.89
23.6	2.69	8.71	31.0	3.53	7.87
23.8	2.71	8.69	31.2	3.56	7.84
24.0	2.74	8.66	31.4	3.58	7.82
24.2	2.76	8.64	31.6	3.60	7.80
24.4	2.78	8.62	31.8	3.63	7.77
24.6	2.80	8.60	32.0	3.65	7.75
24.8	2.83	8.57	32.2	3.67	7.73
25.0	2.85	8.55	32.4	3.69	7.71
25.2	2.87	8.53	32.6	3.72	7.68
25.4	2.90	8.50	32.8	3.74	7.66
25.6	2.92	8.48	33.0	3.76	7.64
25.8	2.94	8.46	33.2	3.78	7.62
26.0	2.96	8.44	33.4	3.81	7.59
26.2	2.99	8.41	33.6	3.83	7.57
26.4	3.01	8.39	33.8	3.85	7.55
26.6	3.03	8.37	34.0	3.88	7.52
26.8	3.06	8.34	34.2	3.90	7.50
27.0	3.08	8.32	34.4	3.92	7.48
27.2	3.10	8.30	34.6	3.94	7.46
27.4	3.12	8.28	34.8	3.97	7.43
27.6	3.15	8.25	35.0	3.99	7.41
27.8	3.17	8.23	35.2	4.01	7.39
28.0	3.19	8.21	35.4	4.04	7.36
28.2	3.21	8.19	35.6	4.06	7.34
28.4	3.24	8.16	35.8	4.08	7.32
28.6	3.26	8.14	36.0	4.10	7.30
28.8	3.28	8.12	36.2	4.13	7.27
29.0	3.31	8.09	36.4	4.15	7.25
29.2	3.33	8.07	36.6	4.17	7.23
29.4	3.35	8.05	36.8	4.20	7.20
29.6	3.37	8.03	37.0	4.22	7.18
29.8	3.40	8.00	37.2	4.24	7.16
30.0	3.42	7.98	37.4	4.26	7.14

氧气浓度/%	氧气流量 /(L/min)	氮气流量 /(L/min)	氧气浓度/%	氧气流量 /(L/min)	氮气流量 /(L/min)
37.6	4.29	7.11	45.0	5.13	6.27
37.8	4.31	7.09	45.2	5.15	6.25
38.0	4.33	7.07	45.4	5.18	6.22
38.2	4.35	7.05	45.6	5.20	6.20
38.4	4.38	7.02	45.8	5.22	6.18
38.6	4.40	7.00	46.0	5.24	6.16
38.8	4.42	6.98	46.2	5.27	6.13
39.0	4.45	6.95	46.4	5.29	6.11
39.2	4.47	6.93	46.6	5.31	6.09
39.4	4.49	6.91	46.8	5.34	6.06
39.6	4.51	6.89	47.0	5.36	6.04
39.8	4.54	6.86	47.2	5.38	6.02
40.0	4.56	6.84	47.4	5.40	6.00
40.2	4.58	6.82	47.6	5.43	5.97
40.4	4.61	6.79	47.8	5.45	5.95
40.6	4.63	6.77	48.0	5.47	5.93
40.8	4.65	6.75	48.2	5.49	5.91
41.0	4.67	6.73	48.4	5.52	5.88
41.2	4.70	6.70	48.6	5.54	5.86
41.4	4.72	6.68	48.8	5.56	5.84
41.6	4.74	6.66	49.0	5.59	5.81
41.8	4.77	6.63	49.2	5.61	5.79
42.0	4.79	6.61	49.4	5.63	5.77
42.2	4.81	6.59	49.6	5.65	5.75
42.4	4.83	6.57	49.8	5.68	5.72
42.6	4.86	6.54	50.0	5.70	5.70
42.8	4.88	6.52	50.2	5.72	5.68
43.0	4.90	6.50	50.4	5.75	5.65
43.2	4.92	6.48	50.6	5.77	5.63
43.4	4.95	6.45	50.8	5.79	5.61
43.6	4.97	6.43	51.0	5.81	5.59
43.8	4.99	6.41	51.2	5.84	5.56
44.0	5.02	6.38	51.4	5.86	5.54
44.2	5.04	6.36	51.6	5.88	5.52
44.4	5.06	6.34	51.8	5.91	5.49
44.6	5.08	6.32	52.0	5.93	5.47
44.8	5.11	6.29	52.2	5.95	5.45

氧气浓度/%	氧气流量/(L/min)	氮气流量/(L/min)	氧气浓度/%	氧气流量/(L/min)	氮气流量/(L/min)
52.4	5.97	5.43	56.4	6.43	4.97
52.6	6.00	5.40	56.6	6.45	4.95
52.8	6.02	5.38	56.8	6.48	4.92
53.0	6.04	5.36	57.0	6.50	4.90
53.2	6.06	5.34	57.2	6.52	4.88
53.4	6.09	5.31	57.4	6.54	4.86
53.6	6.11	5.29	57.6	6.57	4.83
53.8	6.13	5.27	57.8	6.59	4.81
54.0	6.16	5.24	58.0	6.61	4.79
54.2	6.18	5.22	58.2	6.63	4.77
54.4	6.20	5.20	58.4	6.66	4.74
54.6	6.22	5.18	58.6	6.68	4.72
54.8	6.25	5.15	58.8	6.70	4.70
55.0	6.27	5.13	59.0	6.73	4.67
55.2	6.29	5.11	59.2	6.75	4.65
55.4	6.32	5.08	59.4	6.77	4.63
55.6	6.34	5.06	59.6	6.79	4.61
55.8	6.36	5.04	59.8	6.82	4.58
56.0	6.38	5.02	60.0	6.84	4.56
56.2	6.41	4.99			

实验 26　水平垂直燃烧测定

一、实验目的

1. 了解水平垂直燃烧测定方法的基本原理。

2. 掌握水平垂直燃烧测定的基本操作及燃烧性能的评价。

二、实验原理

水平或垂直地夹住试样一端，对试样自由端施加规定的气体火焰，通过测量线性燃烧速度（水平法）或有焰燃烧和无焰燃烧时间（垂直法）等来评价试样的燃烧性能。

三、主要仪器与试剂

本实验采用 CZF-3 型水平垂直燃烧测定仪，其工作原理示意如图 4.8 所示。

四、试样制备

试样应从有代表性的样品加工或按 GB5471、GB9352 的有关规定压塑或注塑成所需形状，也可按有关各方面商定的条件和方法制样。

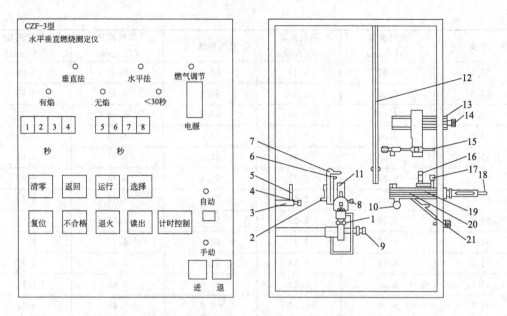

图 4.8　CZF-3 型水平垂直燃烧试验仪示意图

1—风量调节器螺母；2—角度标牌；3—长明灯阀体；4—长明灯火焰大小调节螺母；5—长明灯灯管；

6、7—火焰标尺；8—火焰调节手柄；9—进气调节手柄；10—小拉杆；11—本生灯灯管；12—试样夹；

13—横向调节手柄；14—纵向调节手柄；15—垂直试样夹；16—试样扳手；17—手柄；

18—支承件拉杆；19—支承件；20—金属筛网；21—水平支承架

试样尺寸：长试样尺寸，长（125±5）mm，宽（13.0±0.3）mm，厚（3.0±0.2）mm。经有关各方面协商，也可采用其他厚度，但最大厚度不应超过 13mm，并应在试验报告中注明。

水平法每组三根试样，垂直法每组五根试样。

试样表面应清洁、平整、光滑，没有影响燃烧行为的缺陷，如气泡、裂纹、飞边和毛刺等。

五、实验步骤

（一）水平法

1. 试样安装

（1）在距试样点燃端 25mm 和 100mm 处，与试样长轴垂直，各画一条标线。

（2）用夹具夹紧试样远离 25mm 标记的一端，使其长轴呈水平，横截面轴线与水平方向成 45°。

（3）在试样下部约 300mm 处放一个水盘。

2. 点着本生灯并调节，使灯管在垂直位置时，产生 20mm±2mm 高的蓝色火焰。将本生灯倾斜 45°。

3. 开电源→"复位"→"返回"→"清零"，显示初始状态 P。

4. 按"选择"键：显示"——F？"（用水平法吗？）。

5. 按"运行"键，显示"A、dH"；水平法的指示灯亮，表示选择水平法。

6. 当准备工作完成后，按"运行"键，将本生灯移至试样一端，对试样施加火焰。显示"A、SYXXX、X"表示正在施焰，并以倒计数的方式显示施焰剩余的时间，在这一步骤里，可能出现以下两种情况。

（1）当施焰时间剩余 3s 时，蜂鸣器响，提醒操作者做好下一步的准备。施焰时间结束，本生灯自动退回显示"A、d——b?"（火焰前沿到第一标线了吗?）这时可能出现两种选择：

① 火焰未燃到第一标线即熄灭，按"计时控制"，立即再按"计时控制"，显示"b、dH"，表明 A 试样符合最好的选择。

② 火焰前沿燃到第一标线时按"计时控制"，显示"A、XXX、X"，开始计时，下面又可能有两种选择。

a. 火焰前沿燃至第二标线，按"计时控制"，显示"b、dH"；计时停止。这时操作者应记录燃烧长度为 75mm，以便于算出燃烧速度。

b. 火焰在燃烧途中熄灭，按"计时控制"，显示"b、dH"，计时停止，这时操作者应记录实际燃烧长度。

（2）施加火焰时间未到 30s，火焰前沿已燃到第一标线时，按"退火"，本生灯退回，"<30s"灯亮，时间计数器开始自动计数，显示"A、XXX、X"，同样会出现上面 a. 和 b. 所述的两种情况。

当完成 A 试样测试后需要继续做 B 试样试验时，请安装试样并点火，以下操作按前述 6 执行。

当一组试样结束后，仪器显示"End"，这时可用"读出"键连续地读出各试样的试验参数。

7. 结果评价（分级标志）

材料的燃烧性，按点燃后的燃烧行为，可分为下列四级（符号 FH 表示水平燃烧）。

FH-1：移开点火源后，火焰即灭或燃烧前沿未达到 25mm 标线。

FH-2：移动点火源后，燃烧前沿越过 25mm 标线，但未达到 100mm 标线。在 FH-2 级中，烧损长度应写进分级标志，如 FH-2-70mm。

FH-3：移开点火源后，燃烧前沿越过 100mm 标线，对于厚度在 3～13mm 的试样，其燃烧速度不大于 40mm/min；对于厚度小于 3mm 的试样，燃烧速度不大于 75mm/min。在 FH-3 级中，线性燃烧速度应写进分级标志，如 FH-3-30mm/min。

FH-4：除线性燃烧速度大于规定值外，其余与 FH-3 级相同，其燃烧速度应写进分级标志，如 FH-4-60mm/min。

如果被试材料的三根试样分级标志数字不完全一致，则应报告其中数字最高的类级，作为该材料的分级标志。

（二）垂直法：（10s）

1. 试样安装：用垂直夹具夹住试样一端，将本生灯移至试样底边中部，调节试样高度，使试样下端与灯管标尺平齐。

2. 点着本生灯并调节使之产生 20mm±2mm 高的蓝色火焰。

3. 开电源→"复位"→"返回"→"清零"，显示初始状态 P。

4. 按"选择"键：显示"——F?"再按"选择"，显示"11F——10——?"（用施焰时间为 10s 的垂直法吗?）。

5. 按"运行"键，显示"A、dH"，垂直法的指示灯亮，表示选择了垂直法。

6. 按"运行"，将本生灯移至试样下端，对试样施加火焰。显示"A、SYXXX、X"，表示正在施焰，并以倒计数的方式显示施焰剩余的时间，当施焰时间剩余 3s 时，蜂鸣器响，提醒操作者做好下一步的准备。施焰时间结束（10s）后，本生灯自动退回，"有焰燃烧"指示灯亮，显示信息为"AXX、XXXX、X"，中间 2、3、4 三个数码管表示本次有焰燃烧的时间，右边 5、6、7、8 四个数码管表示诸次有焰燃烧的积累时间。

7. 当有焰燃烧结束时，按"计时控制"，显示"A、dH"，按"运行"，开始本次试样的第二次施焰，显示"A、SYXXX、X"，同样，当施焰的最后 3s 蜂鸣器响，施焰时间结束，本生灯自动退回。"有焰燃烧"指示灯亮，显示信息为"AXX、XXXX、X"，中间 2、3、4 三个数码管为第二次施焰后的有焰燃烧时间，右边 5、6、7、8 四个数码管为诸次有焰燃烧的积累时间。

8. 当有焰燃烧结束时，按"计时控制"，"有焰燃烧"指示灯灭，"无焰燃烧"指示灯亮，显示信息为"A、XXX、X"，表示无焰燃烧的时间。

9. 当无焰燃烧结束没有无焰燃烧时，按"计时控制"，显示"b、dH"，表示 A 试样试验结束。

10. 重复 6 到 9 各步骤，直至一组试样结束。

11. 在试验的过程中，若有滴落物引燃脱脂棉的现象，按"退回"，仪器显示"X、dH"，该试样停止试验。

12. 在施焰时间内，若出现火焰蔓延至夹具的现象，按"不合格"，此试样试验结束。

13. 试验后，需读出试样的试验数据时，按"读出"。先显示的是与第一数码管所对应的试验次数的第一次施焰后的有焰燃烧时间，再按"读出"，则显示第二次施焰的有焰燃烧时间，第三次按"读出"，则显示第二次施焰的无焰燃烧时间，直至显示"dc——End"（表示试验数据全部读完）。若有蔓延到夹具的现象时，读出显示"X、bHg"，若有滴落物引燃脱脂棉现象，读出显示信息为"X92V−2"。

14. 结果的评定（分级标志）

按照垂直燃烧法将材料的燃烧性能归为 FV-0、FV-1、FV-2 三类，分类方法参考表 4.8 规定。

表 4.8　垂直燃烧分级表

条　件	级　别			
	FV-0	FV-1	FV-2	Δ
每根试样的有焰燃烧时间(t_1+t_2)/s	≤10	≤30	≤30	>30
对于任何状态调节条件，每组五根试样有焰燃烧时间总和 t_f/s	≤50	≤250	≤250	>250
每根试样第二次施焰后的有焰加上无焰燃烧时间(t_2+t_3)/s	≤30	≤60	≤60	>60
每根试样有焰燃烧或无焰燃烧蔓延到夹具的现象	无	无	无	有
滴落物引燃脱脂棉现象	无	无	有	有或无

注：如果达到 FV-0、FV-1、FV-2 级，应在分级标志中写进试样的最小厚度；Δ 表示该材料不能用垂直法分级，而应采用水平法对其燃烧性能分级。

六、注意事项：

1. 实验过程中，请不要接触本生灯和长明灯灯管，以免烫伤；

2. 实验过程中，在各试样试验参数读出并加以记录之前，禁止按清零键，以免数据丢失；

3. 实验结束后，请关闭气体阀门，以免漏气产生危险。

七、数据记录及处理

1. 水平法

每根试样的线性燃烧速度 v（mm/min）按下式计算：

$$v=\frac{60L}{t}$$

(4.20)

式中 L——烧损长度，mm；

t——燃烧时间，s。

实验结果三根试样取算术平均值。结果按水平法分级标志对试样进行分级。

2. 垂直法

每组五根试样有焰燃烧时间总和 t_f 按下式计算：

$$t_f = \sum_{i=1}^{5} (t_{1i} + t_{2i}) \tag{4.21}$$

式中 t_{1i}——第 i 根试样第一次有焰燃烧时间，s；

t_{2i}——第 i 根试样第二次有焰燃烧时间，s；

i——试验次数，1～5。

实验结果按垂直法分级标志对试样进行分级。

八、思考题

1. 水平法中，在试样下部放置水盘的作用是什么？

2. 水平垂直燃烧实验是评价材料的燃烧性能，可通过哪些途径提高材料的耐燃性？

实验 27 建筑材料烟密度测试

一、实验目的

1. 了解伴随高分子材料燃烧或分解时烟量测定的基本原理。

2. 掌握测定高分子材料燃烧或分解时烟密度的实验方法。

二、实验原理

在一定条件下，通过光电系统，测定材料燃烧时产生的烟对光的吸收率对实验时间作图，并将曲线函数对实验时间积分，得到材料燃烧或分解时产生烟的总量值，曲线的最高点作为最大烟密度。

高分子材料燃烧或分解时产生烟雾的量是评定材料阻燃性能的重要指标，因为烟雾造成人或动物窒息伤亡，往往比熊熊烈火造成的灾难更大。目前建筑材料制品检验标准中，烟密度已成严格控制的性能指标。无烟、低烟高分子材料已成阻燃材料发展的新趋势。

三、主要仪器与试剂

本实验采用 JCY-1 型建材烟密度测试仪，其烟箱示意如图 4.9 所示。该实验仪器配有电子点火器。

四、试样制备

标准的样品是（25.4 ± 0.3）mm ×

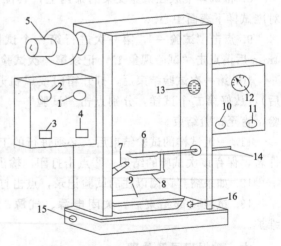

图 4.9 烟箱示意图

1—电源；2—满度；3—背灯开关；4—风机开关；

5—排风口；6—不锈钢网格；7—燃烧器；

8—石棉板；9—灭火盘；10—燃气开关；

11—燃气调节；12—压力指示器；13—光

电池和网格；14—调节把手；15—燃气接口；

16—计算机接口

(25.4±0.3) mm×（6.2±0.3）mm，也可以采用其他厚度，但它们的厚度应该和烟密度值一起在报告中说明。试验可以采用厚度小于 6.2mm 的材料进行试验，也可按照其通常实际使用厚度或者直接叠加到厚度大约为 6.2mm。同样，试验可以采用厚度大于 6.2mm 的材料进行试验，也可按照其通常实际使用厚度或将材料加工到厚度 6.2mm。试样最大厚度为 25mm，当材料厚度大于 25mm 时，需根据实际使用情况确定受火面，并在切割时保留受火面。

每组试验样品为 3 块，试样的加工可采用机械切磨的方式，要求试样表面平整、无飞边、无毛刺等。

五、实验步骤

1. 接通电源、气源及相应的连接线，打开仪器上的电源开关和背灯开关，燃烧箱内有光束通过，预热 15min。

2. 打开计算机中的"烟密度"应用程序，点击"试验"—"初始化"—"OK"。

3. 点击"试验"—"调试"—"百分百"—"调试"，调试窗口显示 1.0000。

4. 分别将标定的滤光片遮住接收口，然后分别点击调试，这时计算机上调试窗口应分别显示对应的由厂家提供的滤光片金属套上的数值，三次平均值应小于 3%。若有较大偏差，可微调烟箱面板上的"满度"电位器，使之适合试验的要求，后点击确定。

5. 调试结束后，应关闭仪器左上角的排风扇开关；打开燃烧箱门，把筛网和收集盒放入试样架框内。

6. 点击"新建"—"试验"—"初始化"，输入与本试样有关的参数，然后点击"OK"。

7. 打开气源阀门和仪器上的"燃气开关"，用明火或点火枪点着本生灯，调节"燃气调节"使仪器上压力表指示 210kPa。

8. 将试样平放在试验支架的筛网上，其位置应使本生灯转入工作状态时燃烧火焰能够对准试样下表面中心。

9. 点击"试验一"，第一次进行第一个试样的试验，试验过程中注意观察试验现象，4min 后请点击"试验现象 1"，记录第一次试验观察到的现象。

10. 第一次试验结束后，打开箱门或风机开关排出烟气擦净两侧光源玻璃（每次试验后），放好第二个试样，分别点击"试验"—"第二次"—"现象 2"。进行三个试样的试验，直至试验结束。

11. 一组试样的试验结束后，必须进行的工作：①点击保存，然后输入你认为合适的文件名，保存该次试验的结果；②点击打印，输出本次试验的结果。

12. 如果需要调阅以往的试验记录，点击打开，输入或选中所需的文件名，即可完成。

13. 试验全部结束后，关闭电源、气源、计算机，对燃烧箱及试样支架进行必要的维护。

六、数据记录及处理

对每组三个样品每隔 15s 的光吸收数据求平均值，并将平均值与时间的关系绘制到网格纸上得到光吸收率与实验时间的曲线图。

曲线的最高点即为最大烟密度。

曲线与其下方坐标轴所围得面积为总的产烟量，烟密度等级代表了 0～4min 内的总产烟量。测量曲线与时间轴所围面积，然后除以曲线图的总面积，即 0～4min 内，（0～

100)％的光吸收总面积，再乘以 100，定义为试样的烟密度等级。

本实验所用仪器可直接得出最大烟密度及烟密度等级。

七、注意事项

1. 实验开始时，请检查各管路是否漏气。

2. 实验过程中，请不要打开烟箱门，以免发生危险。

3. 实验结束后，请关闭气体阀门，以免漏气产生危险。

八、思考题

1. 哪些操作因素影响实验结果，如何提高烟密度实验的准确性？

2. 最大烟密度和烟密度等级分别表示材料燃烧时产生烟的什么特点，了解这些指标有何意义？

第五章　单元操作实验

实验 28　固体流态化的流动特性实验

一、实验目的

1. 通过实验观察固定床向流化床转变的过程，以及聚式流化床和散式流化床流动特性的差异。

2. 实验测定流化曲线和临界流化速度，并实验验证固定床压降和流化床临界流化速度的计算公式。

3. 通过本实验希望能初步掌握流化床流动特性的实验研究方法，加深对流体流经固体颗粒层的流动规律和固体流态化原理的理解。

二、实验原理

在化学工业中，经常有流体流经固体颗粒的操作，诸如过滤、吸附、浸取、离子交换以及气固、液固和气液固反应等。凡涉及这类流固系统的操作，按其中固体颗粒的运动状态，一般将设备分为固定床、移动床和流化床三大类。固体流态化过程又按其特性分为密相流化和稀相流化。密相流化床又分为散式流化床和聚式流化床。一般情况下，气固系统的密相流化床属于聚式流化床，而液固系统的密相流化床属于散式流化床。

1. 固体流态化现象

为便于学习，以气-固系统为例。设有一圆形容器，在容器下部装有一块气体分布板，在分布板上面堆积一层固体颗粒（即床层），当气体自下而上通过这样一个固体颗粒床层时，随着气体流速的变化会出现不同的现象，如图 5.1 所示。当流速较低时，固体颗粒静止不动，颗粒之间仍保持接触，床层空隙率及高度都不变，流体只在颗粒间的缝隙中通过，这种床称为固定床［如图 5.1 (a) 所示］。

继续增大流速，当气体流过固体颗粒产生的摩擦力（即曳力）与固体颗粒的浮力之和等于颗粒自身重力时，颗粒开始松动，颗粒位置也稍加调整，床层略有膨胀，但颗粒还不能自由运动，仍处于接触状态，这种床称为初始或临界流化床［图 5.1 (b)］。

当流速高于初始流化的流速时，颗粒全部悬浮在向上流动的气流中，即进入流化状态，气体以鼓泡方式通过床层。随着流速的增加，固体颗粒在床层中的运动也愈加激烈，这时气固系统具有类似于液体的特性，随容器形状而变，床层高度也增高，但有明显的分界面［图 5.1 (c)］，这时床层称为流化床。

当流速高到某一极限值时，流化床分界面消失，颗粒分散悬浮在气流中，被气流所带走，这种状态称为气流输送或稀相输送床［图 5.1 (d)］。

2. 临界流化速度的实测法

临界流化速度是颗粒层由固定床转变为流化床时流体的速度，也是流化操作的最低速度，故也称最小流化速度。确定临界流化速度的最好办法就是实验测定方法。用增加流速法使床层自固定床缓慢地进入流化床，同时记录相应的流体流速和床层压降，在双对数坐标上标绘各点（如图 5.2 所示），然后将固定床区和流化床区的点分别画线，得到两条直线的交点即是临界流化点，其横坐标的值即为临界流化速度 u_{mf}。图中的 u_{bf} 为起始流化速度，此时床层中已有部分颗粒开始被流化，u_{tf} 为完全流化速度，此时床层中所有颗粒全部进入流化状态。对于颗粒分布较窄的床层，三者非常接近，很难区分。

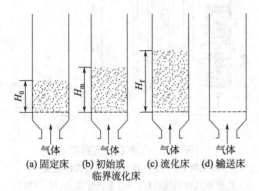

图 5.1　固体流态化现象（不同流速时床层的变化）　　　图 5.2　临界流化速度的实测法

3. 两个参数介绍

（1）膨胀比　流化床的床高 H_f 与静床层的高度 H_0 之比。称为膨胀比，即：

$$R = H_f / H_0$$

（2）流化数　流化床实际采用的流化速度 u_f 与临界流化速度 $u_{m,f}$ 之比称为流化数，即：

$$K = u_f / u_{m,f}$$

三、主要仪器与试剂

本实验装置采用气固和液固系统两套设备并列。设备主体均采用圆柱形的自由床。内部分别填充球粒状硅胶和玻璃微珠。分布器采用筛网和填满玻璃球的圆柱体。柱顶装有过滤网，以阻止流体将固体颗粒带出设备外。床层上均有测压口与压差计相接。

液固系统的流程如图 5.3 所示。水自循环水泵或高位稳压水槽，经调节阀和孔板流量计由设备底部进入。水进入设备后，经过分布器分布均匀，由下而上通过颗粒层，最后经顶部滤网排入循环水泵。水流量由调节阀调节，并由倒置 U 形压差计显示读数。

气固系统的流程如图 5.4 所示。空气自风机经调节阀和孔板流量计由设备底部进入。空气进入设备后，经分布器分布均匀，由下而上通过颗粒层，最后经顶部滤网排空。空气流量由调节阀和放空阀联合调节，并由孔板流量计的压差计显示读数。

四、实验步骤

1. 观察并比较液固系统流化床和气固系统流化床的流动状况。

2. 在实验开始前，先按流程图检查各阀门开闭情况，将水调节阀和空气调节阀全部关闭，空气放空阀完全打开。然后，再启动循环水泵和风机。

3. 待循环水泵和风机运转正常后，先徐徐开启水调节阀，使水流量缓慢增大，观察床层的变化过程；然后再徐徐开启空气调节阀和关小放空阀，联合调节改变空气流量，观察床层的变化过程。

4. 实验测定空气或水通过固体颗粒层的特性曲线。

5. 先关闭水调节阀，再停泵，继续进行第二步实验操作。若测定不同空气流速下，床

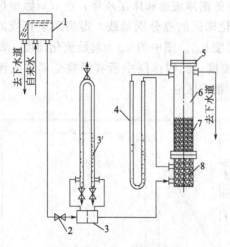

图 5.3　液固系统流程图

1—高位稳压水槽；2—水调节阀；3—孔板流量计；

3′—倒置 U 形差计；4—U 形压差计；5—滤网；

6—床体；7—固体颗粒层；8—分布器

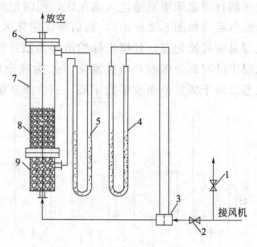

图 5.4　气固系统流程图

1—放空阀；2—空气调节阀；3—孔板流量计；

4—孔板流量计的压差计；5—系统压差计；6—滤网；

7—床体；8—固体颗粒层；9—分布器

层的压力降和床层高度，可使流量由小到大，再由大到小反复进行实验。实验完毕，先打开放空阀，后关闭调节阀，再停机。

实验过程中应特别注意下列事项：

1. 循环水泵和风机的启动和关机必须严格遵守上述操作步骤。无论是开机、停机或调节流量，必须缓慢地开启或关闭阀门，并同时注视压差计中液柱变化情况，严防压差计中指示液冲入设备。

2. 当流量调节至接近临界点时，阀门调节更需精心细致，注意床层的变化。

3. 实验完毕，必须将设备内的水排放干净，切莫将杂物混入循环水中，以防堵塞分布器和滤网。

五、数据记录及处理

1. 记录实验设备和操作的基本参数

（1）设备参数

柱体内径：　　　$d = 50\text{mm}$

静床层高度：　　$H_0 = $ _____ mm（待测）

分布器形式：　　堆积球体

（2）固体颗粒基本参数

固体种类	气固系统 硅胶球	液固系统 玻璃微珠
颗粒形状	球形硅胶	玻璃微珠
平均粒径	$d_p = 0.35\text{mm}$	$d_p = 1.5\text{mm}$
颗粒密度	$\rho_s = 924\text{kg/m}^3$	$\rho_s = 1937\text{kg/m}^3$
堆积密度	$\rho_b = 475\text{kg/m}^3$	$\rho_b = 1160\text{kg/m}^3$
空隙率 $\left(\varepsilon = \dfrac{\rho_s - \rho_b}{\rho_s}\right)$	$\varepsilon = 0.486$	$\varepsilon = 0.401$

（3）流体物性数据

流体种类　　　空气　　　　　　　　　水

温度　　　$T_g =$ _____ ℃　　　　　$T_t =$ _____ ℃

密度　　　$\rho_g =$ _____ kg/m³　　　$\rho_t =$ _____ kg/m³

黏度　　　$\mu_g =$ _____ Pa·s　　　$\mu_t =$ _____ Pa·s

（4）孔板流量计参数

空气孔板流量计参数：孔径 $d_0 = 0.003$m；孔流系数 $C_0 = 0.6025$。

水孔板流量计参数：孔径 $d_0 = 0.007$m；孔流系数 $C_0 = 0.61$。

2. 将测得的实验数据和观察到的现象，参考表 5.1 做详细记录。

表 5.1 实验数据记录表

实验序号	1	2	3	4	5	6	7	8	9
空气压力 p_0/mmH₂O									
空气流量 V_s/(m³/s)									
空气空塔速度 u_0/(m/s)									
床层压降 Δp/mmH₂O									
床层高度 H/mm									
膨胀比 R									
流化数 K									
实验现象									

注：1mmH₂O＝9.80665Pa。

气固系统的流量计算公式：

$$V_s = \frac{\pi}{4} \times d_0^2 \times C_0 \times \sqrt{\frac{2\left|\rho_{指示} - \rho_{流体}\right| gR}{\rho_{流体}}} = \frac{\pi}{4} \times 0.003^2 \times 0.6025 \times \sqrt{\frac{2\left|\rho_{水} - \rho_{空}\right| \times 9.8 \times R}{\rho_{空}}}$$

液固系统的流量计算公式：

$$V_s = \frac{\pi}{4} \times d_0^2 \times C_0 \times \sqrt{\frac{2\left|\rho_{指示} - \rho_{流体}\right| gR}{\rho_{流体}}} = \frac{\pi}{4} \times 0.007^2 \times 0.61 \times \sqrt{\frac{2\left|\rho_{空} - \rho_{水}\right| \times 9.8 \times R}{\rho_{水}}}$$

注：以上两个公式中的 R 取 m 为计算单位，得到的流量单位为 m³/s。

3. 在双对数坐标纸上标绘 Δp-u_0 关系曲线，并求出临界流化速度 $u_{m,f}$。将实验测定值与计算值进行比较，算出相对误差。

临界流化速度（m/s）的计算公式：

气固系统
$$u_{m,f} = \frac{d_p^2}{150} \times \frac{(\rho_s - \rho_g) g}{\mu_g} \times \frac{\varepsilon_{m,f}^3}{1 - \varepsilon_{m,f}}$$

液固系统
$$u'_{m,f} = \frac{d_p^2}{150} \times \frac{(\rho_s - \rho_l) g}{\mu_l} \times \frac{\varepsilon_{m,f}^3}{1 - \varepsilon_{m,f}}$$

4. 在双对数坐标纸上标绘固定床阶段的 Re_m-λ_m 的关系曲线。将实验测定曲线与由计算值标绘的曲线进行对照比较。

六、思考题

1. 床层底部的玻璃珠作用是什么？

2. 分别列举关于固定床、流化床和输送床的工业应用的实例。

实验 29　旋风除尘器性能实验

一、实验目的

1. 掌握除尘器性能测定的基本方法。
2. 了解除尘器运行工况对其效率和阻力的影响。

二、实验原理

当含尘气流从进口进入旋风筒后，被迫在筒体与内筒之间的同心圆环柱体内作旋转运动，由于粉尘颗粒所受重力及离心力的作用，沿着外壁作螺旋向下运动，运动到锥体部位的时候气体被迫返回，由小螺旋向上沿着内筒出去，此时部分小颗粒的粉尘被上升气流带到出口离开旋风筒，而大部分粉尘由于重力作用沿着锥体滑落到集料筒，从而实现分离和收集。

1. 风量的测定：

风量的测定采用毕托管测量，其原理是利用毕托管 U 形管压力计测出风管断面的流速，从而确定风量。即：

$$L = F \times \bar{v}$$

式中　L——风量，m^3/s；

　　　F——测量断面面积，m^2；

　　　$\bar{v}$——测量断面空气平均流速，m/s。

由于气流速度在风管断面上的分布是不均匀的，因此在同一断面上必须进行多点测量，然后求出该断面的平均流速。毕托管所测量的断面为 $\phi48.5mm$ 的圆形断面，故可划分为两环，U 形管压力计测量出压差值，相应的空气流速：

$$\bar{v} = \sqrt{2g\Delta h}$$

式中　Δh——U 形管压力计压差值，mm。

2. 小旋风除尘器阻力：

$$\Delta p = \Delta p_q - p_j - Z$$

式中　Δp_q——小旋风除尘器进出口空气的全压差，Pa；

　　　p_j——沿程阻力，Pa；

　　　Z——局部阻力，Pa。

$$Z = \sum \zeta \frac{\rho \bar{v}^2}{2}$$

$$\sum \zeta = 0.52$$

由于小旋风器进出口管段的管径相等，故动压相等，所以：

$$\Delta p_q = \Delta p_j$$

式中　Δp_j——小旋风除尘器进出口空气的静压值。

于是：

$$\Delta p = \Delta p_j - p_j - Z$$

3. 小旋风除尘器效率的测定

除尘器效率测定可采用重量浓度法或称重法，即：

$$\eta = \frac{Y_1 - Y_2}{Y_1} \times 100\% \quad \text{或} \quad \eta = \frac{M_1}{M_0} \times 100\%$$

式中 Y_1——除尘器进口处平均含尘浓度，mg/m^3；

       Y_2——除尘器出口处平均含尘浓度，mg/m^3。

       M_0——喂入除尘器的物料量，g；

       M_1——除尘器收集到物料量，g。

三、主要仪器与试剂

实验采用的主要仪器：毕托管；U 形压力计；电子秤（精度 0.01g）；秒表；含尘浓度采样仪。

四、实验步骤

1. 检查各管道连接是否完好。

2. 调整风机出口大小来确定一个风量，启动风机，记录各 U 形管的压力降读数。

3. 调整另一个风量，进行相同的测试。本实验需要做 5 个不同风量。

4. 根据上述记录的数据计算不同风速下的旋风筒的阻力，确定风速与阻力的关系。

5. 与上述相同的操作方法，测定不同风量下的收尘效率。

6. 关闭电源，结束实验。

由于除尘器的效率与粉尘的粒度、相对密度以及除尘器的运行工况有很大关系，因此在给出除尘器效率时，应同时说明除尘器处理的粉尘的分散度、相对密度和运行工况，或者直接测出除尘器的分级效率。

7. 除尘器的分离效率：任意选定一个风量、一个喂料速度，进行分离效率的测定实验。

五、数据记录及处理

将测定得到的各种数据按表 5.2 整理，求出除尘器的风量、阻力，并根据所得结果，对该除尘器进行评价。

表 5.2 除尘器性能测定记录表

工况	断面面积 F/m^2	毕托管压差值 $\Delta h/mm$	断面平均风速 $\bar{v}/(m/s)$	$\Delta p_j/Pa$	p_j/Pa	局部阻力 Z/Pa	旋风除尘器阻力 $\Delta p/Pa$
1							
2							
3							
4							
5							
备注							

注：各项数据按实验原理中各公式进行计算。

六、思考题

1. 影响旋风除尘器阻力的因素有哪些？结合工业生产举例说明。

2. 影响旋风除尘器分离效率的因素有哪些？结合工业生产举例说明。

实验 30　流化干燥实验

一、实验目的

1. 测定固体颗粒物料（硅胶球形颗粒）的干燥曲线和干燥速度曲线以及临界点和临界湿含量。

2. 通过实验掌握对流干燥的实验研究方法，了解流化床干燥器的主要结构与流程，以及流态化干燥过程的各种性状，并进而加深对干燥过程原理的理解。

二、实验原理

1. 干燥曲线

在流化床干燥器中，颗粒状湿物料悬浮在大量的热空气流中进行干燥，在干燥过程中，湿物料中的水分随着干燥时间增长而不断减少，在恒定空气条件（即空气的温度、湿度和流动速度保持不变）下，实验测定物料含水量随时间的变化关系。将其标绘成曲线，即为湿物料的干燥曲线，湿物料含水量可以湿物料的质量为基准（称之为湿基），或以绝干物料的质量为基准（称之为干基）来表示。

当湿物料中绝干物料的质量为 m_c，水的质量为 m_w 时，则

以湿基表示的物料含水量（kg 水/kg 湿物料）为：

$$w = \frac{m_w}{m_c + m_w} \qquad (5.1)$$

以干基表示的湿物料含水量（kg 水/kg 绝干物料）为：

$$W = \frac{m_w}{m_c} \qquad (5.2)$$

湿含量的两种表示方法存在如下关系：

$$w = \frac{W}{1 + W} \qquad (5.3)$$

$$W = \frac{w}{1 - w} \qquad (5.4)$$

在恒定的空气条件下测得干燥曲线如图 5.5 所示。显然，空气干燥条件的不同，干燥曲线的位置也将随之不同。

2. 干燥速度曲线

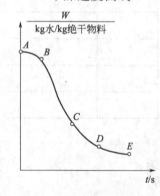

图 5.5　干燥曲线

物料的干燥速度即水分汽化的速度。

若以固体物料与干燥介质的接触面积为基准，则干燥速度 [kg/（m² · s）] 可表示为：

$$N_A = \frac{-m_c \, dW}{A \, dt} \qquad (5.5)$$

式中　m_c——绝干物料的质量，kg；

　　　　A——气固相接触面积，m²；

　　　　W——物料的含水量，kg 水/kg 绝干物料；

　　　　t——气固两相接触时间，也即干燥时间，s。

若以绝干物料的质量为基准，则干燥速度 [s⁻¹ 或 kg 水/kg

绝干物料·s] 可表示为：

$$N'_A = \frac{-\mathrm{d}W}{\mathrm{d}t} \tag{5.6}$$

由此可见，干燥曲线上各点的斜率即为干燥速度。若将各点的干燥速度对固体的含水量标绘成曲线，即为干燥速度曲线，如图 5.6 所示。干燥速度曲线也可采用干燥速度对自由含水量进行标绘，在实验曲线的测绘中，干燥速度值也可近似地按下列差分式进行计算：

$$N'_A = \frac{-\Delta W}{\Delta t} \tag{5.7}$$

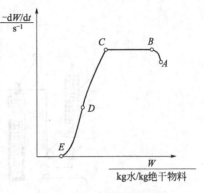

图 5.6　干燥速度曲线

3. 临界点和临界含水量

从干燥曲线和干燥速度曲线可知，在恒定干燥条件下，干燥过程可分为如下三个阶段。

(1) 物料预热阶段：当湿物料与热空气接触时，热空气向湿物料传递热量，湿物料温度逐渐升高，一直达到热空气的湿球温度。这一阶段称为预热阶段，如图 5.5 和图 5.6 中的 AB 段。

(2) 恒速干燥阶段：由于湿物料表面存在液态的非结合水，热空气传给湿物料的热量，使表面水分在空气湿球温度下不断汽化，并由固相向气相扩散。在此阶段，湿物料的含水量以恒定的速度不断减少。因此，这一阶段称为恒速干燥阶段，如图 5.5 和图 5.6 中的 BC 段。

(3) 降速干燥阶段：当湿物料表面非结合水已不复存在时，固体内部水分由固体内部向表面扩散后汽化，或者汽化表面逐渐内移，因此水分的汽化速度受内扩散速度控制，干燥速度逐渐下降，一直达到平衡含水量而终止。因此这个阶段称为降速干燥阶段，如图 5.5 和图 5.6 中的 CDE 段。

在一般情况下，第 1 阶段相对于后两阶段所需时间要短得多，因此一般可略而不计，或归入 BC 段一并考虑。根据固体物料特性和干燥介质的条件，第 2 阶段与第 3 阶段的相对比较，所需干燥时间长短不一，甚至有的可能不存在其中某一阶段。

第 2 阶段与第 3 阶段干燥速度曲线的交点称为干燥过程的临界点，该交点上的含水量称为临界含水量。

干燥速度曲线中临界点的位置，也即临界含水量的大小，受到固体物料的特性、物料的形态和大小、物料的堆积方式、物料与干燥介质的接触状态以及干燥介质的条件（湿度、温度和风速）等众多因素的复杂影响。例如，同样的颗粒状固体物料在相同的干燥介质条件下，在流化床干燥器中干燥较在固定床中干燥的临界含水量要低。因此，在实验室中模拟工业干燥器，测定干燥过程临界点和临界含水量、干燥曲线和干燥速度曲线，具有十分重要意义。

三、主要仪器与试剂

流化干燥实验装置由流化床干燥器、空气预热器、风机、空气流量与温度的测量与控制仪表等几个部分组成。该实验仪的装置流程如图 5.7 所示。

空气的流量由调节阀和旁路放空阀联合调节，并由孔板流量计计量。热风温度由温度控制仪自动控制，并数字显示床层温度。

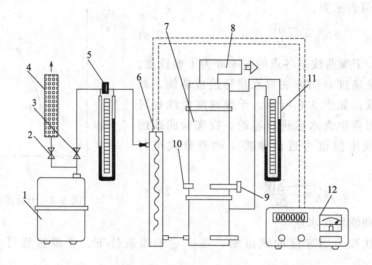

图 5.7　流化床干燥曲线测定的实验装置流程

1—风机；2—放空阀门；3—调节阀门；4—消声器；5—孔板流量计；6—空气预热器；7—流化床
干燥器；8—排气口；9—采样器；10—卸料口；11—U 形压差计；12—温度控制与测量仪

固体物料采用间歇操作方式，由干燥器顶部加入，试验完毕在流化状态下由下部卸料口流出。分析用试样由采样器定时采集。

流化床干燥器的床层压降由 U 形压差计测取。

四、实验步骤

1. 将硅胶颗粒用纯水浸透，沥去多余水分，密闭静置 1~2h 后待用。将称量瓶洗净、烘干并称重后放入保干器中待用。

2. 完全开启放空阀门，并关闭干燥器的入口调节阀，然后启动风机，按预定的风量缓慢调节风量（风机上的旋钮、放空阀和入口调节阀三者联合调节）。本实验的风量一般控制在 30m³/h 左右（约 160mmH₂O）为宜。

3. 按预定的干燥温度调节控温仪上的设定值，然后打开电热器的开关和测温开关。直至床层温度恒定。热风温度的选定与空气湿度和物料性质等有关，本实验以采用 60~80℃为宜。

4. 适当减少风量，将准备好的湿物料由器顶迅速倒入干燥器床层内，适当增大风量，使颗粒松动后，测量静床层堆积高度。

5. 迅速将风量调回到预定值，待流化均匀后，测量床层流化高度，并同时开始测定干燥过程的第 1 组数据（也即起始湿含量）。然后，每隔 5min 采集一次试样，记录一次床层温度和压降，直至干燥过程结束。本实验一般要求采集 10~12 组数据。

6. 每次采集的试样放入称量瓶后，迅速将盖盖紧。用天平称取各瓶重量后，放入烘箱在 150~170℃下烘 2~4h，烘干后将称量瓶放入保干器中，冷却后称重。

7. 实验完毕，先关闭电热器，直至床层温度冷却至接近室温时，打开卸料口收集固体颗粒于容器中待用。然后，依次打开放空阀，关闭入口调节阀，关闭风机，最后切断电源。

8. 若欲测定不同空气流量或温度下的干燥曲线，则可重复上述实验步骤进行实验。

五、数据记录及处理

1. 测量并记录实验基本参数。

（1）流化床干燥器

床层内径　　　　　$d = 100mm$

静床层高度　　　　$H_m = \underline{\quad\quad} mm$（待测）

（2）固体物料

固体物料种类　　　硅胶颗粒

颗粒平均直径　　　$d_p = 1.5mm$

湿分种类　　　　　水

起始湿含量　　　　$W_0 = \underline{\quad\quad}$ kg 水/kg 绝干物料

（3）干燥介质

干燥介质种类　　　空气

干球温度　　　　　$T_0 = \underline{\quad\quad}$ ℃

湿球温度　　　　　$T_{w,c} = \underline{\quad\quad}$ ℃

湿　　度　　　　　$H_0 = \underline{\quad\quad}$ kg 水/kg 绝干空气

（4）孔板流量计

孔内径　　　　　　$d_0 = 18mm$

管内径　　　　　　$d_t = 26mm$

孔流系数　　　　　$C_0 = 0.64$

流量计算公式：

$$V_{s,0} = \frac{\pi}{4} \times d_0^2 \times C_0 \times \sqrt{\frac{2 \mid \rho_{指示} - \rho_{流体} \mid gR}{\rho_{流体}}} = \frac{\pi}{4} \times 0.018^2 \times 0.64 \times \sqrt{\frac{2 \mid \rho_{水} - \rho_{空} \mid \times 9.8 \times R}{\rho_{空}}}$$

2. 记录测得的实验数据。

（1）实验条件

操作压力　　　　　　　　$p = \underline{\quad\quad}$ MPa

空气流量计读数　　　　　$R = $ 试验取 140～180 mmH$_2$O

空气流量　　　　　　　　$V_{s,0} = \underline{\quad\quad}$ m^3/s

空气的空塔速度　　　　　$u_0 = \underline{\quad\quad}$ m/s

空气的入塔温度　　　　　$T_1 = $ 试验取 60～80℃

流化床的流化高度　　　　$H_f = \underline{\quad\quad}$ mm

流化床的膨胀比　　　　　$R = \dfrac{H_f}{H_m}$

（2）实验数据记录见表 5.3

表 5.3　实验数据

实　验　序　号	1	2	3	……
干燥时间 t/min				
床层温度 T_b/℃				
床层压降 Δp/mmH$_2$O				

续表

实 验 序 号		1	2	3	……
称量瓶重	m_v/g				
湿试样毛重	$m_c+m_w+m_v$/g				
干试样毛重	m_c+m_v/g				
湿试样净重	m_c+m_w/g				
干试样净重	m_c/g				
试样中的水量	m_w/g				

3. 参考表 5.4 整理实验数据。

表 5.4　实验数据整理结果

实验数据序号	1	2	3	……
干燥时间 t/min				
物料湿含量 W/(kg 水/kg 绝干料)				

4. 将在一定干燥条件下测得的实验数据，标绘出干燥曲线（W-t 曲线）和床层温度变化曲线（T_b-t 曲线）。

5. 由干燥曲线标绘干燥速度曲线。

6. 根据实验结果确定临界点和临界湿含量。

六、思考题

1. 在本实验中，影响干燥速度的因素有哪些？请描述影响规律。

2. 说明在固定床、流化床和输送床三个阶段中，哪个阶段的干燥效果最好？为什么？

实验 31　过滤实验

一、实验目的

1. 了解板框过滤机的构造、流程和操作方法。

2. 测定某一压强下过滤方程式中过滤常数 K、q_e、θ_e，增进对过滤理论的理解。

3. 测定洗涤速率与最终过滤速率的关系。

二、实验原理

过滤是将悬浮液送至过滤介质的一侧，在其上维持比另一侧高的压力，液体则通过介质而成滤液，而固体粒子则被截流逐渐形成滤渣。过滤速率由过滤压差及过滤阻力决定。过滤阻力由两部分组成：一为滤布，一为滤渣。因为滤渣厚度随时间而增加，所以恒压过滤速率随着时间而降低。对于不可压缩性滤渣，在恒压过滤情况下，滤液量与过滤时间的关系可用下式表示：

$$(V+V_e)^2 = KA^2(\theta+\theta_e) \tag{5.8}$$

式中　V——θ 时间内的滤液量，m^3；

　　　V_e——虚拟滤液量，m^3；

　　　A——过滤面积，m^2；

K——过滤常数，m^2/s；

θ——过滤时间，s；

θ_e——相当于得到滤液 V_e 所需的过滤时间，s。

过滤常数一般由实验测定。为了便于测定这些常数，可将上式改写成下列形式：

$$(q+q_e)^2 = K(\theta+\theta_e) \tag{5.9}$$

式中　　q——过滤时间为 θ 时，单位过滤面积的滤液量，$q=\dfrac{V}{A}$，m^3/m^2；

q_e——在 θ_e 时间内，单位过滤面积虚拟滤液量，$q_e=\dfrac{V_e}{A}$，m^3/m^2。

1. 过滤常数 K 及 V、θ_e 的测定方法

将式 (5.9) 进行微分，得：

$$2(q+q_e)\mathrm{d}q = K\mathrm{d}\theta$$

$$\frac{\mathrm{d}\theta}{\mathrm{d}q} = \frac{2}{K}q + \frac{2}{K}q_e \tag{5.10}$$

此式形式与 $Y=AX+B$ 相同，为一直线方程。若以 $\mathrm{d}\theta/\mathrm{d}q$ 为纵坐标，q 为横坐标作图，可得一直线，其斜率为 $2/K$，截距为 $2q_e/K$，便可求出 K、q_e 和 θ_e。但是 $\mathrm{d}\theta/\mathrm{d}q$ 难以测定，故式 (5.10) 左边的微分 $\mathrm{d}\theta/\mathrm{d}q$ 可用增量比 $\Delta\theta/\Delta q$ 代替，即：

$$\frac{\Delta\theta}{\Delta q} = \frac{2}{K}q + \frac{2}{K}q_e \tag{5.11}$$

因此，在恒压下进行过滤实验，只需测出一系列的 $\Delta\theta$、Δq 值，然后以 $\Delta\theta/\Delta q$ 为纵坐标，以 q 为横坐标（q 取各时间间隔内的平均值）作图，即可得到一条直线。这条直线的斜率为 $2/K$，截距为 $2q_e/K$，进而可算出 K、q_e 的值。再以 $q=0$，$\theta=0$ 代入式 (5.9) 即可求出 θ_e。

2. 洗涤速率与最终过滤速率的测定

在一定的压强下，洗涤速率是恒定不变的，因此它的测定比较容易。它可以在水量流出正常后开始计量，计量多少也可根据需要决定。洗涤速率 $\left(\dfrac{\mathrm{d}V}{\mathrm{d}\theta}\right)_w$ 为单位时间所得的洗涤量：

$$\left(\frac{\mathrm{d}V}{\mathrm{d}\theta}\right)_w = \frac{V_w}{\theta_w} \tag{5.12}$$

式中　　V_w——洗液量，m^3；

θ_w——洗涤时间，s。

V_w、θ_w 均由实验测得，即可算出 $\left(\dfrac{\mathrm{d}V}{\mathrm{d}\theta}\right)_w$。

至于最终过滤速率的测定是比较困难的，因为它是一个变数。为了测得比较准确，建议过滤操作要进行到滤框全部被滤渣充满以后再停止。根据恒压过滤基本方程，恒压过滤最终速率为：

$$\left(\frac{\mathrm{d}V}{\mathrm{d}\theta}\right)_E = \frac{KA^2}{2(V+V_e)} = \frac{KA}{2(q+q_e)} \tag{5.13}$$

式中　　$\left(\dfrac{\mathrm{d}V}{\mathrm{d}\theta}\right)_E$——最终过滤速率；

V——整个过滤时间 θ 内所得的滤液总量；

q——整个过滤时间 θ 内通过单位过滤面积所得的滤液总量。

其他符号的意义与式 (5.8) 相同。

三、主要仪器与试剂

1. 过滤实验装置的流程如图 5.8 所示。

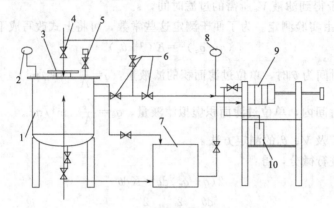

图 5.8　过滤实验装置流程图

1—滤浆槽；2—压力表；3—加料口；4—压缩空气进口阀；5—压力调节阀；

6—球阀；7—洗涤水贮槽；8—压力表；9—板框压滤机；10—量筒

2. 主要设备

(1) 配浆槽：($\phi560\text{mm}\times750\text{mm}$) 两个 (每两组过滤装置共用一个)。

(2) 洗水罐：($\phi273\text{mm}\times500\text{mm}$) 四个。

(3) 板框过滤机：为两套明流式板框过滤机和两套暗流式板框过滤机。

① 明流式过滤机，滤框内尺寸为 170mm×170mm，滤框厚度为 20mm。

过滤面积 $A=(0.17\times0.17-0.785\times0.07^2/2)\times2=0.054\text{m}^2$

滤框总容积 $=(0.17\times0.17-0.785\times0.07^2/2)\times0.02=0.00054\text{m}^3$

② 暗流式过滤机，滤框内尺寸为 118mm×118mm，滤框厚度为 38mm。

过滤面积 $A=(0.118\times0.118-0.785\times0.05^2)\times2=0.024\text{m}^2$

滤框总容积 $=(0.17\times0.17-0.785\times0.07^2)\times0.038=0.00095\text{m}^3$。

(4) 计量桶：两个量筒 (1000mL)。

(5) 秒表。

四、实验步骤

1. 准备工作

(1) 仔细了解板框压滤机的滤板，滤框的构造及滤板的排列顺序。过滤时滤液及洗涤时洗水流径的路线。

(2) 测量所用该块滤框的过滤面积。

(3) 检查各阀门的开启位置，并使其处于关闭状态。

(4) 按顺序排列滤板与滤框 (1—2—3—2—1—2—3…)。为了节省时间，实验时只用一组板框，因此要把其余组框用盲板 (橡胶垫) 同实验用的板框隔开。滤布应先湿透，然后安装。安装时滤布孔要对准滤板孔道，表面要拉平整，不能起皱。

(5) 配置滤浆。首先打开进水阀、溢流阀，使料浆管水位至溢流口时，关闭进水阀及溢流阀。然后启动空压机，打开压缩空气进口阀，使料浆罐内液体处于均匀搅拌状态，从加料口加入超轻碳酸钙，使其质量分数为 8%～10% 范围内，全开压力调节阀，封闭加料口。

(6) 准备好实验用的仪器及工具 (如秒表、量筒、温度计等)。

2. 实验工作

(1) 调节压缩机出口阀门及压力调节阀使料浆罐维持正常的操作压力（0.05MPa 或 0.1MPa 表压）。

(2) 将计量用量筒放置于滤液出口处，准备好秒表。

(3) 开启压滤机和滤浆管入口阀门以及滤液出口阀，操作过程中不断调节压力调节阀，恒定压力应以板框入口处压力表读数为准。

(4) 当有滤液流出时，开始记录时间，连续记录一定滤液量所需时间。开始时，滤液流量较大，可按每 1000mL 滤液量读取一个时间。当滤液流量减小时，可按每 500mL 或 200mL 滤液量读取一个时间。

(5) 当流速减慢，滤液呈滴状流出时，即可停止操作。关闭滤浆管入口阀门及滤液出口阀，开始进行洗涤操作。

(6) 将水放进洗涤罐，关闭进水阀。打开洗水压缩空气阀，维持洗涤压力和过滤压力一致，开启洗水进口阀，进行洗涤。洗水穿过滤渣后流入计量筒，同时记录时间。测取有关数据，记录 2 组洗涤数据。

(7) 洗涤完毕，关闭所有阀门，全开压力调节阀，待压力表读数为 0 时，旋开压紧螺杆，并将板框打开，卸出滤渣。清洗滤布，整理板框，重新组合，调节另一压力，进行下一次操作。

3. 结束工作

(1) 打开压缩空气吹堵阀。分别开启滤浆管入口阀，使管内滤浆吹入滤浆罐及板框内，以防堵塞管路。

(2) 卸除滤渣清洗滤布及实验现场。搞好清洁卫生和工作。

五、数据记录及处理

1. 列出实验原始数据表和数据整理表。

2. 绘出 $\frac{\Delta\theta}{\Delta q}$-$q$ 图。

3. 计算出 K、q_e、θ_e 之值。

4. 列出所得的过滤方程式。

5. 计算举例，并讨论实验结果。

六、思考题

1. 为什么过滤开始时，滤液常有浑浊，过一定时期才转清？

2. 滤浆浓度和过滤压强对 K 值有何影响？

3. 有哪些因素影响过滤速率？

4. Δq 取大些好，还是取小一些好？同一次实验，Δq 取得不同，所得出 K、q_e 之值会不会不同？做 $\frac{\Delta\theta}{\Delta q}$-$q$ 图时，q 值为什么取两时间间隔的平均值？

实验 32　精馏实验

一、实验目的

1. 熟悉精馏装置的流程及筛板精馏塔的结构。

2. 熟悉精馏塔的操作方法，通过操作掌握影响精馏操作的各因素之间的关系。

3. 掌握测定筛板精馏塔的全塔效率和单板效率的方法。

二、实验原理

1. 精馏塔的操作

精馏塔的性能与操作有关，实验中应严格维持物料平衡，正确选择回流比和塔釜加热量（塔的蒸气速度）。

（1）根据进料量及组成、产品的分离要求，维持物料平衡

① 总物料衡算　在精馏塔的操作中，物料的总进料量应恒等于总出料量，即

$$F = W + D \tag{5.14}$$

当总物料不平衡时，最终将导致破坏精馏塔的正常操作，如进料量大于出料量，将引起淹塔；而出料量大于进料量时，将引起塔釜干料。

② 各个组分的物料衡算　在满足总物料平衡的条件下，还应满足各个组成的物料平衡，即

$$F_{XFi} = W_{XWi} + D_{XDi} \tag{5.15}$$

由上两式联立求解可知，当进料量 F，进料组成 XFi，以及产品的分离要求 XDi，XWi 一定的情况下，必须严格保证馏出液 D 和釜液 W 的采出率为：

$$\frac{D}{F} = \frac{x_F - x_W}{x_D - x_W} \tag{5.16}$$

$$\frac{W}{F} = 1 - \frac{D}{F} \tag{5.17}$$

由上可知，如果塔顶采出率 D/F 过大，即使精馏塔有足够的分离能力，在塔顶也得不到规定的合格产品。

（2）选择适宜的回流比，保证精馏塔的分离能力

回流比的大小对精馏塔的尺寸有很大影响，但对已有的精馏塔而言，塔径和塔板数已定，回流比的改变主要影响产品的浓度、产量、塔效率及塔釜需要的加热量等。在塔板数一定的情况下，正常的精馏操作过程要有足够的回流比，才能保证一定的分离效果，获得合格产品。一般应根据设计的回流比严格控制回流量和馏出液量。

（3）维持正常的气液负荷量，避免发生以下不正常的操作状况

① 液泛　塔内气相靠压差自下而上逐板流动，液相靠重力自上而下通过降液管而逐板流动。显然，液体是自低压空间流至高压空间，因此，塔板正常工作时，降液管中的液面必须有足够的高度，才能克服塔板两侧的压降而向下流动。若气液两相之一的流量增大，使降液管内流体不能顺利下流，管内液体必然积累。当管内液体增高到越过溢流堰顶部时，两板间液体相连，该层塔板产生积液，并依次上升，最终是全塔充满液体，这种现象称为液泛，亦称淹塔。此时全塔操作被破坏。操作时应避免液泛发生。

当回流液量一定塔釜加热量过大时，上升蒸气量增加，气体穿过板上液层时造成两板间压降增大，使降液管内液体不能下流而造成液泛；当塔釜加热量一定而进料量或回流量过大时，降液管的截面不足以使液体通过，管内液面升高，也会发生液泛现象。因此操作时应随时调节塔釜加热量和进料量及回流量匹配。

② 雾沫夹带　上升气流穿过塔板上液层时，将板上液体带入上层塔板的现象成称为雾沫夹带。过量的雾沫夹带造成液相在塔板间的反混，进而导致塔板效率严重下降。

影响雾沫夹带量的因素主要是上升气速和塔板间距。气速增加，雾沫夹带量增大；塔板

间距增大，可使雾沫夹带量减小。

③ 漏液 在筛板精馏塔内，气液两相在塔板上应呈错流接触。但当气速较小时，部分液体会从筛孔处直接漏下，从而影响气液在塔板上的充分接触，使塔板效率下降。严重的漏液会使塔板上不能积液而无法正常操作。

2. 塔内不正常现象及调节方法

(1) 物料不平衡

① $D_{XDi} > F_{XFi} - W_{XWi}$

外观表现：塔釜温度合格而塔顶温度逐渐升高，塔顶产品不合格。

造成原因：塔顶产品与塔釜产品采出比例不当；进料中轻组分含量下降。

处理方法：如系产品采出比例不当造成此现象时，可采用不改变塔釜加热量，减小塔顶采出量，加大进料量和塔釜采出量的办法，使过程在 ($D_{XDi} < F_{XFi} - W_{XWi}$) 下操作一段时间，以补充塔内轻组分量，待塔顶温度逐步下降至规定值时，再调节操作参数使过程在 $D_{XDi} = F_{XFi} - W_{XWi}$ 下操作。如系进料组成改变，但变化量不大而造成此现象时，调节方法同上；若组成变化较大时，还需调节进料位置甚至改变回流量。

② $D_{XDi} < F_{XFi} - W_{XWi}$

外观表现：塔顶温度合格而塔釜温度下降，塔釜采出不合格。

造成原因：塔顶产品与塔釜产品采出比例不当；进料中轻组分含量升高。

处理方法：如系产品采出比例不当造成此现象时，可采用不改变回流量，加大塔顶采出量，同时相应调节塔釜加热量，适当减小进料量的办法，使过程在 ($D_{XDi} > F_{XFi} - W_{XWi}$) 下操作一段时间，待塔釜温度逐步升至规定值时，再调节操作参数使过程在 $D_{XDi} = F_{XFi} - W_{XWi}$ 下操作。如系进料组成改变，但变化量不大而造成此现象时，调节方法同上；若组成变化较大时，同样需调节进料位置甚至改变回流量。

(2) 分离能力不足

外观表现：塔顶温度升高，塔釜温度降低，塔顶、塔釜产品不合格。

采取措施：通过加大回流比来调节，即增加塔釜加热量和塔顶的冷凝量，使上升蒸气量和回流液量同时增加。注意此时增加回流比并不意味着产品流率 D 的减少，而且盲目增加回流比易发生雾沫夹带或其他不正常现象。

3. 塔效率

(1) 全塔效率

在板式精馏塔中，蒸气逐板上升，回流液逐板下降，气液两相在塔板上互相接触，实现传热和传质过程，从而使混合液得到分离。如果离开塔板的气液两相处于平衡状态，则该塔板称之为理论板。然而在实际操作中，由于塔板上气液两相接触时间和接触面积有限，离开塔板的气液两相组成不可能达到平衡状态，即一块实际塔板达不到一块理论塔板的分离效果。因此精馏塔所需要的实际塔板数总是多于理论塔板数。

全塔效率是筛板精馏塔分离性能的综合度量，它综合了塔板结构、物理性质、操作变量等诸因素对塔分离能力的影响。对于二元物系，如已知其气液平衡数据（x-y 图），则根据精馏塔的进料组成 X_F、进料温度 t_F（进料热状态）、塔顶馏出液组成 X_D、塔底釜液组成 X_W 及操作回流比 R，即可用图解法求出理论塔板数 N_P，再由求得的理论塔板数 N_P 与实验设备的实际塔板数 N_T 相比，即可得到该塔的全塔效率（或总板效率）E。

$$E = \frac{N_T}{N_P} \times 100\%$$

(5.18)

式中　N_T——理论塔板数；

　　　N_P——实际塔板数。

（2）单板效率

精馏塔的单板效率（默弗里效率）E_m是以气相（或液相）通过实际板的组成变化值与经过理论板的组成变化值之比来表示的。对任意的第 n 层塔板，单板效率可分别按气相组成或液相组成的变化来表示，以气相为例，则：

$$E_{mv} = \frac{y_n - y_{n+1}}{y_n^* - y_{n+1}} \tag{5.19}$$

式中　y_n——离开第 n 层板的气相组成（摩尔分数）；

　　　y_{n+1}——进入第 n 层板的气相组成（摩尔分数）；

　　　y_n^*——与离开第 n 层板的液相组成 x_n 成平衡的气相组成（摩尔分数）。

在本实验中，精馏塔的单板效率是在全回流状态下测定的，此时回流比 R 为无穷大，在 x-y 图上操作线与对角线相重合，操作线方程为 $y_{n+1} = x_n$，因此 $y_n = x_{n-1}$。实验中测得相邻两块板的液相组成 x_n、x_{n-1} 并在平衡曲线上找出与 x_n 相平衡的气相组成 y_n^* 代入上式即可求得 E_{mv}。

三、主要仪器及试剂

整套实验装置由塔体、塔釜、冷凝器、供液系统、回流系统、产品贮槽和仪表控制系统等部分组成。实验装置流程如图 5.9 所示。

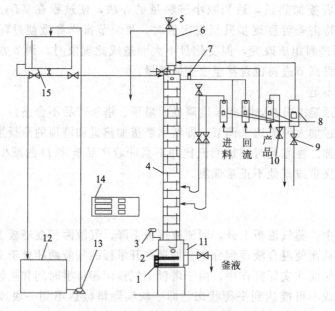

图 5.9　精馏装置流程图

1—电加热棒；2—塔釜；3—压力表；4—塔体；5—放空阀；6—冷凝器；7—铜电阻；8—转子流量计；
9—阀门；10—取样口；11—液位计；12—原料槽；13—磁力泵；14—仪表箱；15—高位槽

1 号精馏装置塔体由 15 块筛板组成，塔内径 50mm，板间距为 100mm，筛板厚度为 1mm，筛孔孔径 2mm，孔数 21 个，正三角形排列，溢流管直径 ϕ14mm×2mm，堰高 10mm；塔釜采用两个 1kW 电热棒加热，其中一个是常加热，另一个通过调压器在 0～1kW 范围内调节；塔顶冷凝器为盘管换热器，塔顶蒸气在盘管外冷凝。整个塔高 3.4m，材质为不锈钢。

2 号、3 号精馏装置塔体由 20 块筛板组成，塔内径 70mm，板间距为 100mm，筛板厚度为

2mm，筛孔孔径 2mm，孔数 46 个，正三角形排列，溢流管直径 ϕ14mm×2mm，堰高 15mm；塔釜温度采用智能程序控温仪监控，塔釜加热功率可在 0～4kW 范围内任意调节，另有 2kW 备用；塔顶冷凝器为套管换热器，塔顶蒸气在内管中间冷凝。整个塔高 5m，材质为不锈钢。

4 号装置为填料精馏塔，塔高 6m，塔径 150mm，采用新型不锈钢压延孔板波纹填料。

四套精馏塔的冷却水系统由厅外水池通过一台离心泵提供，水经过转子流量计进入塔顶冷凝器后再返回水池循环使用。原料配好后放于原料槽中，用一台不锈钢磁力泵打入高位槽中，然后分别供给四座精馏塔。每座筛板塔设计有两个进料口，可比较不同进料段对精馏分离过程的影响并适合不同的分离体系。在塔体不同部位安装有视筒段，可随时观察塔内的流体流动现象。筛板塔共用一个产品贮槽，贮槽上设有观察罩，可监测产品的流出情况，便于取样分析。进料、回流和产品流量分别经过不同的转子流量计计量，塔釜、塔顶和回流口温度通过铜电阻将电信号传送给数字测温仪表，随时显示不同部位的温度，塔釜压力采用微压差计监控。

本实验取样分析方法有：色谱分析法、液体相对密度分析法、折射率分析法。

四、实验步骤

1. 熟悉实验装置的结构和流程及被控制点，检查各阀门的开启位置是否适于操作。

2. 在原料槽中预先配置 15%～20%（体积分数）的乙醇-水溶液，开启不锈钢磁力泵将料液打入高位槽中；在塔釜中配置 3%～5%（体积分数）的乙醇-水溶液至规定液位（塔釜液位计高度的 2/3 处）。

3. 蒸馏釜通电加热。预热开始后要及时开启塔顶冷凝器的冷却水阀，并注意开启冷凝器上端的放气旋塞，排除不凝性气体。当釜液预热至沸腾后要注意控制加热量大小。

4. 进行全回流操作。回流阀全开，调节加热量大小维持塔釜压力表读数在 3～5kPa，塔顶温度在 78℃左右，塔顶有回流后即开始进入全回流操作。

5. 待全回流操作稳定后（约 20min）取样完毕即可转入精馏操作。开始加料并同时采出产品和残液。2 号、3 号塔进料量逐渐增加至 8～10L/h（1 号塔为 2～3L/h），同时注意调节产品采出量与进料量平衡，回流比保持在 2～3（回流阀全开，冷液回流应考虑回流液增量对回流比的影响）。釜底残液采出量由塔釜液位高度控制，维持液位高度不变（液位计的 2/3 高度）。

6. 操作过程中随时注意塔釜压力、塔顶温度、塔釜温度等操作参数的变化情况及塔板上的鼓泡状况，随时加以调节控制。

7. 塔釜压力、塔顶温度、塔釜液位及回流比恒定后，精馏操作即基本稳定。

8. 进行取样分析测定产品和残液的浓度，同时记录各转子流量计读数，塔釜、塔顶、回流温度及塔釜压力。所取样品测定相对密度（或折射率）换算成组成，测量时注意比重计的使用条件。

9. 测试结束，关闭加料阀和采出阀，切断塔釜加热电源，当塔釜压力接近零时关闭冷却水。

五、数据记录及处理

1. 根据乙醇-水溶液平衡数据绘出平衡曲线。

2. 根据实验数据绘图求出理论塔板数，计算全塔效率和单板效率。

3. 列出实验结果，写出典型数据的计算过程，分析和讨论实验现象。

六、思考题

1. 其他条件不变，只改变回流比对塔的性能有何影响？

2. 进料板的位置是否可以任意选择？它对塔的性能有何影响？

3. 查取进料液的汽化潜热时定性温度如何取？

4. 进料状态对精馏塔操作有何影响？确定 q 线需测定哪几个量？

5. 塔顶冷液回流对塔操作有何影响？

6. 利用本实验装置能否得到 98%（质量）以上的乙醇？为什么？

7. 全回流操作在生产中有何实际意义？

8. 精馏操作中为什么塔釜压力是一个重要参数？它与哪些因素有关？

9. 操作中增加回流比的方法是什么？能否采用减少塔顶出料量 D 的方法？

10. 本实验中，进料状况为冷态进料，当进料量太大时，为什么会出现精馏段干板，甚至出现塔顶既无回流也无出料的现象？应如何调节？

附录：回流液增量 ΔL 的计算方法

本实验回流液温度低于泡点，为冷液回流。当回流液进入塔顶第一块塔板上时，要吸收上升蒸气的热量而被加热到泡点。塔顶上升蒸气把热量传给回流液后自身被冷凝一部分和回流液一起加到第一块板上，这部分冷凝下来的蒸气量就是回流液增量 ΔL。因此整个回流量 $L=L_外+\Delta L$，实际回流比 $R=L/D$，$L_外$ 为回流流量计读数。

根据传热原理，冷回流液升温所需热量应等于蒸气冷凝所放出的热量，即：

$$Q=L_外 c_p (T_D - T_R) = \Delta L \gamma_D$$

式中　c_p——平均温度下回流液比热容；

　　　T_D——塔顶温度；

　　　T_R——回流液温度；

　　　γ_D——回流液汽化潜热。

乙醇-水溶液常压下平衡数据见表 5.5。

表 5.5　乙醇-水溶液常压下平衡数据

液相组成 乙醇摩尔分数/%	气相组成 乙醇摩尔分数/%	沸点 /℃	液相组成 乙醇摩尔分数/%	气相组成 乙醇摩尔分数/%	沸点 /℃
0	0	100	11.0	45.4	86.0
0.2	2.5	99.3	11.5	46.1	85.7
0.4	4.2	98.8	12.1	46.9	85.4
0.8	8.8	97.7	12.6	47.5	85.2
1.2	12.8	96.7	13.2	48.1	85.0
1.6	16.3	95.8	13.8	48.7	84.8
2.0	18.7	95.0	14.4	49.3	84.7
2.4	21.2	94.2	15.0	49.8	84.5
2.9	24.0	93.4	20.0	53.1	83.3
3.3	26.2	92.6	25.0	55.5	82.4
3.7	28.1	91.9	30.6	57.7	81.6
4.2	29.6	91.3	35.1	59.6	81.2
4.6	31.6	90.8	40.0	61.4	80.8
5.1	33.1	90.5	45.4	63.4	80.4
5.5	34.5	89.7	50.2	65.4	80.0
6.0	35.8	89.2	54.0	66.9	79.8
6.5	37.0	88.6	59.6	69.6	79.6
6.9	38.1	88.3	64.1	71.9	79.3
7.4	39.2	87.9	70.6	75.8	78.8
7.9	40.2	87.7	76.0	79.3	78.6
8.4	41.3	87.4	79.8	81.8	78.4
8.9	42.1	87.0	86.0	86.4	78.2
9.4	42.9	86.7	89.4	89.4	78.15
9.9	43.8	86.4	95.0	94.2	78.3
10.5	44.6	86.2	100	100	78.3

实验 33　填料吸收塔的操作和吸收系数的测定

一、实验目的

1. 了解填料吸收塔的结构、填料特性及吸收装置的基本流程。
2. 熟悉填料塔的流体力学性能。
3. 掌握气体吸收系数 KYa 的测定方法。
4. 了解空塔气速和液体喷淋密度对传质系数的影响。

二、实验原理

1. 填料塔流体力学特性

填料塔是一种重要的气液传质设备，其主体为圆柱形的塔体，底部有一块带孔的支撑板来支承填料，并允许气液顺利通过。支撑板上的填料有整堆和乱堆两种方式，填料分为实体填料和网体填料两大类，如拉西环、鲍尔环、θ 网环都属于实体填料。填料层上方有液体分布装置，可以使液体均匀喷洒在填料上。液体在填料中有倾向于塔壁的流动，故当填料层较高时，常将其分段，段与段之间设置液体再分布器，以利于液体的重新分布。

吸收塔中填料的作用主要是增加气液两相的接触面积，而气体在通过填料层时，由于克服摩擦阻力和局部阻力而导致了压强降 Δp 的产生。填料塔的流体力学特性是吸收设备的主要参数，它包括压强降和液泛规律。了解填料塔的流体力学特性是为了计算填料塔所需动力消耗，确定填料塔适宜操作范围以及选择适宜的气液负荷。填料塔的流体力学特性的测定主要是确定适宜操作气速。

在填料塔中，塔气速 u 的关系可用式 $\Delta p = u^{1.8 \sim 2.0}$ 表示。在双对数坐标系中为一条直线，斜率为 1.8～2.0。在有液体喷淋（$L \neq 0$）时，气体通过床层的压降除与气速和填料有关外，还取决于喷淋密度等因素。在一定的喷淋密度下，当气速小时，阻力与空塔速度仍然遵守 $\Delta p \propto u^{1.8 \sim 2.0}$ 这一关系。但在同样的空塔速度下，由于填料表面有液膜存在，填料中的空隙减小，填料空隙中的实际速度增大，因此床层阻力降比无喷淋时的值高。当气速增加到某一值时，由于上升气流与下降液体间的摩擦阻力增大，开始阻碍液体的顺利下流，以致填料层内的气液量随气速的增加而增加，此现象称为拦液现象，此点为载点，开始拦液时的空塔气速称为载点气速。进入载液区后，当空塔气速再进一步增大，则填料层内拦液量不断增高，到达某一气速时，气、液间的摩擦力完全阻止液体向下流动，填料层的压力将急剧升高，在 $\Delta p \propto u^n$ 关系式中，n 的数值可达 10 左右，此点称为泛点。在不同的喷淋密度下，在双对数坐标中可得到一系列这样的折线。随着喷淋密度的增加，填料层的载点气速和泛点气速下降。

本实验以水和空气为工作介质，在一定喷淋密度下，逐步增大气速，记录填料层的压降与塔顶表压的大小，直到发生液泛为止。

2. 体积吸收系数 KYa 的测定

在吸收操作中，气体混合物和吸收剂分别从塔底和塔顶进入塔内，气液两相在塔内逆流接触，使气体混合物中的溶质溶解在吸收质中，于是塔顶主要为惰性组分，塔底为溶质与吸收剂的混合液。反映吸收性能的主要参数是吸收系数，影响吸收系数的因素很多，其中有气体的流速、液体的喷淋密度、温度、填料的自由体积、比表面积以及气液两相的物理化学性质等。吸收系数不可能有一个通用的计算式，工程上常对同类型的生产设备或中间试验设备进行吸收系数的实验测定。对于相同的物料系统和一定的设备（填料类型与尺寸），吸收系数将随着操作条件及气液接触状况的不同而变化。

本实验用水吸收空气-氨混合气体中的氨气。氨气为易溶气体，操作属于气膜控制。在其他条件不变的情况下，随着空塔气速增加，吸收系数相应增大。当空塔气速达到某一值时，将会出现液泛现象，此时塔的正常操作被破坏。所以适宜的空塔气速应控制在液泛速度之下。

本实验所用的混合气中氨气的浓度很低（$<10\%$），吸收所得溶液浓度也不高，气液两相的平关系可以被认为服从亨利定律，相应的吸收速率方程式为：

$$G_A = KYa V_p \Delta Y_m \tag{5.20}$$

式中 G_A——单位时间在塔内吸收的组分量，kmol 吸收质/h；

      KYa——气相总体积吸收系数，kmol 吸收质/（m^3 填料·h）；

      V_p——填料层体积，m^3；

      ΔY_m——塔顶、塔底气相浓度差（$Y-Y^*$）的对数平均值，kmol 吸收质/kmol 惰性气体。

（1）填料层体积 V_p

$$V_p = \pi D_T^2 Z/4 \tag{5.21}$$

式中 D_T——塔内径，m；

      Z——填料层高度，m。

（2）G_A 由吸收塔的物料衡算求得

$$G_A = V(Y_1 - Y_2) \tag{5.22}$$

式中 V——空气流量，kmol/h；

      Y_1——塔底气相浓度，$kmol NH_3/kmol$ 空气；

      Y_2——塔顶气相浓度，$kmol NH_3/kmol$ 空气。

（3）标准状态下空气的体积流量 $V_{0空}$

$$V_{0空} = V_空 \times \frac{T_0}{p_0} \times \sqrt{\frac{p_1 p_2}{T_1 T_2}} \tag{5.23}$$

式中 $V_{0空}$——标准状态下空气的体积流量，m^3/h；

      $V_空$——转子流量计的指示值，m^3/h；

   T_0、p_0——标准状态下空气的温度和压强，273K、101.33kPa；

   T_1、p_1——标定状态下空气的温度和压强，293K、101.33kPa；

   T_2、p_2——操作状态下温度和压强，K、kPa。

（4）标准状态下氨气的体积流量 V_{0NH_3}

$$V_{0NH_3} = V_{NH_3} \times \frac{T_0}{p_0} \times \sqrt{\frac{\rho_{0空}}{\rho_{0NH_3}} \times \frac{p_2 p_1}{T_2 T_1}} \tag{5.24}$$

式中 V_{0NH_3}——转子流量计的指示值，m^3/h；

   T_0、p_0——标准状态下空气的温度和压强，273K、101.33kPa；

   T_1、p_1——标定状态下空气的温度和压强，293K、101.33kPa；

   T_2、p_2——操作状态下温度和压强，K、kPa；

     $\rho_{0空}$——标准状态下空气的密度，$1.293kg/m^3$；

   ρ_{0NH_3}——标准状态下氨气的密度，$0.771kg/m^3$。

（5）塔底气相浓度 Y_1 和塔顶气相浓度 Y_2

$$Y_1 = \frac{V_{0空}}{V_{0NH_3}} = \frac{n_{NH_3}}{n_空} \tag{5.25}$$

式中　n_{NH_3}——NH_3 的物质的量，mol；

　　　$n_空$——空气的物质的量，mol。

用一定浓度，一定体积的硫酸溶液分析待测气体，有：

$$n_{NH_3} = 2 \times M_{H_2SO_4} \times V_{H_2SO_4} \times 10^{-3} \tag{5.26}$$

式中　$M_{H_2SO_4}$——硫酸的物质的量浓度，mol/L；

　　　$V_{H_2SO_4}$——硫酸溶液体积，mL。

$$n_空 = \left(V_空 \times \frac{T_0}{p_0} \times \frac{p_2}{T_2}\right)/22.4 \tag{5.27}$$

式中　$V_空$——湿式气体流量计测出的空气体积，L；

　T_0、p_0——标准状态下的温度和压强，273K、101.33kPa；

　22.4——标准状态下一摩尔气体所占有的体积，L/mol。

则：

$$Y_2 = n_{NH_3}/n_空 \tag{5.28}$$

同样塔顶气相浓度 Y_2 也可通过取样分析来获得。

（6）平衡关系

$$Y^* = \frac{mX}{1+(1-m)X} \tag{5.29}$$

$$m = E/p \tag{5.30}$$

式中　m——相平衡常数；

　　　X——溶液浓度，kmol 吸收质/kmol 水；

　　　E——亨利系数，由表 5.6 中低含量（5%以下）氨水的亨利系数与温度的关系数据，用内插的方法获得，Pa；

　　　p——塔内混合气体总压（绝压），Pa。

$$p = 大气压 + 塔顶表压 + 填料层压降/2 \tag{5.31}$$

表 5.6　低含量（5%以下）氨水的亨利系数与温度关系数据

温度/℃	0	10	20	25	30	40
亨利系数($\times 10^{-5}$)/Pa	0.297	0.509	0.788	0.959	1.266	1.963

（7）塔底液相浓度 X_1，塔顶液相浓度 X_2

当吸收剂为纯水时，塔顶 $X_2 = 0$，而

$$X_1 = \frac{V}{L}(Y_1 - Y_2) \tag{5.32}$$

式中　V——空气流量，kmol/h；

　　　L——液体喷淋量，kmol/h；

　Y_1、Y_2——塔底、塔顶气相浓度，kmolNH_3/kmol 空气；

　　　X_1——塔底液相浓度，kmol/kmol 水。

因 $G_A = V(Y_1 - Y_2)$，故：

$$X_1 = \frac{G_A}{L} \tag{5.33}$$

$$L = \frac{V_水 \rho_水}{M_水} \tag{5.34}$$

式中　$V_水$——水的体积流量，m^3/h；

　　　$\rho_水$——水的密度，kg/m^3；

　　　$M_水$——水的摩尔质量，$18g/mol$。

（8）气相平均浓度差 ΔY_m

$$\Delta Y_m = \frac{(Y_1 - Y_1^*) - (Y_2 - Y_2^*)}{\ln \dfrac{Y_1 - Y_1^*}{Y_2 - Y_2^*}} \tag{5.35}$$

式中　Y_1^*——与 X_1 相平衡的气相浓度，$kmolNH_3/kmol$ 空气；

　　　Y_2^*——与 X_2 相平衡的气相浓度，$kmolNH_3/kmol$ 空气。

三、实验装置与流程

1. 实验流程

吸收装置流程如图 5.10 所示。

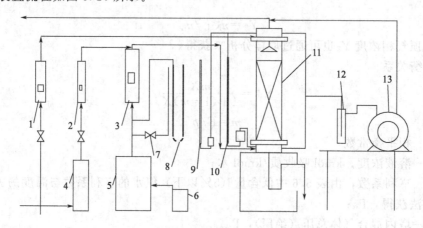

图 5.10　填料吸收塔实验装置流程图

1—水流量计；2—氨气流量计；3—空气流量计；4—氨缓冲罐；5—空气缓冲罐；6—气泵；7—放空阀
8—计前压差计；9—塔顶压差计；10—填料层压差计；11—吸收塔；12—吸收瓶；13—湿式气体流量计

实验装置由填料塔、微音气泵、液氨钢瓶、转子流量计、压差计（单管压差计、U 形管压差计）及气体分析系统构成。空气由气泵送出，由放空阀及空气流量调节阀配合调节流量后，经过转子流量计记录流量的大小，并与氨气混合，由塔底自下而上通过填料层。混合气在塔中经水吸收其中的氨后，尾气从塔顶排出。出口处装有尾气调节阀，用以维持塔顶具有一定的表压，以此作为尾气通过尾气分析装置的推动力。

氨气由液氨钢瓶供给，经氨气减压阀、流量调节阀后，经氨转子流量计记录流量的大小，之后进入空气管道，与空气混合形成混合气体从塔底入塔。水由泵房进入系统，经流量计记录流量后，在塔顶由液体分布器喷出，在吸收塔中与混合气体逆流接触，吸收其中的溶质，吸收液由塔底排出流入地沟。为了测量塔内压力和填料层压降，装有塔顶压差计和填料层压差计。

2. 主要设备及尺寸

（1）填料塔

有机玻璃塔内径：$D=120mm$

填料层高度：$Z=800\sim900\text{mm}$

填料：不锈钢 θ 网环及陶瓷拉西环。

规格：$\phi8\text{mm}$，$\phi10\text{mm}$，$\phi15\text{mm}$。

（2）DC-4 型微音气泵一台。

（3）一个 LZB40 气体流量计，流量范围 $0\sim60\text{m}^3/\text{h}$。一个 LZB15 气体流量计，流量范围 $0\sim2.5\text{m}^3/\text{h}$。一个 LZB15 液体流量计，流量范围 $0\sim160\text{L/h}$。

（4）一台 LML-2 型湿式气体流量计，容量 5L。

（5）三只水银温度计，规格 $0\sim100\text{℃}$。

四、实验步骤

1. 流体力学特性实验

（1）熟悉实验装置及流程，弄清各部分的作用，并记录各压差计的零位读数。

（2）检查气路系统。开风机之前必须全开放空阀，以免风机烧坏。检查转子流量计阀门是否关闭，以免风机开动转子突然上升将流量计管打破。

（3）启动风机，首先测定干填料阻力降与空塔气速的大小。注意不要开水泵，以免淋湿干填料。由气泵送气，经放空阀、流量调节阀配合调节流量从小到大变化，测量 $8\sim9$ 组数据，记录每次流量下的塔顶表压、填料层压降、流量大小、计前表压、温度等参数。

（4）开动供水系统，慢慢调节流量接近液泛，使填料完全润湿后再降到预定气速进行实验。

（5）测定湿填料压降，固定两个不同的液体喷淋量分别进行测定。每固定一个喷淋量，调节空气流量，从小到大测量 $8\sim9$ 组数据。并随时观察塔内的操作现象，记下发生液泛时的气体流量。发生液泛之后，再继续增加空气量，测取 2 组数据。

2. 体积吸收系数 KYa 的测定

（1）在流体力学特性测试实验的基础上，维持一个液体喷淋量。

（2）确定操作条件，包括空气流量、氨气流量，准备好气体浓度分析装置及其所用试剂，一切准备就绪后开动氨气系统。

（3）启动氨气系统。首先将液氨钢瓶上的自动减压阀的顶针松开（左旋为松开，右旋为拧紧），使自动减压阀处于关闭状态。然后打开氨气瓶阀，此时减压阀压力表显示瓶内压力的大小。然后略旋紧减压阀的顶针，用转子流量计调节氨流量至预定值。

（4）当空气、氨、水的流量计读数稳定后（$2\sim3\text{min}$），记录各流量计的读数、温度及各压差计的读数，并分析进塔和出塔气体浓度。

（5）气体浓度分析方法。用硫酸吸收气体中的氨，反应方程如下：

$$2NH_3 + H_2SO_4 \Longrightarrow (NH_4)_2SO_4$$

酸碱中和到达等当点时加有甲基橙指示剂的溶液变黄。

① 进气浓度。a. 迅速打开进气管路中的考克，让混合气通过吸收盒，再立即关闭此考克，以使待测气体的管路全部充满此气体。b. 取高浓度硫酸液 $2\sim3\text{mL}$ 放入分析瓶，用适当的蒸馏水冲洗瓶壁，再加入 $1\sim2$ 滴甲基橙指示剂。c. 打开进气管路中的考克，让气体流经分析瓶，吸收后的空气由湿式气体流量计来计量，待颜色刚刚变黄，关闭分析系统，记录气体体积量。注意考克的开度要适中，太大气流夹带吸收液，太小拖延分析时间，只要气体在吸收盒中连续不断地以气泡形式溢出就可以。

② 尾气浓度。取 $1\sim2\text{mL}$ 的低浓度硫酸溶液放入分析瓶中，重复上述步骤，每一步浓度重复分析两次。

（6）固定另一液体喷淋量，改变空气流量，保证气体吸收为低浓度气体吸收，重复上述操作，测定实验数据。

（7）实验完毕，首先关闭氨气系统，其次为水系统，最后停风机。

（8）整理好物品，做好清洁卫生工作。

五、数据记录及处理

1. 绘制原始数据表和数据整理表。

2. 计算不同空塔气速下填料层阻力，在双对数坐标中绘制塔内压强 $\Delta p/Z$ 与空塔气速 u 的关系图。

3. 计算一定喷淋量下不同气速下的体积传质系数 KYa 值。

4. 写出典型数据的计算过程，分析和讨论实验现象。

六、思考题

1. 测定吸收系数 KYa 和 u 关系曲线有何实际意义？

2. 测定曲线和吸收系数分别需测哪些量？

3. 试分析实验过程中气速对 KYa 和 $\Delta p/Z$ 的影响。

4. 当气体温度与吸收剂温度不同时，应按哪种温度计算亨利系数？

5. 分析实验结果：在其他条件不变的情况，增大气体流量（空气的流量），吸收率、吸收系数 KYa、传质单元数 N_{OG}、传质单元高度 H_{OG} 分别如何变化？是否与理论分析一致，为什么？

6. 在不改变进塔气体浓度的前提下，如何提高出塔氨水浓度？

7. 填料吸收塔塔底为什么必须设置液封管路？

实验 34　　洞道干燥实验

一、实验目的

1. 了解洞道式循环干燥器的基本流程、工作原理和操作技术。

2. 掌握恒定条件下物料干燥速率曲线的测定方法。

3. 测定湿物料的临界含水量 X_C，加深对其概念及影响因素的理解。

4. 熟悉恒速阶段传质系数 K_H、物料与空气之间的对流传热系数 α 的测定方法。

二、实验原理

干燥操作是采用某种方式将热量传给湿物料，使湿物料中水分蒸发分离的操作。干燥操作同时伴有传热和传质，而且涉及湿分以气态或液态的形式自物料内部向表面传质的机理。由于物料含水性质和物料形状上的差异，水分传递速率的大小差别很大。概括起来说，影响传递速率的因素主要有：固体物料的种类、含水量、含水性质，固体物料层的厚度或颗粒的大小，热空气的温度、湿度和流速，热空气与固体物料间的相对运动方式。目前尚无法利用理论方法来计算干燥速率（除了绝对不吸水物质外），因此研究干燥速率大多采用实验的方法。

干燥实验的目的是用来测定干燥曲线和干燥速率曲线。为简化实验的影响因素，干燥实验是在恒定的干燥条件下进行的，即实验为间歇操作，采用大量空气干燥少量的物料，且空气进出干燥器时的状态如温度、湿度、气速以及空气与物料之间的流动方式均恒定不变。

本实验以热空气为加热介质，甘蔗渣滤饼为被干燥物。测定单位时间内湿物料的质量变化，实验进行到物料质量基本恒定为止。物料的含水量常用相对于物料总量的水分含量，即以湿物料为基准的水分含量 ω 来表示。但因干燥时物料总量在变化，所以采用以干基料为基准的含水量 X 表示更为方便。ω 与 X 的关系为：

$$X = \frac{\omega}{1-\omega} \tag{5.36}$$

式中　X——干基含水量，kg 水/kg 绝干料；

　　　ω——湿基含水量，kg 水/kg 湿物料。

物料的绝干质量 G_C 是指在指定温度下物料放在恒温干燥箱中干燥到恒重时的质量。干燥曲线即物料的干基含水量 X 与干燥时间 τ 的关系曲线，它说明物料在干燥过程中，干基含水量随干燥时间变化的关系。物料的干燥曲线的具体形状因物料性质及干燥条件而变，但是曲线的一般形状，如图 5.11 所示，开始的一小段为持续时间很短、斜率较小的直线段 AB 段；随后为持续时间长、斜率较大的直线 BC；BC 段以后的一段为曲线 CD 段。直线与曲线的交接点 C 为临界点，临界点时物料的含水量为临界含水量 X_C。

干燥速率是指单位时间内被干燥物料的单位汽化面积上所汽化的水分量。干燥速率曲线是指干燥速率 U 对物料干基含水量 X 的关系曲线，如图 5.12 所示。干燥速率的大小不仅与空气的性质和操作条件有关，而且还与物料的结构及所含水分的性质有关，因此干燥曲线只能通过实验测得。从图 5.12 的干燥速率曲线可以明显看出，干燥过程可分为三个阶段：物料的预热阶段（AB 段）、恒速干燥阶段（BC 段）和降速干燥阶段（CD 段）。每一阶段都有不同的特点。湿物料因其有液态水的存在，将其置于恒定干燥条件下，则其表面温度逐步上升直到近似等于热空气的湿球温度 t_w，到达此温度之前的阶段称为预热阶段。预热阶段持续的时间最短。在随后的第二阶段中，由于表面存有液态水，且内部的水分迅速到达物料表面，物料的温度约等于空气的湿球温度 t_w。这时，热空气传给湿物料的热量全部用于水分的汽化，蒸发的水量随时间成比例增加，干燥速率恒定不变。此阶段也称为表面汽化控制阶段。在降速阶段中，物料表面已无液态水的存在，物料内部水分的传递速率低于物料表面水分的汽化速率，物料表面变干，温度开始上升，传入的热量因此而减少且传入的热量部分消耗于加热物料，因此干燥速率很快降低，最后达到平衡含水量为止。在此阶段中，干燥速率为水分在物料内部的传递速率所控制，又称之为内部迁移控制阶段。其中恒速阶段和降速阶段的交点为临界点 C，此时的对应含水量为临界含水量 X_C。影响恒速阶段的干燥速率 U_C 和临界含水量 X_C 的因素很多。测定干燥速率曲线的目的是掌握恒速阶段干燥速率和临界含水量的测定方法及其影响因素。

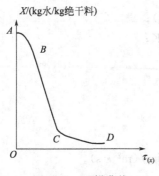

图 5.11　干燥曲线

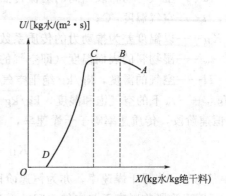

图 5.12　干燥速率曲线

1. 干燥速率

根据干燥速率的定义：

$$U = \frac{\mathrm{d}w'}{S\mathrm{d}\tau} \approx \frac{\Delta w}{S\Delta \tau} \tag{5.37}$$

式中　U——干燥速率，kg 水/(m² · s)；

　　　S——干燥面积，m²；

　　$\Delta\tau$——时间间隔，s；

　　Δw——$\Delta\tau$ 时间间隔内汽化水分的质量，kg。

2. 物料的干基含水量

$$X = \frac{G' - G_C}{G_C} \tag{5.38}$$

式中　X——物料的干基含水量，kg 水/kg 绝干料；

　　G_C——绝干物料的质量，kg；

　　G'——固体湿物料的质量，kg。

从式（5.37）可以看出，干燥速率 U 为 $\Delta\tau$ 时间内的平均干燥速率，故其对应的物料含水量也为 $\Delta\tau$ 时间内的平均含水量 $X_平$：

$$X_平 = \frac{(X_i + X_{i+1})}{2} \tag{5.39}$$

式中　$X_平$——$\Delta\tau$ 时间间隔内的平均含水量，kg 水/kg 绝干料；

　　X_i——$\Delta\tau$ 时间间隔开始时刻湿物料的含水量，kg 水/kg 绝干料；

　　X_{i+1}——$\Delta\tau$ 时间间隔终了时刻湿物料的含水量，kg 水/kg 绝干料。

3. 恒速阶段传质系数 K_H 的求取

传热速率　　　　$$\frac{\mathrm{d}Q}{S\mathrm{d}\tau} = \alpha(t - t_w) \tag{5.40}$$

传质速率　　　　$$\frac{\mathrm{d}w}{S\mathrm{d}\tau} = K_H(H_{S,tw} - H) \tag{5.41}$$

式中　Q——热空气传给湿物料的热量，kJ；

　　τ——干燥时间，s；

　　S——干燥面积，m²；

　　w——由湿物料汽化至空气中的水分质量，kg；

　　α——空气与物料表面间的对流传热系数，kW/ (m² · ℃)；

　　t——空气温度，℃；

　K_H——以温度差为推动力的传质系数，kg/(m² · s)；

　　t_w——湿物料的表面温度（即空气的湿球温度），K；

　　H——空气的湿度，kg/kg 绝干空气；

$H_{S,tw}$——t_w 下的空气饱和湿度，kg/kg 绝干空气。

恒速阶段，传质速率等于干燥速率，即：

$$K_H = \frac{U_C}{H_{S,tw} - H} \tag{5.42}$$

式中　U_C——临界干燥速率，亦为恒速阶段干燥速率，kg/(m² · s)。

4. 恒速阶段物料表面与空气之间的对流传热系数 α

恒速阶段由传热速率与传质速率之间的关系得：

$$\alpha = \frac{U_C r_{tw}}{t - t_w} \tag{5.43}$$

式中　r_{tw}——t_w 下水的汽化潜热，kJ/kg。

用式 (5.43) 求出的 α 为实验测量值，α 的计算值可用对流传热系数关联式估算：

$$\alpha = 0.0143 L^{0.8} \tag{5.44}$$

式中　L——空气的质量流速，kg/(m² · s)。

应用条件：物料静止，空气流动方向平行于物料的表面。L 的范围为 0.7～8.5kg/(m² · s)，空气温度为 45～150℃。

质量流速 L 可通过孔板与单管压差计来测量，空气的体积流量 V_S 由下式计算：

$$V_S = C_0 k_1 k_2 A_0 \sqrt{2g(R/10^3)\frac{\rho_A - \rho_1}{\rho}} \tag{5.45}$$

式中　V_S——流径孔板的空气体积流量，m³/s；

　　　C_0——管内径 $D_i = 106$mm 时 $C_0 = 0.6805$，管内径 $D_i' = 100$mm 时 $C_0' = 0.6655$；

　　　k_1——黏度校正系数，取 $k_1 = 1.014$；

　　　k_2——管壁粗糙度校正系数，$k_2 = 1.009$；

　　　A_0——孔截面积，$A_0 = 3.681 \times 10^{-3}$m²；

　　　R——单管压差计的垂直指示值，mm；

　　　ρ_A——压差计指示液密度，kg/m³，20℃ 695mmHg (1mmHg=133.322Pa) 时，水的密度为 998.5kg/m³；

　　　ρ_1——压差计指示液上部的空气密度，kg/m³，20℃ 695mmHg 时，空气的密度 $\rho = 1.293 \times \frac{p_a}{760} \times \frac{273}{T} = 1.1$kg/m³；

　　　ρ——流经孔板的空气密度，kg/m³；通常以风机的出口状态计。

风机的出口状态为 4mmHg（表压），风机的出口温度为 T。当大气压等于 695mmHg 时：

$$\rho = 1.293 \times \frac{695 + 4}{760} \times \frac{273}{T} = \frac{325}{T} \tag{5.46}$$

式中　T——风机的出口温度，K。

当 $C_0 = 0.6805$ 时 $V_S = 0.000638 \sqrt{RT}$

当 $C_0' = 0.6655$ 时 $V_S = 0.000616 \sqrt{RT}$

空气的质量流速：

$$L = \frac{V_S \times \rho}{A} \tag{5.47}$$

式中　L——空气的质量流速，kg/(m² · s)；

　　　A——干燥室流通截面积，m²。

当 $A = 0.15 \times 0.2 = 0.03$m²，$C_0 = 0.6805$ 时，$L = 6.91 \sqrt{\frac{R}{T}}$；

当 $A = 0.15 \times 0.2 = 0.03$m²，$C_0' = 0.6655$ 时，$L' = 6.67 \sqrt{\frac{R}{T}}$。

三、实验装置与流程

1. 实验流程

本实验采用洞道式循环干燥器，流程示意图如图 5.13 所示。空气由风机输送，经孔板

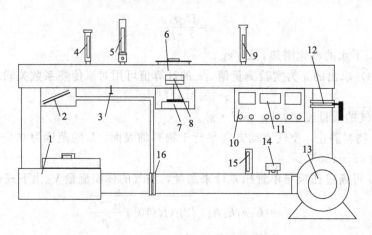

图 5.13　洞道式循环干燥器流程图

1—加热室；2—压差计；3—铜电阻；4—干燥室前温度计；5—湿球温度计；6—干燥室；

7—电子天平；8—物料架；9—干燥室后温度计；10—仪表箱；11—控温仪；12—蝶阀；

13—风机；14—放气阀；15—风机出口温度计；16—孔板流量计

流量计、电加热室流入干燥室，然后返回风机循环使用。由风机的电机与管路进口管的缝隙补充一部分新鲜空气，由风机出口管上的放气阀放空一部分循环空气以保持系统湿度恒定。电加热室由铜电阻及智能程序控温仪来控制温度，使进入干燥室的空气的温度恒定。干燥室前方装有干、湿球温度计，风机出口及干燥室后也装有温度计，用以确定干燥室内的空气状态。空气流速由蝶阀来调节。注意任何时候该阀都不能全关，避免空气不流通而烧坏电加热器。

2. 主要设备尺寸

该装置共四套：

（1）孔板 1 号～3 号：管内径 $D=106\text{mm}$，孔径 $d_0=68.46\text{mm}$，孔流系数 $C_0=0.6805$。孔板 4 号：管内径 $D=100\text{mm}$，孔径 $d_0=68.46\text{mm}$，孔流系数 $C_0=0.6805$。

（2）干燥室尺寸：$0.15\text{m}\times0.20\text{m}$。

（3）电加热室共有三组电加热器，每一组功率为 1000W。其中一组与热电阻、数显控温仪相连来控制温度。另两组通过开关手动控制，此两组并配有 5A 的电流表，以监检测电加热器是否正常工作。

（4）电子天平：型号为 JY600-1，量程为 0～600g，感量为 0.1g。

四、实验步骤

1. 接通电源，开启电子天平。预热 30min，调零备用。

2. 将烘箱烘干的试样置于电子天平上称量，记下该绝干物的质量 G_C。

3. 用钢尺量取物料的长度、宽度和厚度。

4. 将物料加水均匀润湿，使用水量约为 2.5 倍绝干物质量 G_C。

5. 开启风机，调节蝶阀至预定风速值，调节程序控温仪约为 85℃，而后打开加热棒开关（三组全开）。待温度接近于设定温度，视情况加减工作电热棒数目。待稳定后，让其自行运行。调节进风量的多少，并适当开启排气阀，用以维持实验过程湿球温度计指示值基本不变。观察水分蒸发情况，及时向湿球温度计补充水。

6. 待各温度计温度指示值稳定一段时间后，将湿物料放入干燥室内，记录起始湿物料质量，同时启动秒表开始计时。

7. 每隔 2min 记录一个质量，直到蒸发的水量非均匀的下降，改为 2.5min 记录一个质量，记录 2～3 个数据。以后约 3min 记录一个质量，直到试样几乎不在失重为止，表明此时所含水分为平衡水分。

8. 实验结束，依次关闭电子天平、加热棒、风机开关。

9. 取出物料，整理好物品，做好清洁卫生工作。

五、数据记录及处理

1. 根据实验数据整理、绘制干燥速率曲线（$U-X$）；

2. 确定物料的临界含水量 X_C 及平衡含水量 X^*；

3. 计算恒速阶段的传质系数 K_H、热空气与物料间的对流传热系数 α；

4. 讨论实验结果。

六、思考题

1. 为什么在操作中要先开鼓风机送气，而后通电加热？

2. 如果气流温度不同时，干燥速率曲线有何变化？

3. 试分析在实验装置中，将废气全部循环可能出现的后果？

4. 某些物料在热气流中干燥，希望热气流相对湿度要小；某些要在相对湿度较大的热气流中干燥，为什么？

5. 物料厚度不同时，干燥速率曲线又如何变化？

6. 湿物料在 70～80℃ 的空气流中经过相当长时间的干燥，能否得到绝干物料？

第六章　综合实验

实验 35　流体力学综合阻力实验 A

一、实验前介绍

综合阻力实验台（图 6.1）为流体力学综合性多用途教学实验装置。为双台型，可供两组学生同时进行实验。利用本装置可进行下列实验：

1. 沿程阻力实验。
2. 局部（阀门）阻力实验。
3. 孔板流量计流量系数测定实验。
4. 文丘里流量计流量系数测定实验。

二、实验装置

实验台的结构简图如图 6.1 所示。它主要由沿程阻力实验管路 1、局部（阀门）阻力实验管路 2、孔板流量计实验管路 3 和文丘里流量计实验管路 4 等四路实验管所组成，并有水泵及其驱动电机 5，塑料贮水箱 6，有机玻璃回水水箱及计量水箱 7（实测流量时用）、压差显示板 8（图 6.1 中未示出）和一些闸门组成的实验水循环系统和压差显示系统等，双台实验装置安装在一个底架 9 和管道支架 10 上。

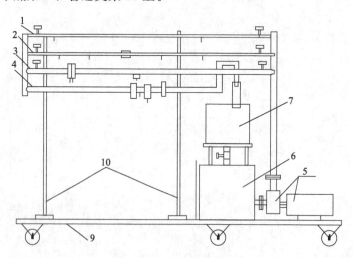

图 6.1　实验台结构简图

文丘里实验管路为所有其他实验管路共用的出流通道。

三、工业应用

以水泥工业的预热预分解系统为例：对于预热器系统来说，系统的阻力损失直接关系到能耗问题，因此在设计时就要充分考虑到局部阻力和沿程阻力等，所以了解这两种阻力的性质、可能出现的情况以及如何减少这类损失等知识是很有必要的。对于其他生产工艺来说都是同样的重要。

在生产中经常要对系统的稳定运行进行热工标定，即测定管道内的流体速度，以检测系统是否正常稳定运行，并依此数据进行调节。这就会用到流量计和毕托管等测定流体速度，所以掌握其操作方法对科学研究和指导生产都有着重要的意义。

（Ⅰ）沿程阻力实验

一、实验目的

1. 测定流体在等直流管中流动状态下，不同雷诺数 Re 时的沿程阻力系数，并确定它们之间的关系。

2. 了解流体在管道中流动时能量损失的测量和计算方法。

二、实验方法和操作

1. 实验前的准备。

① 熟悉实验装置中用于沿程阻力实验的具体结构及流程。

② 进行沿程阻力实施管路流体循环系统的试运转，并进行系统的排气处理；关闭局部阻力实验管路和孔板流量计（及毕托管）实验管路两端进水阀门和出水阀门，开启沿程阻力实验管路上两端的进水阀门（从水泵出口进水）和出水阀门；使沿程阻力实验管路和文丘里实验管路及其流体的出口和回水水箱（或计量水箱）形成沿程阻力实验系统的循环回路，然后启动水泵，用沿程阻力实验管路两端的阀门来调节流量（一般可开大进水阀门，再用出水阀门来控制和调节实验流量）。实验系统形成正常的水循环后，应仔细排除实验管路中，也包括导压胶管中存留的空气，以提高测试精度。

③ 用玻璃温度计测出实验水温。

2. 实验测试

① 调节沿程阻力实验管路的出水阀门，先选定较小的流量，使沿程阻力实验系统的相应两根测压管所显示的压差 Δh 约 200mm H_2O(1mmH_2O＝9.80665Pa)，以这个压差为起始测试点。并在此工况下用计量水箱和秒表测量出相应的水流流量 Q_0。

② 然后逐次适量开大出水阀门的开度，逐次测读相应的阻力压差 Δh_i 和流量 Q_i。建议实验做 6～10 个试验点，直至阻力压差达到接近最高的允许水柱高度为止。

③ 实验数据处理

实验测试数据和计算所得结果可填入表 6.1 中。

根据达西公式，即可求出沿程阻力系数 λ：

$$\lambda = \frac{2gd\Delta h}{Lu^2} \tag{6.1}$$

相应的雷诺数 Re：

$$Re = \frac{ud}{\nu} \tag{6.2}$$

式中　d——阻力试验管内径，m，本试验管内径 d＝16mm；

　　　L——试验管道测试段长度，m；

　　　g——重力加速度，m/s^2；

Δh——测试段的沿程水头损失，$\Delta h = h_1 - h_2$，mH_2O（$1mH_2O = 9806.65Pa$）；

u——实验工况下管道中流体的平均流速，m/s；

ν——水的运动黏度，m^2/s，可查表或从水的黏温曲线上求得。

表 6.1 沿程阻力实验数据表

序号	流速及流量				测压管指示			沿程阻力系数 λ	雷诺数 Re
	接水总量 V/m^3	接水时间 t/s	体积流量 $Q/(m^3/s)$	平均流速 $u/(m/s)$	h_1/m	h_2/m	沿程损失 $\Delta h/m$		
1									
2									
3									
4									
5									
6									
7									
8									
9									
10									

注：$d=$　　m；$L=$　　m；水温　　℃。

可根据测算得到的 Re 和 λ 值，在双对数坐标纸上标绘出两者的关系点和关系曲线，并可与教材上的曲线相比较，作出分析和讨论。

（Ⅱ）局部阻力实验

一、实验目的

掌握用实验方法测定阀门管件在流体流经管路时的局部阻力系数 ζ。

二、实验方法和操作

实验方法和操作与上述沿程阻力实验基本相同，只是换用带有四个测压口的局部阻力实验管路系统测出阀门（球阀）的局部阻力损失 Δh_j，然后计算出阀门的局部阻力系数 ζ。

阀门局部阻力试验管路如图 6.2 所示。测试时，为了消除沿程阻力的影响，先测出 $h_I - h_{IV} = \Delta h_1$ 和 $h_{II} - h_{III} = \Delta h_2$ 两个 $E_净$ 来，再用计算的方法求得只是阀门局部所引起的阻力损失 Δh_j：

$$\Delta h_j = 2\Delta h_2 - \Delta h_1$$

三、试验数据处理

试验测试数据和计算结果可填入表 6.2 中。

阀门局部的阻力系数可由下式求得：

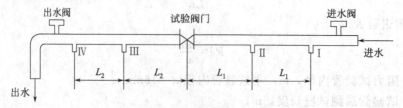

图 6.2　阀门局部阻力试验管路

$$\zeta = 2g \times \Delta h_j / u^2 \tag{6.3}$$

式中　g——重力加速度，m/s^2；

　　　Δh_j——局部水头损失，m；

　　　u——管路中流体的平均流速，m/s。

在不同的球阀开度（全开、30°、45°）下，测得相应的局部水头损失，从而可以获得相应的局部阻力系数 ζ。

表 6.2　阀门局部阻力实验数据表

阀门开度		流量及流速				测压管水头/m				局部水头损失/m	局部阻力系数	备注
		接水体积 V/m^3	接水时间 t/s	体积流量 $Q/(m^3/s)$	平均流速 $u/(m/s)$	h_I	h_{II}	h_{III}	h_{IV}	Δh_j	ζ	
全开	1											
	2											
	3											
30°	1											
	2											
	3											
45°	1											
	2											
	3											

四、思考题

1. 沿程阻力损失的大小与哪些因素有关？

2. 分析发生局部阻力损失的主要部位在哪里？工程中怎样减小局部阻力损失？

实验 36　流体力学综合阻力实验 B

（孔板流量计和文丘里流量计流量系数的测定）

一、实验目的

测定（标定）孔板流量计和文丘里流量计的流量系数。

二、实验方法和步骤

1. 实验前的准备

① 熟悉实验装置中用于流量计流量系数测定实验的具体结构及其流程。

② 进行实验管路系统的预运转，并进行系统的排气处理。

关闭沿程阻力实验管路和局部阻力实验管路两侧的进水阀门和出水阀门，打开孔板流量计（及毕托管）实验管路的进、出水阀门，使孔板流量计实验管路和文丘里实验管路及其流体的出流口和回水水箱（或计量水箱）等形成的孔板流量计和文丘里管共同测试系统的循环回路，然后启动水泵，用孔板流量计实验管路两侧的阀门来调节系统的流量（一般可开大进水阀门，再利用出水阀门来调节和控制整个系统的流量）。系统形成水循环后，应排除实验系统中（包括测压胶管中）存在的空气。

2. 进行测试

① 调节孔板流量计实验管路中的出水阀门，先选定较小的流量，从孔板流量计和文丘里管的相应两组测压管上显示出较小的压差，以这个流量作为起始点，同时用计量水箱和秒

表测量相应的流量。

② 然后，逐次开大出水阀门的开度，并逐次测读出相应两个流量计的两组测压管的压差水头，同时逐次用计量水箱法测出相应的流量。

建议实验做 4～6 个实验点。

三、实验数据处理

实验测试数据和计算结果可填入表 6.3 中。

表 6.3　流体流量测定结果实验数据表

序号	接水体积 V/m^3	接水时间 t/s	实际流量 $Q_1/(m^3/s)$	孔板			文丘里		
				压差 $\Delta h'/m$	理论流量 $Q_2'/(m^3/s)$	流量系数 $/\mu'$	压差 $\Delta h''/m$	理论流量 $Q_2''/(m^3/s)$	流量系数 μ''
1									
2									
3									
4									
5									
6									

实际流量 Q_1（m^3/s）：

$$Q_1 = \frac{V}{t}$$

由测定时间内水箱中水的体积变化来确定。

理论流量 Q_2（m^3/s）：

$$Q_2 = \frac{\pi d_2^2}{4}\sqrt{\frac{2g}{1-\left(\dfrac{d_2}{d_1}\right)}} \times \sqrt{\Delta h} = K \times \sqrt{\Delta h} \tag{6.4}$$

式中　K——流量计系数，$m^{2.5}/s$。

$$K = \frac{\pi d_2^2}{4}\sqrt{\frac{2g}{1-\left(\dfrac{d_2}{d_1}\right)}} \tag{6.5}$$

式中　d_1——流量计管径，m；

　　　d_2——孔板流量计的孔径或文丘里流量计的喉部直径，m。

故流量计的流量系数：

$$\mu = \frac{Q_1}{Q_2}$$

对于精确制造的文丘里流量计，其 μ 一般在 0.95～0.98。对于孔板流量计，有文献指出：

$$Q_2 = C_D K \sqrt{\Delta h}$$

式中，C_D 为孔板流量计的推出系数，与直径 d_2/d_1 有关，并与雷诺数 Re 有关，由实验知，当流过孔口的雷诺数 $Re>30000$ 后，其 C_D 值不随 d_2/d_1 而变，均可取其值为 0.61，即：

$$Q_2 = 0.61 K \sqrt{\Delta h}$$

四、思考题

1. 工程中测定流体速度时，应注意哪些问题？

2. 对于圆形管道来说，如何确定测点分布？

实验 37 综合传热性能实验

综合传热性能实验是将干饱和蒸汽通过一组实验铜管在空气中散热而使蒸汽冷凝为水的实验装置。由于铜管的外表状态及空气流动情况不同，管子的凝水量也不同，通过单位时间内凝水量的多少，可以观察和分析影响传热的诸多因素，并且可以计算出每根管子的总传热系数 K 值。

一、实验目的

1. 对比六种不同管子的传热原理，了解影响传热的各种因素。
2. 掌握传热系数的测定方法及计算方法。

二、装置简介

实验装置由电热蒸汽发生器、一组表面状态不同（光管、涂黑、镀铬、管外加翅片以及两只用不同保温材料保温）的六根铜管、配汽管、冷凝水蓄水池（可计量）及支架等组成。强制通风时，配有一台可移动的风机，用它来对管子吹风。因而，实验台可以进行自然对流和强迫对流的传热实验。通过实验，分析影响传热过程的因素，从而建立起影响传热因素的初步认识和概念。

实验管径外径：$d = 0.022m$。

实验管计算长度：自然对流时 $L = 0.75m$；强迫对流时 $L = 0.5 m$（风筒长度）。

最大蒸汽压力：0.25MPa。

三、实验方法及步骤

1. 打开电热蒸汽发生器的供水阀，然后从底部的给水阀门（兼排污）往蒸汽发生器的锅炉加水，当水面达到水位计的三分之二高处时，关闭给水阀门。

2. 打开蒸汽发生器上的电热器开关（手动、自动）指示灯亮，蒸汽发生器加热。待电接点压力表达到要求压力时（事先按需要用螺丝刀调定）。电接点压力表动作（断电）。此时，将手动开关关掉，由电接点压力表控制继电器，使加热器按一定范围进行加热，以供实验所需的蒸汽量。

3. 打开配汽管上的所有阀门（或按实验需要打开其中几个阀门）和玻璃蓄水器下方的放水阀。然后，打开供汽阀缓慢向被试管内送汽（送汽压力略高于实验压力），预热整个实验系统，并将系统内的空气排净。

4. 待蓄水器下部放水阀向外排出蒸汽一段时间后关闭全部放水阀门，预热完毕。此时，要调节配汽管底部放水阀门使其微微冒气，以排出在胶管内的凝水。调节送气压力，即可开始实验。为防止玻璃蓄水器破坏，建议实验压力为 0.2MPa，最大不超过 0.25MPa。

5. 作自然对流实验时，将蓄水器下部的放水阀全部关闭，注视蓄水器内的水位变化，待水位上升至"0"位时开始计时（如实验多根管子，只要在开始时计时，记下每根蓄水器水位读数即可），实验正式开始，待凝水水位达到一定高度时，记下供汽时间和凝水量。

6. 如果进行强迫对流实验，放掉积存在蓄水器及管路中的水。开动风机对被试管路进行强迫通风，实验方法同上。

7. 实验完毕后，关闭电源，打开所有放水阀、放汽阀、待水排净后再将所有阀门关闭，并切断电源和水源。

四、传热系数的计算

所有的被试管均以基管（铜管）表面积为准，则：

传热面积（m²） $F=\pi d l$ (6.6)

传热量（W） $Q=G\times r\times 1000$ (6.7)

总传热系数 [W/（m²·℃）] $K=Q/F\Delta t$ (6.8)

$$G=\frac{hg_s}{1000\tau\times 60}\quad \text{或}\quad G=\frac{V\gamma}{1000\tau\times 60}\quad (6.9)$$

式中 d——铜管外径，$d=0.022$m；

   l——被试管长度，自然对流时 $l=0.75$m，强迫对流时 $l=0.5$m（风筒长度）；

   G——凝结水量，kg/s；

   r——汽化潜热，当 $p=0.2$MPa 时，$r=2243$kJ/kg；

   h——蓄水器的水位高度，cm；

   g_s——每格的凝结水量，g/cm；

   τ——供汽时间，min；

   V——凝结水的体积，mL；

   γ——凝结水密度，kg/m³；

   Δt——管内外温差，$\Delta t=t_i-t_f$，℃。

当 $p=0.2$MPa 时，$t_i=105$℃（饱和温度），t_f 为实验时的室内温度。

五、实验数据处理

将实验原始数据记录在表 6.4 中，并按照上面的公式计算各量，将计算结果填写在相应的栏内。

表 6.4 实验数据表

空气流动情况	管子状况	凝水水位		时间 τ/min	凝结水体积 V/mL	凝结水量 G/(kg/s)	传热量 Q/W	传热面积 F/m²	总传热系数 K/[W/(m²·℃)]
		初高 /mL	终高 /mL						
自然对流	翅片管								
	光管								
	涂黑管								
	镀铬管								
	锯末保温管								
	玻璃丝保温管								
强迫对流	翅片管								
	光管								
	涂黑管								
	镀铬管								
	锯末保温管								
	玻璃丝保温管								

六、思考题

1. 举例说明日常生活中哪些换热形式属于自然对流换热和强迫对流换热？

2. 归纳总结影响对流换热的因素有哪些？

附　　录

附录1　法定计量单位制的单位

单位类别	量的名称	单位名称	单位符号		其他表示式
			中文	国际	
基本单位	长度	米	米	m	
	质量	千克(公斤)	千克(公斤)	kg	
	时间	秒	秒	s	
	电流	安[培]	安	A	
	热力学温度	开[尔文]	开	K	
	物质的量	摩[尔]	摩	mol	
	发光强度	坎[德拉]	坎	cd	
辅助单位	平面角	弧度	弧度	rad	
	立体角	球面度	球面度	sr	
导出单位	面积	平方米	米^2	m^2	
	比面积	平方米每千克	米^2·千克$^{-1}$	m^2·kg^{-1}	
	体积	立方米	米^3	m^3	
	比体积	立方米每千克	米^3·千克$^{-1}$	m^3·kg^{-1}	
	速度	米每秒	米·秒$^{-1}$	m·s^{-1}	
	加速度	米每二次方秒	米·秒$^{-2}$	m·s^{-2}	
	密度	千克每立方米	千克·米$^{-3}$	kg·m^{-3}	
	频率	赫[兹]	赫	Hz	s^{-1}
	力;重力	牛[顿]	牛	N	kg·m·s^{-2}
	力矩	牛顿米	牛·米	N·m	kg·m^2·s^{-2}
	压力,压强;应力	帕[斯卡]	帕	Pa	N·m^{-2}
	能量;功;热量	焦[尔]	焦	J	N·m
	功率;辐射通量	瓦[特]	瓦	W	J·s^{-1}
	电荷[量]	库[仑]	库	C	A·s
	电位;电压;电动势	伏[特]	伏	V	W·A^{-1}
	电容	法[拉]	法	F	C·V^{-1}
	电阻	欧[姆]	欧	Ω	V·A^{-1}
	电导	西[门子]	西	S	A·V^{-1}
	电感	亨[利]	亨	H	Wb·A^{-1}
	电场强度	伏特每米	伏·米$^{-1}$	V·m^{-1}	
	介电常数(电容率)	法拉每米	法·米$^{-1}$	F·m^{-1}	
	磁通量	韦[伯]	韦	Wb	V·s

续表

单位类别	量的名称	单位名称	单位符号 中文	单位符号 国际	其他表示式
导出单位	磁通量密度,磁感应强度	特[斯拉]	特	T	$Wb \cdot m^{-2}$
	摄氏温度	摄氏度	摄氏度	℃	
	光通量	流[明]	流	lm	$cd \cdot sr$
	光照度	勒[克斯]	勒	lx	$lm \cdot m^{-2}$
	[动力]黏度	帕[斯卡]秒	帕·秒	$Pa \cdot s$	
	表面张力	牛[顿]每米	牛·米$^{-1}$	$N \cdot m^{-1}$	$kg \cdot s^{-2}$
	比热容	焦[耳]每千克开[尔文]	焦·千克$^{-1}$·开$^{-1}$	$J \cdot kg^{-1} \cdot K^{-1}$	$m^2 \cdot s^{-2} \cdot K^{-1}$
	热导率(导热系数)	瓦[特]每米开[尔文]	瓦·米$^{-1}$·开$^{-1}$	$W \cdot m^{-1} \cdot K^{-1}$	
	放射性活度	贝可[勒尔]	贝可	Bq	s^{-1}
	吸收剂量	戈[瑞]	戈	Gy	$J \cdot kg^{-1}$
	剂量当量	希[沃特]	希	Sv	$J \cdot kg^{-1}$

附录2　单位换算表

序号	物理量	物理量符号	定义式	我国法定单位	米制工程单位	备注
1	质量	m		kg 1 9.807	$kgf \cdot s^2/m$ 0.1020 1	
2	温度	T 或 t		K $T = t + T_0$	℃ $t = T - T_0$	$T_0 = 273.15K$
3	力	F	ma	N 1 9.807	kgf 0.1020 1	
4	压强	p	F/A	Pa 1 9.807×10^4	at 或 kgf/cm^2 1.0197×10^{-5} 1	$1atm = 1.033at$ $= 1.033 \times 10^4 \, kgf/m^2$ $= 1.013 \times 10^5 \, Pa$
5	密度	ρ	m/V	kg/m^3 1 9.807	$kgf \cdot s^2/m^4$ 0.1020 1	
6	能量 功量 热量	W 或 Q	Fr 或 $\Phi\tau$	J 1 4.187×10^3	kcal 2.388×10^{-4} 1	
7	功率 热流量	P 或 Φ	W/τ 或 Φ/τ	W 1 9.807 1.163	kgf·m/s　kcal/h 0.1020　0.8598 1　8.429 0.1186　1	
8	比热容	c	$Q/(m\Delta t)$	$J/(kg \cdot K)$ 1 4.187×10^3	$kcal/(kg \cdot ℃)$ 2.388×10^{-4} 1	

附录 3　基本物理量

名　称	符　号	数值和单位
万有引力常量	G	6.6720×10^{-11} N·m^2·kg^{-2}
标准重力加速度	g	9.80665 m·s^{-2}
水在 0℃时的密度	$\rho(H_2O)$	999.973kg·m^{-3}
汞在 0℃时的密度	$\rho(Hg)$	13595.04kg·m^{-3}
水的比热容	$c(H_2O)$	4184 J·kg^{-1}·K^{-1}
冰的溶解热	$\lambda(H_2O)$	333464.8 J·kg^{-1}
水在 100℃时的汽化热	$L(H_2O)$	2255176 J·kg^{-1}
标准状态下声音在空气中的速度	v	331.46 m·s^{-1}
干燥空气的密度(标准状态下)	$\rho(空气)$	1.293kg·m^{-3}
冰点的热力学温度(标准温标零度)	T_0	273.15K
标准大气压	p_0	1atm；1.01325×10^5Pa
标况下理想气体的摩尔体积	V_{mol}	22.41383×10^{-3} m^3·mol^{-1}
阿伏加德罗常数	N_A	6.022045×10^{23} mol^{-1}
摩尔气体常量	R	8.3144 J·mol^{-1}·K^{-1}
玻耳兹曼常量	$k = R/N_A$	1.380662×10^{-23} J·K^{-1}
真空中的光速	c	2.99792458×10^8 m·s^{-1}
普朗克常量	h	6.626176×10^{-34} J·s
电子静止质量	m_e	9.109534×10^{-31}kg
原子质量单位	u	$1.6605655 \times 10^{-27}$kg
质子静止质量	m_p	$1.6746485 \times 10^{-27}$kg
中子静止质量	m_n	1.67261×10^{-27}kg
电子荷质比	e/m_e	1.7588047×10^{11} C·kg
斯特藩-玻耳兹曼常量	σ	5.6697×10^{-3} W·m^{-2}·K^{-4}
基本电荷电量	e	$1.6021892 \times 10^{-19}$ C
真空中介电常数(电容率)	ε_0	8.854188×10^{-12} F·m^{-1}
真空中的磁导率	μ_0	12.566371×10^{-7} N·A^{-2}
波尔磁子	μ_B	9.274078×10^{-24} J·T^{-1}
电子磁矩	μ_e	$9.2848832 \times 10^{-24}$ J·T^{-1}
法拉第常数	$F = eN_A$	9.648456×10^4 C·mol^{-1}

附录 4　干空气的热物理参数

$t/℃$	$\rho/(\text{kg/m}^3)$	c_p /[kJ/(kg·K)]	$\lambda \times 10^2$ /[W/(m·K)]	$a \times 10^6$ /(m^2/s)	$\eta \times 10^6$ /(Pa·s)	$\nu \times 10^6$ /(m^2/s)	Pr
−50	1.584	1.013	2.04	12.7	14.6	9.23	0.728
−40	1.515	1.013	2.12	13.8	15.2	10.04	0.728
−30	1.453	1.013	2.20	14.9	15.7	10.80	0.723
−20	1.395	1.009	2.28	16.2	16.2	11.61	0.716
−10	1.342	1.009	2.36	17.4	16.7	12.43	0.712
0	1.293	1.005	2.44	18.8	17.2	13.28	0.707
10	1.247	1.005	2.51	20.0	17.6	14.16	0.705

续表

$t/℃$	$\rho/(kg/m^3)$	c_p /[kJ/(kg·K)]	$\lambda\times10^2$ /[W/(m·K)]	$a\times10^6$ /(m²/s)	$\eta\times10^6$ /(Pa·s)	$\nu\times10^6$ /(m²/s)	Pr
20	1.205	1.005	2.59	21.4	18.1	15.06	0.703
30	1.165	1.005	2.67	22.9	18.6	16.00	0.701
40	1.128	1.005	2.76	24.3	19.1	16.96	0.699
50	1.093	1.005	2.83	25.7	19.6	17.95	0.698
60	1.060	1.005	2.90	27.2	20.1	18.97	0.696
70	1.029	1.009	2.96	28.6	20.6	20.02	0.694
80	1.000	1.009	3.05	30.2	21.1	21.09	0.692
90	0.972	1.009	3.13	31.9	21.5	22.10	0.690
100	0.946	1.009	3.21	33.6	21.9	23.13	0.688
120	0.898	1.009	3.34	36.8	22.8	25.45	0.686
140	0.854	1.013	3.49	40.3	23.7	27.80	0.684
160	0.815	1.017	3.64	43.9	24.5	30.09	0.682
180	0.779	1.022	3.78	47.5	25.3	32.49	0.681
200	0.746	1.026	3.93	51.4	26.0	34.85	0.680
250	0.674	1.038	4.27	61.0	27.4	40.61	0.677
300	0.615	1.047	4.60	71.6	29.7	48.33	0.674
350	0.566	1.059	4.91	81.9	31.4	55.46	0.676
400	0.524	1.068	5.21	93.1	33.0	63.09	0.678
500	0.456	1.093	5.74	115.3	36.2	79.38	0.687
600	0.404	1.114	6.22	138.3	39.1	96.89	0.699
700	0.362	1.135	6.71	163.4	41.8	115.4	0.706
800	0.329	1.156	7.18	188.8	44.3	134.8	0.713
900	0.301	1.172	7.63	216.2	46.7	155.1	0.717
1000	0.277	1.185	8.07	245.9	49.0	177.1	0.719
1100	0.257	1.197	8.50	276.2	51.2	199.3	0.722
1200	0.239	1.210	9.15	316.5	53.5	233.7	0.724

附录 5　烟气的物理参数

$t/℃$	ρ /(kg/m³)	c_p /[kJ/(kg·K)]	$\lambda\times10^2$ /[W/(m·K)]	$a\times10^6$ /(m²/s)	$\eta\times10^6$ /(Pa·s)	$\nu\times10^6$ /(m²/s)	Pr
0	1.295	1.042	2.28	16.9	15.8	12.20	0.72
100	0.950	1.068	3.13	30.8	20.4	21.54	0.69
200	0.748	1.097	4.01	48.9	24.5	32.80	0.67
300	0.617	1.122	4.84	69.9	28.2	45.81	0.65
400	0.525	1.151	5.70	94.3	31.7	60.38	0.64
500	0.457	1.185	6.56	121.1	34.8	76.30	0.63
600	0.405	1.214	7.42	150.9	37.9	93.61	0.62
700	0.363	1.239	8.27	183.8	40.7	121.1	0.61
800	0.330	1.264	9.15	219.7	43.4	131.8	0.60
900	0.301	1.290	10.00	258.0	45.9	152.5	0.59
1000	0.275	1.306	10.90	303.4	48.4	174.3	0.58
1100	0.267	1.323	11.75	345.5	50.7	197.1	0.57
1200	0.240	1.340	12.62	392.4	53.0	221.0	0.56

注：本表是指烟气在压力等于101325Pa（76mmHg）时的物性参数。烟气中组成气体的容积成分（体积分数）为：$\varphi_{CO_2}=13\%$，$\varphi_{H_2O}=11\%$，$\varphi_{N_2}=76\%$

附录6 饱和水的热物理参数

$t/℃$	$p×10^{-5}$ /Pa	ρ /(kg/m³)	h' /(kJ/kg)	$c_p/[kJ/(kg·K)]$	$\lambda×10^2/[W/(m·K)]$	$a×10^8$ /(m²/s)	$\eta×10^6$ /(Pa·s)	$\nu×10^6$ /(m²/s)	$\alpha_V×10^4$ /K⁻¹	$\sigma×10^4$ /(N/m)	Pr
0	0.00611	999.9	0	4.212	55.1	13.1	1788	1.789	−0.81	756.4	13.67
10	0.012270	999.7	42.04	4.191	57.4	13.7	1306	1.306	0.87	741.6	9.52
20	0.02338	998.2	83.91	4.183	59.9	14.3	1004	1.006	2.09	726.9	7.02
30	0.04241	995.7	125.7	4.174	61.8	14.9	801.5	0.805	3.05	712.2	5.42
40	0.07375	992.2	167.5	4.174	63.5	15.3	653.3	0.659	3.86	696.5	4.31
50	0.12335	988.1	209.3	4.174	64.8	15.7	549.4	0.556	4.57	676.9	3.54
60	0.19920	983.1	251.1	4.179	65.9	16.0	469.9	0.478	5.22	662.2	2.98
70	0.3116	977.8	293.0	4.187	66.8	16.3	406.1	0.415	5.83	643.5	2.55
80	0.4736	971.8	355.0	4.195	67.4	16.6	355.1	0.365	6.40	625.9	2.21
90	0.7011	965.3	377.0	4.208	68.0	16.8	314.9	0.325	6.96	607.2	1.95
100	1.013	958.4	419.1	4.220	68.3	16.9	282.5	0.295	7.50	588.6	1.75
110	1.43	951.0	461.4	4.233	68.5	17.0	259.0	0.272	8.04	569.0	1.60
120	1.98	943.1	503.7	4.250	68.6	17.1	237.4	0.252	8.58	548.4	1.47
130	2.70	934.8	546.4	4.266	68.6	17.2	217.8	0.233	9.12	528.8	1.36
140	3.61	926.1	589.1	4.287	68.5	17.2	201.1	0.217	9.68	507.2	1.26
150	4.76	917.0	632.2	4.313	68.4	17.3	186.4	0.203	10.26	486.6	1.17
160	6.18	907.0	675.4	4.346	68.3	17.3	173.6	0.191	10.87	466.0	1.10
170	7.92	897.3	719.3	4.380	67.9	17.3	162.8	0.181	11.52	443.4	1.05
180	10.03	886.9	763.3	4.417	67.4	17.2	153.0	0.173	12.21	422.8	1.00
190	12.55	876.0	807.8	4.459	67.0	17.1	144.2	0.165	12.96	400.2	0.96
200	15.55	863.0	852.5	4.505	66.3	17.0	136.4	0.158	13.77	376.7	0.93
210	19.08	852.3	897.7	4.555	65.5	16.9	130.5	0.153	14.67	354.1	0.91
220	23.20	840.3	943.7	4.614	64.5	16.6	124.6	0.148	15.67	331.6	0.80
230	27.98	827.3	990.2	4.681	63.7	16.4	119.7	0.145	16.80	310.0	0.88
240	33.48	813.6	1037.5	4.756	62.8	16.2	114.8	0.141	18.08	285.5	0.87
250	39.78	799.0	1085.7	4.844	61.8	15.9	109.9	0.137	19.55	261.9	0.86
260	46.94	784.0	1135.1	4.949	60.5	15.6	105.9	0.135	21.27	237.4	0.87
270	55.05	767.9	1185.3	5.070	59.0	15.1	102.0	0.133	23.31	214.8	0.88
280	64.19	750.7	1236.8	5.230	57.4	14.6	98.1	0.131	25.79	191.3	0.90
290	74.45	732.3	1290.0	5.485	55.8	13.9	94.2	0.129	28.84	168.7	0.93
300	85.92	712.5	1344.9	5.736	54.0	13.2	91.2	0.128	32.73	144.2	0.97
310	98.70	691.1	1402.2	6.071	52.3	12.5	88.3	0.128	37.85	120.7	1.03
320	112.90	667.1	1462.1	6.574	50.6	11.5	85.3	0.128	44.91	98.10	1.11
330	128.65	640.2	1526.2	7.244	48.4	10.4	81.4	0.127	55.31	76.71	1.22
340	146.08	610.1	1594.8	8.165	45.7	9.17	77.5	0.127	72.10	56.70	1.39
350	165.37	574.4	1671.4	9.504	43.0	7.88	72.6	0.126	103.7	38.16	1.60
360	186.74	528.0	1761.5	13.984	39.5	5.36	66.7	0.126	182.9	20.21	2.35
370	210.53	450.5	1892.5	40.321	33.7	1.86	56.9	0.126	676.7	4.709	6.79

注：表中 α_V（体膨胀系数）值选自 Steam tables in SI units, 2nd Ed, Ed bu Grigull. U et al. Springer verlag, 1984.

附录 7　干饱和水蒸气的热物理参数

$t/℃$	$p×10^{-5}$ /Pa	ρ'' /(kg/m³)	h'' /(kJ/kg)	r /(kJ/kg)	c_p /[kJ/(kg·K)]	$\lambda×10^2$ /[W/(m·K)]	$a×10^3$ /(m²/h)	$\eta×10^6$ /(Pa·s)	$\nu×10^6$ /(m²/s)	Pr
0	0.00611	0.004847	2501.6	2501.6	1.8543	1.83	7313.0	8.022	1655.01	0.815
10	0.01227	0.009396	2520.0	2477.7	1.8594	1.88	3881.3	8.424	896.54	0.831
20	0.02338	0.01729	2538.0	2454.3	1.8661	1.94	2167.2	8.84	509.90	0.847
30	0.04241	0.03037	2556.5	2430.9	1.8744	2.00	1265.1	9.218	303.53	0.863
40	0.07375	0.05116	2574.5	2407.0	1.8853	2.06	768.45	9.620	188.04	0.883
50	0.12335	0.08302	2592.0	2382.7	1.8987	2.12	483.59	10.022	120.72	0.896
60	0.19920	0.1302	2609.6	2358.4	1.9155	2.19	315.55	10.424	80.07	0.913
70	0.3116	0.1982	2626.8	2334.1	1.9364	2.25	210.57	10.817	54.57	0.930
80	0.4736	0.2933	2643.5	2309.0	1.9615	2.33	145.53	11.219	38.25	0.947
90	0.7011	0.4235	2660.3	2283.1	1.9921	2.40	102.22	11.621	27.44	0.966
100	1.0130	0.5977	2676.2	2257.1	2.0281	2.48	73.57	12.023	20.12	0.984
110	1.4327	0.8265	2691.3	2229.9	2.0704	2.56	53.83	12.425	15.03	1.00
120	1.9854	1.122	2705.9	2202.3	2.1198	2.65	40.15	12.798	11.41	1.02
130	2.7013	1.497	2719.7	2173.8	2.1763	2.76	30.46	13.170	8.80	1.04
140	3.614	1.967	2733.1	2144.1	2.2408	2.85	23.28	13.543	6.89	1.06
150	4.760	2.548	2745.3	2113.1	2.3142	2.97	18.10	13.896	5.45	1.08
160	6.181	3.260	2756.6	2081.3	2.3974	3.08	14.20	14.249	4.37	1.11
170	7.920	4.123	2767.1	2047.8	2.4911	3.21	11.25	14.612	3.54	1.13
180	10.027	5.160	2776.3	2013.0	2.5958	3.36	9.03	14.965	2.90	1.15
190	12.551	6.397	2784.2	1976.6	2.7126	3.51	7.29	15.298	2.39	1.18
200	15.549	7.864	2790.9	1938.5	2.8428	3.68	5.92	15.651	1.99	1.21
210	19.077	9.593	2796.4	1898.3	2.9877	3.87	4.86	15.995	1.67	1.24
220	23.198	11.62	2799.7	1856.4	3.1497	4.07	4.00	16.338	1.41	1.26
230	27.976	14.00	2801.8	1811.6	3.3310	4.30	3.32	16.701	1.19	1.29
240	33.478	16.76	2802.2	1764.7	3.5366	4.54	2.76	17.073	1.02	1.33
250	39.776	19.99	2800.6	1714.5	3.7723	4.84	2.31	17.446	0.873	1.36
260	46.943	23.73	2796.4	1661.3	4.0470	5.18	1.94	17.848	0.752	1.40
270	55.058	28.10	2789.7	1604.8	4.3735	5.55	1.63	18.280	0.651	1.44
280	64.202	33.19	2780.5	1543.7	4.7675	6.00	1.37	18.750	0.565	1.49
290	74.461	39.16	2767.5	1477.5	5.2528	6.55	1.15	19.270	0.492	1.54
300	85.927	46.19	2751.1	1405.9	5.8632	7.22	0.96	19.839	0.430	1.61
310	98.700	54.54	2730.2	1327.6	6.6503	8.02	0.80	20.691	0.380	1.71
320	112.89	64.60	2703.8	1241.0	7.7217	8.65	0.62	21.691	0.336	1.94
330	128.63	76.99	2670.3	1143.8	9.3613	9.61	0.48	23.093	0.300	2.24
340	146.05	92.76	2626.0	1030.8	12.2108	10.70	0.34	24.692	0.266	2.82
350	165.35	113.6	2567.8	895.6	17.1504	11.90	0.22	26.594	0.234	3.83
360	186.75	144.1	2485.3	721.4	25.1162	13.70	0.14	29.193	0.203	5.34
370	210.54	201.1	2342.9	452.6	81.1025	16.60	0.04	33.989	0.169	15.7
374.15	221.20	315.5	2107.2	0.0	∞	23.79	0.0	44.992	0.143	∞

附录 8　空气的相对湿度表

干球温度计温度/℃	0.6	1.1	1.7	2.2	2.8	3.3	3.9	4.4	5.0	5.6	6.1	6.7	7.2	7.8	8.3	8.9	9.4	10.0	10.6	11.1	11.7	12.2	12.8
23.9	96	91	87	82	78	74	70	66	63	59	55	51	48	44	41	38	34	31	28	25	22	—	—
24.4	96	91	87	83	78	74	70	67	63	59	55	52	48	45	42	38	35	32	29	26	23	—	—
25.0	96	91	87	83	79	75	71	67	63	60	56	52	49	46	42	39	36	33	30	27	24	—	—
25.6	96	91	87	83	89	75	71	67	64	60	57	53	59	46	43	40	37	34	31	28	25	—	—
26.1	96	91	87	83	79	75	71	68	64	60	57	54	50	47	44	41	37	34	31	29	26	—	21
27.7	96	91	87	83	79	76	72	68	64	61	57	54	51	47	44	41	38	35	32	29	27	24	23
27.8	96	92	88	84	80	76	72	69	65	62	58	55	52	49	46	43	40	37	34	31	28	25	23
28.9	96	92	88	84	80	77	73	70	66	63	59	56	53	50	47	44	41	38	35	32	30	27	23
30.0	96	92	88	85	81	77	73	70	66	63	60	57	54	51	48	45	42	39	37	34	31	29	23
31.1	96	92	88	85	81	78	74	71	69	64	61	58	55	52	48	46	43	41	38	35	32	39	23
32.2	96	92	89	85	81	78	75	71	68	65	62	59	56	53	50	47	44	42	39	37	34	32	29
33.3	96	92	89	85	82	79	75	72	70	65	62	59	57	54	51	48	45	43	40	38	35	33	30
34.4	96	93	89	86	82	79	75	72	60	66	63	60	57	54	52	49	40	44	41	39	36	34	32
35.6	96	93	89	86	82	79	76	73	70	67	64	61	58	55	53	50	47	45	42	49	37	35	33
36.7	96	93	89	86	83	79	76	73	70	67	64	61	59	56	53	51	48	46	43	41	39	36	34
37.8	96	93	90	86	83	80	77	74	71	68	65	62	59	57	54	52	59	47	44	42	40	37	35
38.9	96	93	90	86	83	80	77	74	71	68	66	63	60	57	55	52	50	47	45	43	41	38	36
40.1	96	93	90	86	84	80	77	74	72	69	66	63	61	58	56	53	51	48	46	44	41	39	37
41.1	96	93	90	87	84	81	78	75	72	69	66	64	61	59	56	54	51	49	47	45	42	40	38

干湿球温度计的温度差/℃　　空气的相对湿度　%

续表

干球温度计温度/℃ \ 干湿球温度计的温度差/℃（空气的相对湿度）	0.6	1.1	1.7	2.2	2.8	3.3	3.9	4.4	5.0	5.6	6.1	6.7	7.2	7.8	8.3	8.9	9.4	10.0	10.6	11.1	11.7	12.2	12.8
42.2	96	93	90	87	84	81	78	75	72	70	67	64	62	59	57	54	52	50	47	45	43	41	39
43.3	97	94	90	87	84	81	78	76	73	70	67	65	62	60	57	55	53	50	48	46	44	42	40
44.4	97	94	90	87	84	82	79	76	73	70	68	66	63	60	58	56	53	51	49	47	45	43	41
45.6	97	94	91	88	85	82	79	76	74	71	68	66	63	61	59	56	54	52	50	48	45	43	41
46.7	97	94	91	88	85	82	79	77	74	71	69	66	64	61	59	57	55	52	50	48	46	44	42
47.8	97	94	91	88	85	82	79	77	74	72	69	67	64	61	60	57	55	53	51	49	47	47	43
48.9	97	94	91	88	85	82	80	77	74	72	69	67	65	62	60	58	56	54	51	49	47	47	44
50.0	97	94	91	88	85	83	80	78	75	72	70	67	65	63	61	58	56	54	52	50	48	48	44
51.1	97	94	91	88	86	83	80	78	75	73	70	68	65	63	61	59	57	55	53	51	49	48	45
52.2	97	94	91	89	86	85	80	78	75	73	71	68	66	64	62	59	57	55	53	51	49	47	46
53.3	97	94	91	89	86	86	81	78	76	73	71	69	66	64	62	60	58	56	54	52	50	48	46
54.3	97	94	92	89	86	84	81	79	76	73	71	69	67	65	62	60	58	56	54	52	50	49	47
55.6	97	94	92	89	86	84	81	79	76	74	72	69	67	65	63	61	59	57	55	53	51	49	47
56.7	97	94	92	89	86	84	81	79	77	74	72	70	67	66	63	61	59	57	55	53	51	50	48
57.8	97	94	92	89	87	84	82	79	77	74	73	70	68	66	64	61	59	58	56	54	52	50	49
58.9	97	94	92	89	87	84	82	79	77	75	73	70	68	66	64	61	60	58	56	55	52	51	49
60.0	97	94	92	89	87	84	82	79	77	75	73	70	68	66	64	62	60	58	56	55	52	51	49

附录 9　几种保温、耐火材料的热导率与温度的关系

材料名称	材料最高允许温度/℃	密度 $\rho/(kg/m^3)$	热导率 $\lambda/[W/(m \cdot K)]$
超细玻璃棉毡、管	400	18～20	$0.033+0.00023t$ [①]
矿渣棉	550～600	350	$0.0674+0.000215t$
水泥蛭石制品	800	420～450	$0.103+0.000198t$
水泥珍珠岩制品	600	300～400	$0.0651+0.000105t$
膨胀珍珠岩制品	1000	55	$0.0424+0.000137t$
岩棉保温板	560	118	$0.027+0.00017t$
岩棉玻璃布缝板	600	100	$0.0314+0.000198t$
A级硅藻土制品	900	500	$0.0395+0.00019t$
B级硅藻土制品	900	550	$0.0477+0.0002t$
粉煤灰泡沫砖	300	500	$0.099+0.0002t$
微孔硅酸钙	560	182	$0.044+0.0001t$
微孔硅酸钙制品	650	≥250	$0.041+0.0002t$
耐火黏土砖	1350～1450	1800～2040	$(0.7～0.84)+0.00058t$
轻质耐火黏土砖	1250～1300	800～1300	$(0.29～0.41)+0.00026t$
超轻质耐火黏土砖	1150～1300	540～610	$0.093+0.00016t$
超轻质耐火黏土砖	1100	270～330	$0.058+0.00017t$
硅砖	1700	1900～1950	$0.93+0.0007t$
镁砖	1600～1700	2300～2600	$2.1+0.00019t$
铬砖	1600～1700	2600～2800	$4.7+0.00017t$

①t 表示材料的平均温度。

附录 10　常用材料表面的法向发射率 ε_n

材料名称及表面状态	温度/℃	ε_n	材料名称及表面状态	温度/℃	ε_n
铝:高度抛光,纯度98%	200～600	0.04～0.06	铸铁,氧化的	40～260	0.57～0.68
工业用铝板	100	0.09	不锈钢,抛光的	40	0.07～0.17
严重氧化的	100～500	0.2～0.33	银:抛光的或蒸镀的	40～540	0.01～0.03
黄铜:高度抛光的	260	0.03	锡:光亮的镀锡铁皮	40	0.04～0.06
无光泽的	40～260	0.22	锌:镀锌,灰色的	40	0.28
氧化的	40～260	0.46～0.56	铂:抛光的	230～600	0.05～0.1
铬:抛光板	40～550	0.08～0.27	铂带	950～1600	0.12～0.17
铜:高度抛光的电解铜	100	0.02	铂丝	30～1200	0.036～0.19
轻微抛光的	40	0.12	水银	0～100	0.09～0.12
氧化变黑的	40	0.76	砖:粗糙红砖	40	0.88～0.93
金:高度抛光的纯金	100～600	0.02～0.035	耐火黏土砖	500～1000	0.80～0.90
钢铁:铁,抛光的	40～260	0.07～0.1	木材	40	0.80～0.90
钢板,轧制的	40	0.65	石棉:板	40	0.96
钢板,严重氧化的	40	0.80	石棉水泥	40	0.96
铸铁,抛光的	200	0.21	石棉瓦	40	0.97
铸铁,新车削的	40	0.44	碳:灯黑	40	0.95～0.97

续表

材料名称及表面状态	温度/℃	ε_n	材料名称及表面状态	温度/℃	ε_n
石灰砂浆:白色、粗糙	40~260	0.87~0.92	油漆:各种油漆	40	0.92~0.96
黏土:耐火黏土	100	0.91	白色喷漆	40	0.80~0.95
土壤(干)	20	0.92	光亮黑漆	40	0.90
土壤(湿)	20	0.95	纸:白纸	40	0.95
混凝土:粗糙表面	40	0.94	粗糙屋面焦油纸毡	40	0.90
玻璃:平板玻璃	40	0.94	橡胶:硬质的	40	0.94
派力克斯铅玻璃	260~540	0.95~0.85	雪	−12~−7	0.82
瓷:上釉的	40	0.93	水:厚度 0.1mm 以上	40	0.96
石膏	40	0.80~0.90	人体皮肤	32	0.98
大理石:浅灰,磨光的	40	0.93			

附录 11　铂铑$_{10}$-铂热电偶电动势分度表

分度号:S(热电偶自由端温度为0℃)

工作端温度/℃	0	1	2	3	4	5	6	7	8	9
	E/mV									
0	0.000	0.005	0.011	0.016	0.022	0.028	0.033	0.039	0.044	0.050
10	0.056	0.061	0.067	0.073	0.078	0.084	0.090	0.096	0.102	0.107
20	0.113	0.119	0.125	0.131	0.137	0.143	0.149	0.155	0.161	0.167
30	0.173	0.179	0.185	0.191	0.198	0.204	0.210	0.216	0.222	0.229
40	0.235	0.241	0.247	0.254	0.260	0.266	0.273	0.279	0.286	0.232
50	0.299	0.305	0.312	0.318	0.325	0.331	0.338	0.344	0.351	0.357
60	0.364	0.371	0.377	0.384	0.391	0.397	0.404	0.411	0.418	0.425
70	0.431	0.438	0.445	0.452	0.459	0.466	0.473	0.479	0.486	0.493
80	0.500	0.507	0.514	0.521	0.528	0.535	0.543	0.550	0.557	0.564
90	0.571	0.578	0.585	0.593	0.600	0.607	0.614	0.621	0.629	0.636
100	0.643	0.651	0.658	0.665	0.673	0.680	0.687	0.694	0.702	0.709
110	0.717	0.724	0.732	0.739	0.747	0.754	0.762	0.769	0.777	0.784
120	0.792	0.800	0.807	0.815	0.823	0.830	0.838	0.845	0.853	0.861
130	0.869	0.876	0.884	0.892	0.900	0.907	0.915	0.923	0.931	0.939
140	0.946	0.954	0.962	0.970	0.978	0.986	0.994	1.002	1.009	1.017
150	1.025	1.033	1.041	1.049	1.057	1.065	1.073	1.081	1.089	1.097
160	1.106	1.114	1.122	1.130	1.133	1.146	1.154	1.162	1.170	1.179
170	1.187	1.195	1.203	1.211	1.220	1.228	1.236	1.244	1.253	1.261
180	1.269	1.277	1.286	1.294	1.302	1.311	1.319	1.327	1.336	1.344
190	1.352	1.361	1.369	1.377	1.386	1.394	1.403	1.414	1.419	1.428
200	1.436	1.445	1.453	1.462	1.470	1.479	1.487	1.496	1.504	1.513
210	1.521	1.530	1.538	1.547	1.555	1.564	1.573	1.581	1.590	1.598
220	1.607	1.615	1.624	1.633	1.641	1.650	1.659	1.667	1.676	1.685
230	1.693	1.702	1.710	1.719	1.728	1.736	1.745	1.754	1.763	1.771
240	1.780	1.788	1.797	1.805	1.814	1.823	1.832	1.840	1.849	1.858
250	1.867	1.876	1.884	1.893	1.902	1.911	1.920	1.929	1.937	1.956
260	1.955	1.964	1.973	1.982	1.991	2.000	2.008	2.017	2.026	2.035
270	2.044	2.053	2.062	2.071	2.080	2.089	2.098	2.107	2.116	2.125
280	2.134	2.143	2.152	2.161	2.170	2.179	2.188	2.197	2.206	2.215
290	2.224	2.233	2.242	2.251	2.260	2.270	2.279	2.288	2.297	2.306

续表

工作端温度/℃	0	1	2	3	4	5	6	7	8	9
	E/mV									
300	2.315	2.324	2.333	2.342	2.352	2.361	2.370	2.379	2.388	2.397
310	2.407	2.416	2.425	2.434	2.443	2.452	2.462	2.471	2.480	2.489
320	2.498	2.508	2.517	2.526	2.535	2.545	2.554	2.563	2.572	2.582
330	2.591	2.600	2.609	2.619	2.628	2.637	2.647	2.656	2.665	2.675
340	2.684	2.693	2.703	2.712	2.721	2.730	2.740	2.749	2.759	2.768
350	2.777	2.787	2.790	2.805	2.815	2.824	2.833	2.843	2.852	2.862
360	2.871	2.880	2.890	2.899	2.909	2.918	2.928	2.937	2.946	2.956
370	2.965	2.975	2.984	2.994	3.003	3.013	3.022	3.031	3.041	3.050
380	3.060	3.069	3.079	3.088	3.098	3.107	3.117	3.126	3.136	3.145
390	3.155	3.164	3.174	3.183	3.193	3.202	3.212	3.221	3.231	3.240
400	3.250	3.260	3.269	3.279	3.288	3.298	3.307	3.317	3.326	3.336
410	3.346	3.355	3.365	3.374	3.384	3.393	3.403	3.413	3.422	3.432
420	3.441	2.451	3.461	3.470	3.480	3.489	3.499	3.509	3.518	3.528
430	3.538	3.547	3.557	3.566	3.570	3.580	3.505	3.605	3.615	3.624
440	3.634	3.644	3.653	3.663	3.673	3.682	3.692	3.702	3.711	3.721
450	3.731	3.740	3.750	3.760	3.770	3.779	3.789	3.799	3.808	3.818
460	3.828	3.838	3.847	3.857	3.867	3.877	3.886	3.896	3.906	3.916
470	3.925	3.935	3.945	3.955	3.964	3.974	3.984	3.994	4.003	4.013
480	4.023	4.033	4.043	4.052	4.062	4.072	4.082	4.092	4.102	4.111
490	4.121	4.131	4.141	4.151	4.161	4.170	4.180	4.190	4.200	4.210
500	4.220	4.229	4.239	4.249	4.259	4.269	4.279	4.289	4.299	4.309
510	4.318	4.328	4.338	4.348	4.358	4.368	4.378	4.388	4.398	4.408
520	4.418	4.427	4.437	4.447	4.457	4.467	4.477	4.487	4.497	4.507
530	4.517	4.527	4.537	4.547	4.557	4.567	4.577	4.587	4.597	4.607
540	4.617	4.627	4.637	4.647	4.657	4.667	4.677	4.687	4.697	4.707
550	4.717	4.727	4.737	4.747	4.757	4.767	4.777	4.787	4.797	4.807
560	4.817	4.827	4.838	4.848	4.858	4.868	4.878	4.888	4.898	4.908
570	4.918	4.928	4.938	4.949	4.959	4.969	4.979	4.989	4.999	5.009
580	5.019	5.030	5.040	5.050	5.060	5.070	5.080	5.090	5.101	5.111
590	5.121	5.131	5.141	5.151	5.162	5.172	5.182	5.192	5.202	5.212
600	5.222	5.232	5.242	5.252	5.263	5.273	5.283	5.293	5.304	5.314
610	5.324	5.334	5.344	5.355	5.365	5.375	5.386	5.396	5.406	5.416
620	5.427	5.437	5.447	5.457	5.468	5.478	5.488	5.499	5.509	5.519
630	5.530	5.540	5.550	5.561	5.571	5.581	5.591	5.602	5.612	5.622
640	5.633	5.643	5.653	5.664	5.674	5.684	5.695	5.705	5.715	5.725
650	5.735	5.745	5.756	5.766	5.776	5.787	5.797	5.808	5.818	5.828
660	5.839	5.849	5.859	5.870	5.880	5.891	5.901	5.911	5.922	5.932
670	5.943	5.953	5.964	5.974	5.984	5.995	6.005	6.016	6.026	6.036
680	6.046	6.056	6.067	6.077	6.088	6.098	6.109	6.119	6.130	6.140
690	6.151	6.161	6.172	6.182	6.193	6.203	6.214	6.224	6.235	6.245
700	6.256	6.266	6.277	6.287	6.298	6.308	6.319	6.329	6.340	6.351
710	6.361	6.372	3.382	6.392	6.402	6.413	6.424	6.434	6.445	6.455
720	6.466	6.476	6.487	6.498	6.508	6.519	6.529	6.540	6.551	6.561
730	6.572	6.583	6.593	6.604	6.614	6.624	6.635	6.645	6.656	6.667
740	6.677	6.688	6.699	6.709	6.720	6.731	6.741	6.752	6.763	6.773
750	6.784	6.795	6.805	6.816	6.827	6.838	6.848	6.859	6.870	6.880
760	6.891	6.902	6.913	6.923	6.934	6.945	6.956	6.966	6.977	6.988
770	6.999	7.009	7.020	7.031	7.041	7.051	7.062	7.073	7.084	7.095
780	7.105	7.116	7.127	7.138	7.149	7.159	7.170	7.181	7.192	7.203
790	7.213	7.224	7.235	7.246	7.257	7.268	7.279	7.289	7.300	7.317

工作端温度/℃	0	1	2	3	4	5	6	7	8	9
	E/mV									
800	7.322	7.333	7.344	7.355	7.365	7.376	7.387	7.397	7.408	7.419
810	7.430	7.441	7.452	7.462	7.473	7.484	7.495	7.506	7.517	7.528
820	7.539	7.550	7.561	7.572	7.583	7.594	7.605	7.615	7.626	7.637
830	7.648	7.659	7.670	7.681	7.692	7.703	7.714	7.724	7.735	7.746
840	7.757	7.768	7.779	7.790	7.801	7.812	7.823	7.834	7.845	7.856
850	7.867	7.878	7.889	7.901	7.912	7.923	7.934	7.945	7.956	7.967
860	7.978	7.989	8.000	8.011	8.022	8.033	8.043	8.054	8.066	8.077
870	8.088	8.099	8.110	8.121	8.132	8.143	8.154	8.166	8.177	8.188
880	8.199	8.210	8.221	8.232	8.244	8.255	8.266	8.277	8.288	8.299
890	8.310	8.322	8.333	8.344	8.355	8.366	8.377	8.388	8.399	8.410
900	8.421	8.433	8.444	8.455	8.466	8.477	8.489	8.500	8.511	8.522
910	8.534	8.545	8.556	8.567	8.579	8.590	8.601	8.624	8.624	8.635
920	8.646	8.657	8.668	8.679	8.690	8.702	8.713	8.724	8.735	8.747
930	8.758	8.769	8.781	8.792	8.803	8.815	8.826	8.837	8.849	8.860
940	8.871	8.883	8.894	8.905	8.917	8.928	8.939	8.951	8.962	8.974
950	5.985	8.996	9.007	9.018	9.029	9.041	9.052	9.064	9.075	9.086
960	9.098	9.109	9.121	9.132	9.144	9.155	9.160	9.178	9.189	9.201
970	9.212	9.223	9.235	9.247	9.258	9.269	9.281	9.292	9.303	9.314
980	9.326	9.337	9.349	9.360	9.372	9.383	9.395	9.406	9.418	9.429
990	9.441	9.452	9.464	9.475	9.487	9.498	9.510	9.521	9.533	9.545
1000	9.556	9.568	9.579	9.591	9.602	9.613	9.624	9.636	9.648	9.659
1010	9.671	9.682	9.694	9.705	9.717	9.729	9.740	9.752	9.764	9.775
1020	9.787	9.798	9.810	9.822	9.833	9.845	9.856	9.868	9.880	9.891
1030	9.902	9.914	9.925	9.937	9.949	9.960	9.972	9.984	9.995	10.007
1040	10.019	10.030	10.042	10.054	10.066	10.077	10.089	10.101	10.112	10.124
1050	10.136	10.147	10.159	10.171	10.183	10.194	10.205	10.217	10.229	10.240
1060	10.252	10.264	10.276	10.287	10.299	10.311	10.323	10.334	10.346	10.359
1070	10.370	10.382	10.393	10.405	10.417	10.429	10.441	10.452	10.464	10.476
1080	10.488	10.500	10.511	10.523	10.535	10.547	10.559	10.570	10.582	10.594
1090	10.605	10.617	10.629	10.640	10.652	10.664	10.676	10.688	10.700	10.711
1100	10.723	10.735	10.747	10.759	10.771	10.783	10.794	10.806	10.818	10.830
1110	10.842	10.854	10.866	10.878	10.889	10.901	10.913	10.925	10.937	10.949
1120	10.961	10.973	10.985	10.996	11.008	11.020	11.032	11.044	11.056	11.068
1130	11.080	11.092	11.104	11.115	11.127	11.139	11.151	11.163	11.175	11.187
1140	11.198	11.210	11.222	11.234	11.246	11.258	11.270	11.281	11.293	11.305
1150	11.317	11.329	11.341	11.353	11.365	11.377	11.389	11.401	11.413	11.425
1160	11.437	11.449	11.461	11.473	11.485	11.497	11.509	11.521	11.533	11.545
1170	11.556	11.568	11.580	11.592	11.604	11.616	11.628	11.640	11.652	11.664
1180	11.676	11.688	11.699	11.711	11.723	11.735	11.747	11.759	11.771	11.783
1190	11.795	11.807	11.819	11.831	11.843	11.855	11.867	11.879	11.891	11.903
1200	11.915	11.927	11.939	11.951	11.963	11.975	11.987	11.999	12.011	12.023
1210	12.035	12.047	12.059	12.071	12.083	12.095	12.107	12.119	12.131	12.143
1220	12.155	12.167	12.180	12.192	12.204	12.216	12.288	12.240	12.252	12.263
1230	12.275	12.287	12.299	12.311	12.323	12.335	12.347	12.259	12.371	12.383
1240	12.395	12.407	12.419	12.431	12.443	12.455	12.467	12.479	12.491	12.503
1250	12.515	12.527	12.539	12.552	12.564	12.576	12.588	12.600	12.612	12.624
1260	12.636	12.648	12.660	12.672	12.684	12.696	12.708	12.720	12.732	12.744
1270	12.756	12.768	12.780	12.792	12.804	12.816	12.828	12.840	12.851	12.863
1280	12.875	12.887	12.899	12.911	12.923	12.935	12.947	12.959	12.971	12.983
1290	12.996	13.008	13.020	13.032	13.044	13.056	13.068	13.080	13.092	13.104

续表

工作端温度/℃	0	1	2	3	4	5	6	7	8	9
					E/mV					
1300	13.116	13.128	13.140	13.152	13.164	13.176	13.188	13.200	13.212	13.224
1310	13.236	13.248	13.260	13.272	13.284	13.296	13.308	13.320	13.332	13.344
1320	13.356	13.368	13.380	13.392	13.404	13.415	13.427	13.439	13.451	13.463
1330	13.475	13.487	13.499	13.511	13.523	13.535	13.547	13.559	13.571	13.583
1340	13.595	13.607	13.619	13.631	13.643	13.655	13.667	13.679	13.691	13.703
1350	13.715	13.727	13.739	13.751	13.763	13.775	13.787	13.799	13.811	13.823
1360	13.835	13.847	13.859	13.871	13.883	13.895	13.907	13.919	13.931	13.943
1370	13.955	13.967	13.979	13.990	14.002	14.014	14.026	14.038	14.050	14.062
1380	14.074	14.086	14.098	14.109	14.121	14.133	14.145	14.157	14.169	14.181
1390	14.193	14.205	14.217	14.229	14.241	14.253	14.265	14.277	14.289	14.301
1400	14.313	14.325	14.337	14.349	14.361	14.373	14.385	14.397	14.409	14.421
1410	14.433	14.445	14.457	14.469	14.480	14.492	14.504	14.516	14.528	14.540
1420	14.552	14.564	14.576	14.588	14.599	14.611	14.623	14.635	14.647	14.659
1430	14.671	14.683	14.695	14.707	14.719	14.730	14.742	14.754	14.766	14.778
1440	14.790	14.802	14.814	14.826	14.838	14.850	14.862	14.874	14.886	14.898
1450	14.910	14.921	14.933	14.945	14.957	14.969	14.981	14.993	15.005	15.017
1460	15.029	15.041	15.053	15.065	15.077	15.088	15.100	15.112	15.124	15.136
1470	15.148	15.160	15.172	15.184	15.195	15.207	15.219	15.230	15.242	15.254
1480	15.266	15.278	15.290	15.302	15.314	15.326	15.338	15.350	15.361	15.373
1490	15.385	15.397	15.409	15.421	15.433	15.445	15.457	15.469	15.481	15.492
1500	15.504	15.516	15.528	15.540	15.552	15.564	15.576	15.588	15.599	15.611
1510	15.623	15.635	15.647	15.659	15.671	15.683	15.695	15.706	15.718	15.730
1520	15.742	15.754	15.766	15.778	15.790	15.802	15.813	15.824	15.836	15.848
1530	15.860	15.872	15.884	15.895	15.907	15.919	15.931	15.943	15.955	15.967
1540	15.979	15.990	16.002	16.014	16.026	16.038	16.050	16.062	16.073	16.085
1550	16.097	16.109	16.121	16.133	16.144	16.156	16.168	16.180	16.192	16.204
1560	16.216	16.227	16.239	16.251	16.263	16.275	16.287	16.298	16.310	16.322
1570	16.334	16.346	16.358	16.369	16.381	16.393	16.404	16.416	16.428	16.439
1580	16.451	16.463	16.475	16.487	16.499	16.510	16.522	16.534	16.546	16.558
1590	16.569	16.581	16.593	16.605	16.617	16.629	16.640	16.652	16.664	16.676
1600	16.688									

附录 12　铂铑$_{30}$-铂铑$_{6}$热电偶电动势分度表

分度号：B（热电偶自由端温度为0℃）

工作端温度/℃	0	1	2	3	4	5	6	7	8	9
					E/mV					
0	0.000	0.000	0.000	0.000	0.000	−0.001	−0.001	−0.001	−0.001	−0.001
10	−0.001	−0.002	−0.002	−0.002	0.002	−0.002	−0.002	−0.002	−0.002	−0.002
20	−0.002	−0.002	−0.002	−0.002	0.002	−0.002	−0.002	−0.002	−0.002	−0.002
30	−0.002	−0.002	−0.001	−0.001	0.001	−0.001	−0.001	−0.001	0.000	0.000
40	0.000	0.000	0.000	0.000	0.001	0.001	0.002	0.002	0.002	0.002
50	0.003	0.003	0.003	0.004	0.004	0.004	0.005	0.005	0.006	0.006
60	0.007	0.007	0.008	0.008	0.008	0.009	0.010	0.010	0.010	0.011
70	0.012	0.012	0.013	0.013	0.014	0.015	0.015	0.016	0.016	0.017
80	0.018	0.018	0.019	0.020	0.021	0.021	0.022	0.023	0.024	0.024
90	0.025	0.026	0.027	0.028	0.028	0.029	0.030	0.031	0.032	0.033

工作端温度/℃	0	1	2	3	4	5	6	7	8	9
					E/mV					
100	0.034	0.034	0.035	0.036	0.037	0.038	0.039	0.040	0.041	0.042
110	0.043	0.044	0.045	0.046	0.047	0.048	0.049	0.050	0.051	0.052
120	0.054	0.055	0.056	0.057	0.058	0.059	0.060	0.062	0.063	0.064
130	0.065	0.067	0.068	0.069	0.070	0.072	0.073	0.074	0.076	0.077
140	0.078	0.080	0.081	0.082	0.084	0.085	0.086	0.088	0.089	0.091
150	0.092	0.094	0.095	0.097	0.098	0.100	0.101	0.103	0.104	0.106
160	0.107	0.109	0.110	0.112	0.114	0.115	0.117	0.118	0.120	0.122
170	0.123	0.125	0.127	0.128	0.130	0.132	0.134	0.135	0.137	0.139
180	0.141	0.142	0.144	0.146	0.148	0.150	0.152	0.153	0.155	0.157
190	0.159	0.161	0.163	0.165	0.167	0.168	0.170	0.172	0.174	0.176
200	0.178	0.180	0.182	0.184	0.186	0.188	0.190	0.193	0.195	0.197
210	0.199	0.201	0.203	0.205	0.207	0.210	0.212	0.214	0.216	0.218
220	0.220	0.223	0.225	0.227	0.229	0.232	0.234	0.236	0.238	0.241
230	0.243	0.245	0.248	0.250	0.252	0.255	0.257	0.260	0.262	0.264
240	0.267	0.269	0.272	0.274	0.276	0.279	0.281	0.284	0.286	0.289
250	0.291	0.294	0.296	0.299	0.302	0.304	0.307	0.309	0.312	0.315
260	0.317	0.320	0.322	0.325	0.328	0.331	0.333	0.336	0.339	0.341
270	0.344	0.347	0.350	0.352	0.355	0.358	0.361	0.364	0.366	0.369
280	0.372	0.375	0.378	0.381	0.384	0.386	0.389	0.392	0.395	0.398
290	0.401	0.404	0.407	0.410	0.413	0.416	0.419	0.422	0.425	0.428
300	0.431	0.434	0.437	0.440	0.443	0.446	0.449	0.453	0.456	0.459
310	0.462	0.465	0.468	0.472	0.475	0.478	0.481	0.484	0.488	0.491
320	0.494	0.497	0.501	0.504	0.507	0.510	0.514	0.517	0.520	0.524
330	0.527	0.530	0.534	0.537	0.541	0.544	0.548	0.551	0.554	0.558
340	0.561	0.565	0.568	0.572	0.575	0.579	0.582	0.586	0.589	0.593
350	0.596	0.600	0.604	0.607	0.611	0.614	0.618	0.622	0.625	0.629
360	0.632	0.636	0.640	0.644	0.647	0.651	0.655	0.658	0.662	0.666
370	0.670	0.673	0.677	0.681	0.685	0.689	0.692	0.696	0.700	0.704
380	0.708	0.712	0.716	0.719	0.723	0.727	0.731	0.735	0.739	0.743
390	0.747	0.751	0.755	0.759	0.763	0.767	0.771	0.775	0.779	0.783
400	0.787	0.791	0.795	0.799	0.803	0.808	0.812	0.816	0.820	0.824
410	0.828	0.832	0.836	0.841	0.845	0.849	0.853	0.858	0.862	0.866
420	0.870	0.874	0.879	0.883	0.887	0.892	0.896	0.900	0.905	0.909
430	0.913	0.918	0.922	0.962	0.931	0.935	0.940	0.944	0.949	0.953
440	0.957	0.926	0.966	0.971	0.975	0.980	0.984	0.989	0.993	0.998
450	1.002	1.007	1.012	1.016	1.021	1.025	1.030	1.034	1.039	1.044
460	1.048	1.053	1.058	1.062	1.067	1.072	1.077	1.081	1.086	1.091
470	1.096	1.100	1.105	1.110	1.115	1.119	1.124	1.129	1.134	1.139
480	1.143	1.148	1.153	1.158	1.163	1.168	1.173	1.178	1.182	1.187
490	1.192	1.197	1.202	1.207	1.212	1.217	1.222	1.227	1.232	1.237
500	1.242	1.247	1.252	1.257	1.262	1.267	1.273	1.278	1.283	1.288
510	1.293	1.298	1.303	1.308	1.314	1.319	1.324	1.329	1.334	1.340
520	1.345	1.350	1.355	1.360	1.366	1.371	1.376	1.382	1.387	1.392
530	1.397	1.403	1.408	1.413	1.419	1.424	1.429	1.435	1.440	1.446
540	1.451	1.456	1.462	1.467	1.473	1.478	1.484	1.489	1.494	1.500
550	1.505	1.510	1.516	1.521	1.527	1.533	1.539	1.544	1.549	1.555
560	1.560	1.565	1.571	1.577	1.583	1.588	1.594	1.600	1.605	1.611
570	1.617	1.622	1.628	1.644	1.639	1.645	1.651	1.656	1.662	1.668
580	1.674	1.680	1.685	1.691	1.697	1.703	1.709	1.714	1.720	1.726
590	1.732	1.738	1.744	1.750	1.755	1.761	1.767	1.773	1.779	1.785

工作端温度/℃	0	1	2	3	4	5	6	7	8	9
					E/mV					
600	1.791	1.797	1.803	1.809	1.815	1.821	1.827	1.833	1.839	1.845
610	1.851	1.857	1.863	1.869	1.875	1.881	1.887	1.893	1.899	1.905
620	1.912	1.918	1.924	1.930	1.936	1.942	1.948	1.955	1.961	1.967
630	1.973	1.979	1.986	1.992	1.998	2.004	2.011	2.017	2.023	2.029
640	2.036	2.042	2.048	2.055	2.061	2.067	2.074	2.080	2.086	2.093
650	2.099	2.106	2.112	2.118	2.125	2.131	2.138	2.144	2.151	2.157
660	2.164	2.170	2.176	2.183	2.190	2.196	2.202	2.209	2.216	2.222
670	2.229	2.235	2.242	2.248	2.255	2.262	2.268	2.275	2.281	2.288
680	2.295	2.301	2.308	2.315	2.321	2.328	2.335	2.342	2.348	2.355
690	2.362	2.368	2.375	2.382	2.389	2.395	2.402	2.409	2.416	2.422
700	2.429	2.436	2.443	2.450	2.457	2.464	2.470	2.477	2.484	2.491
710	2.498	2.505	2.512	2.519	2.526	2.533	2.539	2.546	2.553	2.560
720	2.567	2.574	2.581	2.588	2.595	2.602	2.609	2.616	2.623	2.631
730	2.638	2.645	2.652	2.659	2.666	2.673	2.680	2.687	2.694	2.702
740	2.709	2.716	2.723	2.730	2.737	2.745	2.752	2.759	2.766	2.773
750	2.781	2.788	2.795	2.802	2.810	2.817	2.824	2.831	2.839	2.846
760	2.853	2.861	2.868	2.875	2.883	2.890	2.897	2.905	2.012	2.919
770	2.927	2.934	2.942	2.949	2.956	2.964	2.971	2.979	2.986	2.994
780	3.001	3.009	3.016	3.024	3.031	3.039	3.046	3.054	3.061	3.069
790	3.076	3.084	3.091	3.099	3.106	3.114	3.122	3.129	3.137	3.145
800	3.152	3.160	3.168	3.175	3.183	3.191	3.198	3.206	3.214	3.221
810	3.229	3.237	3.245	3.252	3.260	3.268	3.276	3.283	3.291	3.299
820	3.307	3.314	3.322	3.330	3.338	3.346	3.354	3.361	3.369	3.377
830	3.385	3.393	3.401	3.409	3.417	3.424	3.432	3.440	3.448	3.456
840	3.464	3.472	3.480	3.488	3.496	3.504	3.512	3.520	3.528	3.536
850	3.544	3.552	3.560	3.568	3.576	3.584	3.592	3.600	3.608	3.616
860	3.624	3.633	3.641	3.649	3.657	3.665	3.673	3.682	3.690	3.698
870	3.706	3.714	3.722	6.731	3.739	3.747	3.755	3.764	3.772	3.780
880	3.788	3.796	3.805	6.813	3.821	3.830	3.839	3.846	3.855	3.863
890	3.871	3.880	3.888	6.896	3.905	3.913	3.921	3.930	3.938	3.947
900	3.955	3.963	3.972	3.980	3.989	3.997	4.006	4.014	4.023	4.031
910	4.039	4.043	4.056	4.064	4.073	4.082	4.090	4.099	4.108	4.116
920	4.124	4.133	4.142	4.150	4.159	4.168	4.176	4.185	4.193	4.202
930	4.211	4.219	4.228	4.237	4.245	4.254	4.262	4.271	4.280	4.288
940	4.297	4.3.6	4.315	4.323	4.332	4.341	4.350	4.359	4.367	4.376
950	4.385	4.193	4.402	4.411	4.420	4.429	4.437	4.446	4.455	4.464
960	4.473	4.482	4.490	4.499	4.508	4.517	4.526	4.535	4.544	4.553
970	4.562	4.570	4.579	4.588	4.597	4.606	4.615	4.624	4.033	4.642
980	4.651	4.660	4.669	4.678	4.687	4.696	4.705	4.714	4.723	4.732
990	4.741	4.750	4.760	4.769	4.778	4.787	4.896	4.805	4.814	4.823
1000	4.832	4.842	4.851	4.860	4.869	4.878	4.887	4.896	4.906	4.915
1010	4.924	4.933	4.942	4.952	4.961	4.970	4.979	4.988	4.998	5.007
1020	5.016	5.026	5.035	5.044	5.053	5.063	5.072	5.081	5.091	5.100
1030	5.109	5.119	5.128	5.137	5.147	5.156	5.166	5.175	5.184	5.194
1040	5.203	5.212	5.222	5.231	5.241	5.250	5.260	5.269	5.279	5.288
1050	5.297	5.307	5.316	5.326	5.335	5.345	5.354	5.364	5.373	5.383
1060	5.393	5.402	5.412	5.421	5.431	5.440	5.450	5.459	5.469	5.479
1070	5.488	5.498	5.507	5.517	5.527	5.536	5.546	5.556	5.565	5.575
1080	5.585	5.594	5.604	5.614	5.624	5.634	5.644	5.653	5.663	5.673
1090	5.683	5.692	5.702	5.712	5.722	5.731	5.741	5.751	5.761	5.771

续表

工作端温度/℃	0	1	2	3	4	5	6	7	8	9
					E/mV					
1100	5.780	5.790	5.800	5.810	5.820	5.830	5.839	5.849	5.859	5.869
1110	5.879	5.889	5.899	5.910	5.919	5.928	5.938	5.948	5.958	5.968
1120	5.978	5.988	5.998	6.008	6.018	6.028	6.038	6.048	6.058	6.068
1130	6.078	6.088	6.098	6.108	6.118	6.128	6.138	6.148	6.158	6.168
1140	6.178	6.188	6.198	6.208	6.218	6.228	6.238	6.248	6.259	6.269
1150	6.279	6.289	6.299	6.309	6.319	6.329	6.340	6.350	6.360	6.370
1160	6.380	6.390	6.401	6.411	6.421	6.431	6.442	6.452	6.462	6.472
1170	6.482	6.493	6.503	6.513	6.523	6.534	6.544	6.554	6.564	6.575
1180	6.585	6.595	6.606	6.616	6.626	6.637	6.647	6.657	6.668	6.678
1190	6.688	6.699	6.709	6.719	6.730	6.740	6.750	6.760	6.771	6.782
1200	6.792	6.802	6.813	6.823	6.834	6.844	6.854	6.865	6.875	6.886
1210	6.869	6.907	6.917	6.928	6.938	6.949	6.959	6.970	6.980	6.991
1220	7.001	7.012	7.022	7.033	7.043	7.054	7.064	7.075	7.085	7.096
1230	7.106	7.117	7.128	7.138	7.149	7.159	7.170	7.180	7.191	7.202
1240	7.212	7.223	7.234	7.244	7.255	7.265	7.276	7.287	7.297	7.308
1250	7.319	7.329	7.340	7.351	7.361	7.372	7.383	7.393	7.404	7.415
1260	7.426	7.436	7.447	7.458	7.468	7.479	7.490	7.501	7.511	7.522
1270	7.533	7.544	7.554	7.565	7.576	7.587	7.598	7.608	7.619	7.630
1280	7.641	7.652	7.662	7.673	7.684	7.695	7.706	7.716	7.727	7.738
1290	7.749	7.760	7.771	7.782	7.792	7.803	7.814	7.825	7.836	7.847
1300	7.858	7.869	7.880	7.890	7.901	7.912	7.923	7.934	7.945	7.956
1310	7.967	7.978	7.989	8.000	8.011	8.022	8.033	8.044	8.054	8.065
1320	8.076	8.087	8.098	8.109	8.120	8.131	8.142	8.153	8.164	8.175
1330	8.186	8.197	8.208	8.220	8.231	8.242	8.253	8.264	8.275	8.286
1340	8.297	8.308	8.319	8.330	8.341	8.352	8.363	8.374	8.385	8.396
1350	8.408	8.419	8.430	8.441	8.452	8.463	8.474	8.485	8.497	8.508
1360	8.519	8.530	8.541	8.552	8.563	8.574	8.586	8.597	8.608	8.619
1370	8.630	8.642	8.653	8.664	8.675	8.686	8.697	8.709	8.720	8.731
1380	8.742	8.753	8.765	8.776	8.787	8.798	8.809	8.820	8.832	8.843
1390	8.854	8.866	8.877	8.888	8.899	8.911	8.922	8.933	8.945	8.956
1400	8.967	8.978	8.990	9.001	9.012	9.023	9.035	9.046	9.057	9.069
1410	9.080	9.091	9.103	9.114	9.125	9.137	9.148	9.159	9.170	9.182
1420	9.193	9.204	9.216	9.227	9.239	9.250	9.261	9.273	9.284	9.295
1430	9.307	9.318	9.329	9.341	9.352	9.363	9.375	9.386	9.398	9.409
1440	9.420	9.432	9.443	9.455	9.466	9.477	9.489	9.500	9.512	9.523
1450	9.534	9.546	9.557	9.569	9.580	9.592	9.603	9.614	9.626	9.637
1460	9.649	9.660	9.672	9.683	9.695	9.706	9.717	9.729	9.740	9.752
1470	9.763	9.775	9.786	9.798	9.809	9.821	9.832	9.844	9.855	9.866
1480	9.878	9.890	9.901	9.913	9.924	9.936	9.947	9.959	9.970	9.982
1490	9.993	10.005	10.016	10.028	10.039	10.051	10.062	10.074	10.085	10.097
1500	10.108	10.120	10.131	10.143	10.154	10.166	10.177	10.189	10.200	10.212
1510	10.224	10.235	10.247	10.258	10.270	10.281	10.293	10.304	10.316	10.328
1520	10.339	10.351	10.362	10.374	10.385	10.397	10.408	10.420	10.432	10.443
1530	10.455	10.466	10.478	10.490	10.501	10.513	10.524	10.536	10.547	10.559
1540	10.571	10.582	10.594	10.605	10.617	10.629	10.640	10.652	10.663	10.675
1550	10.687	10.698	10.710	10.721	10.733	10.745	10.756	10.768	10.779	10.791
1560	10.803	10.814	10.826	10.838	10.849	10.861	10.872	10884	10.896	10.907
1570	10.919	10.930	10.942	10.954	10.965	10.977	10.989	11.000	11.012	11.024
1580	11.035	11.047	11.058	11.070	11.082	11.093	11.105	11.116	11.128	11.140
1590	11.151	11.163	11.175	11.186	11.198	11.210	11.221	11.233	11.245	11.256

续表

工作端温 度/℃	0	1	2	3	4	5	6	7	8	9
					E/mV					
1600	11.268	11.280	11.291	11.303	11.314	11.326	11.338	11.349	11.361	11.737
1610	11.384	11.395	11.408	11.419	11.431	11.442	11.454	11.466	11.477	11.489
1620	11.501	11.512	11.524	11.536	11.547	11.559	11.571	11.582	11.594	11.606
1630	11.617	11.629	11.641	11.652	11.604	11.675	11.687	11.699	11.710	11.722
1640	11.734	11.745	11.757	11.768	11.780	11.792	11.804	11.815	11.827	11.838
1650	11.850	11.862	11.873	11.885	11.897	11.908	11.920	11.931	11.943	11.955
1660	11.966	11.978	11.990	12.001	12.013	12.025	12.036	12.048	12.060	12.071
1670	12.083	12.094	12.106	12.118	12.129	12.141	12.152	12.164	12.176	12.187
1680	12.199	12.211	12.222	12.234	12.245	12.257	12.269	12.280	12.292	12.303
1690	12.315	12.327	12.339	12.350	12.362	12.373	12.385	12.396	12.408	12.420
1700	12.431	12.443	12.454	12.466	12.478	12.489	12.501	12.512	12.524	12.536
1710	12.547	12.559	12.570	12.582	12.593	12.605	12.617	12.628	12.610	12.651
1720	12.663	12.674	12.686	12.698	12.709	12.721	12.732	12.744	12.755	12.767
1730	12.778	12.796	12.802	12.813	12.825	12.836	12.848	12.850	12.871	12.882
1740	12.894	12.906	12.917	12.929	12.940	12.952	12.963	12.974	12.986	12.998
1750	13.009	13.021	13.032	13.044	13.055	13.067	13.078	13.089	13.101	13.113
1760	13.124	13.136	13.147	13.159	13.170	13.182	13.193	13.205	13.216	13.228
1770	13.239	13.250	13.262	13.274	13.285	13.296	13.308	13.319	13.331	13.342
1780	13.354	13.365	13.376	13.388	13.399	13.411	13.422	13.434	13.445	13.456
1790	13.468	13.479	13.491	13.502	13.514	13.525	13.536	13.548	13.559	13.571
1800	13.582									

附录 13   镍铬-镍硅（镍铬-镍铝）热电偶电动势分度表

分度号：K（热电偶自由端温度为 0℃）

工作端温 度/℃	0	1	2	3	4	5	6	7	8	9
					E/mV					
0	0.00	0.04	0.08	0.12	0.16	0.20	0.24	0.28	0.32	0.36
10	0.40	0.44	0.48	0.52	0.56	0.60	0.64	0.68	0.72	0.76
20	0.80	0.84	0.88	0.92	0.96	1.00	1.04	1.08	1.12	1.16
30	1.20	1.24	1.28	1.32	1.36	1.41	1.45	1.49	1.53	1.57
40	1.61	1.65	1.69	1.73	1.77	1.82	1.86	1.90	1.94	1.98
50	2.02	2.06	2.10	2.14	2.18	2.23	2.27	2.31	2.35	2.39
60	2.43	2.47	2.51	2.56	2.60	2.64	2.68	2.72	2.77	2.81
70	2.85	2.89	2.93	2.97	3.01	3.06	3.10	3.14	3.18	3.22
80	3.26	3.30	3.34	3.39	3.43	3.47	3.51	3.55	3.60	3.64
90	3.68	3.72	3.76	3.81	3.85	3.89	3.93	3.97	4.02	4.06
100	4.10	4.14	4.18	4.22	4.26	4.31	4.35	4.39	4.43	4.47
110	4.51	4.55	4.59	4.63	4.67	4.72	4.76	4.80	4.84	4.88
120	4.92	4.96	5.00	5.04	5.08	5.13	5.17	5.21	4.25	5.29
130	5.33	5.37	5.41	5.45	5.49	5.53	5.57	5.61	5.65	5.69
140	5.73	5.77	5.81	5.85	5.89	5.93	5.97	6.01	6.05	6.09
150	6.13	6.17	6.21	6.25	6.29	6.33	6.37	6.41	6.45	6.49
160	6.53	6.57	6.61	6.65	6.69	6.73	6.77	6.81	6.85	6.89
170	6.93	6.97	7.01	7.05	7.09	7.13	7.17	7.21	7.25	7.29
180	7.33	7.37	7.41	7.45	7.49	7.53	7.57	7.61	7.65	7.69
190	7.73	7.77	7.81	7.85	7.89	7.93	7.97	8.01	8.05	8.09

续表

工作端温度/℃	0	1	2	3	4	5	6	7	8	9
	E/mV									
200	8.13	8.17	8.21	8.25	8.29	8.33	8.37	8.41	8.45	8.49
210	8.53	8.57	8.61	8.65	8.69	8.73	8.77	8.81	8.85	8.89
220	8.93	8.97	9.01	9.06	9.09	9.14	9.18	9.22	9.26	9.30
230	9.34	9.38	9.42	9.46	9.50	9.54	9.58	9.62	9.66	9.70
240	9.74	9.78	9.82	9.86	9.90	9.95	9.99	10.03	10.07	10.11
250	10.15	10.19	10.23	10.27	10.31	10.35	10.40	10.44	10.48	10.52
260	10.56	10.60	10.64	10.68	10.72	10.77	10.81	10.85	1089	10.93
270	10.97	11.01	11.05	11.09	11.13	11.18	11.22	11.26	11.30	11.34
280	11.38	11.42	11.46	11.51	11.55	11.59	11.63	11.67	11.72	11.76
290	11.80	11.84	11.88	11.92	11.96	12.01	12.05	12.09	12.13	12.17
300	12.21	12.25	12.29	12.33	12.37	12.42	12.46	12.50	12.54	12.58
310	12.62	12.66	12.70	12.75	12.79	12.83	12.87	12.91	12.96	13.00
320	13.04	13.08	13.12	13.16	13.20	13.25	13.29	13.33	13.37	13.41
330	13.45	13.49	13.53	13.58	13.62	13.66	13.70	13.74	13.79	13.83
340	13.87	13.91	13.95	14.00	14.04	14.08	14.12	14.16	14.21	14.25
350	14.30	14.34	14.38	14.43	14.47	14.51	14.55	14.59	14.64	14.68
360	14.72	14.76	14.80	14.85	14.89	14.93	14.97	15.01	15.06	15.10
370	15.14	15.18	15.22	15.27	15.31	15.35	15.39	15.43	15.48	15.52
380	15.56	15.60	15.64	15.69	15.73	15.77	15.81	15.85	15.90	15.94
390	15.99	16.02	16.06	16.11	16.15	16.19	16.23	16.27	16.32	16.36
400	16.40	16.44	16.49	16.53	16.57	16.63	16.66	16.70	16.74	16.79
410	16.83	16.87	16.91	16.96	17.00	17.04	17.08	17.12	17.17	17.21
420	17.25	17.29	17.33	17.38	17.42	17.46	17.50	17.54	17.59	17.63
430	17.67	17.71	17.75	17.79	17.84	17.88	17.92	17.96	18.01	18.05
440	18.09	18.13	18.17	18.22	18.26	18.30	18.34	18.38	18.43	18.47
450	18.51	18.55	18.60	18.64	18.68	18.73	18.77	18.81	18.85	18.90
460	18.94	18.98	19.03	19.07	19.11	19.16	19.20	19.24	19.28	19.33
470	19.37	19.41	19.45	19.50	19.54	19.58	19.62	19.66	19.71	19.75
480	19.79	19.83	19.88	19.92	19.96	20.01	20.05	20.09	20.13	20.18
490	20.22	20.26	20.31	20.35	20.39	20.44	20.48	20.52	20.56	20.61
500	20.65	20.69	20.74	20.78	20.82	20.87	20.91	20.95	20.99	21.04
510	21.08	21.12	21.16	21.21	21.25	21.29	21.33	21.37	21.42	21.46
520	21.50	21.54	21.59	21.63	21.67	21.72	21.76	21.80	21.84	21.89
530	21.93	21.97	22.01	22.06	22.10	22.14	22.18	22.22	22.27	22.31
540	22.35	22.39	22.44	22.48	22.52	22.57	22.61	22.65	22.69	22.74
550	22.78	22.82	22.87	22.91	22.95	23.00	23.04	23.08	23.12	23.17
560	23.21	23.25	23.29	23.34	23.38	23.42	23.46	23.50	23.55	23.59
570	23.63	23.67	23.71	23.75	23.79	23.84	23.88	23.92	23.96	24.01
580	24.05	24.09	24.14	24.18	24.22	24.27	24.31	24.35	24.39	24.44
590	24.48	24.52	24.56	24.61	24.65	24.69	24.73	24.77	24.82	24.86
600	24.90	24.94	24.99	25.03	25.07	25.12	25.15	25.19	25.23	25.27
610	25.32	25.37	25.41	25.46	25.50	25.54	25.58	25.62	25.67	25.71
620	25.75	25.79	25.84	25.88	25.92	25.97	26.01	26.05	26.09	26.14
630	26.18	26.22	26.26	26.31	26.35	26.39	26.43	26.47	26.52	26.56
640	26.60	26.64	26.69	26.73	26.77	26.82	26.86	26.90	26.94	26.99
650	27.03	27.07	27.11	27.16	27.20	27.24	27.28	27.32	27.37	27.41
660	27.45	27.49	27.53	27.57	27.62	27.66	27.70	27.74	27.79	27.83
670	27.87	27.91	27.95	28.00	28.04	28.08	28.12	28.16	28.21	28.25
680	28.29	28.33	28.38	28.42	28.46	28.50	28.54	28.58	28.62	28.67
690	28.71	28.75	28.79	28.84	28.88	28.92	28.96	29.00	29.05	29.09

续表

工作端温度/℃	0	1	2	3	4	5	6	7	8	9
	E/mV									
700	29.13	29.17	29.21	29.26	29.30	29.34	29.38	29.42	29.47	29.51
710	29.55	29.59	29.63	29.68	29.72	29.76	29.80	29.84	29.89	29.93
720	29.97	30.01	30.05	30.10	30.14	30.18	30.22	30.26	30.31	30.35
730	30.39	30.43	30.47	30.52	30.56	30.60	30.64	30.68	30.73	30.77
740	30.81	30.85	30.89	30.93	30.97	31.02	31.06	31.10	31.14	31.18
750	31.22	31.26	31.30	31.35	31.39	31.43	31.47	31.51	31.56	31.60
760	31.64	31.68	31.72	31.77	31.81	31.85	31.89	31.93	31.98	32.02
770	32.06	32.10	32.14	32.18	32.22	32.26	32.30	32.34	32.38	32.42
780	32.46	32.50	32.54	32.59	32.63	32.67	32.71	32.75	32.80	32.84
790	32.87	32.91	32.95	33.00	33.04	33.09	33.13	33.17	33.21	32.25
800	33.29	33.33	33.37	33.41	33.45	33.49	33.53	33.57	33.61	33.65
810	33.69	33.73	33.77	33.81	33.85	33.90	33.94	33.98	34.02	34.06
820	34.10	34.14	34.18	34.22	34.26	34.30	34.34	34.38	34.42	34.46
830	34.51	34.54	34.58	34.62	34.66	34.71	34.75	34.79	34.83	34.87
840	34.91	34.95	34.99	35.03	35.07	35.11	35.16	35.20	35.24	35.28
850	35.32	35.36	35.40	35.44	35.48	35.52	35.56	35.60	35.64	35.68
860	35.72	35.76	35.80	35.84	35.88	35.93	35.97	36.01	36.05	36.09
870	36.13	36.17	36.21	36.25	36.29	36.33	36.37	36.41	36.45	36.49
880	36.53	36.57	36.61	36.65	36.69	36.73	36.77	36.81	36.85	36.89
890	36.93	36.97	37.01	37.05	37.09	37.13	37.17	37.21	37.25	37.29
900	37.33	37.37	37.41	37.45	37.49	37.53	37.57	37.61	37.65	37.69
910	37.73	37.77	37.81	37.85	37.89	37.93	37.97	38.01	38.05	38.09
920	38.13	38.17	38.21	38.25	38.29	38.33	38.37	38.41	38.45	38.49
930	38.53	38.57	38.61	38.65	38.69	38.73	38.77	38.81	38.85	38.89
940	38.93	38.97	39.01	39.05	39.09	39.13	39.16	39.20	39.24	39.28
950	39.32	39.36	39.40	39.44	39.48	39.52	39.56	39.60	39.64	39.68
960	39.72	39.76	39.80	39..83	39.87	39.91	39.94	39.98	40.02	40.06
970	40.10	40.14	40.18	40.22	40.26	40.30	40.33	40.37	40.41	40.45
980	40.49	40.53	40.57	40.61	40.65	40.69	40.72	40.76	40.80	40.84
990	40.88	40.92	40.96	41.00	41.04	41.08	41.11	41.15	41.19	41.23
1000	41.27	41.31	41.35	41.39	41.43	41.47	41.50	41.54	41.58	41.62
1010	41.66	41.70	41.74	41.77	41.81	41.85	41.89	41.93	41.96	42.00
1020	42.04	42.08	42.12	42.16	42.20	42.24	42.27	42.31	42.35	42.39
1030	42.43	42.47	42.51	42.55	42.59	42.63	42.66	42.70	42.74	42.78
1040	42.83	42.87	42.90	42.93	42.97	43.01	43.05	43.09	43.13	43.17
1050	43.21	43.25	43.29	43.32	43.35	43.39	43.43	43.47	43.51	43.55
1060	43.59	43.63	43.67	43.69	43.73	43.77	43.81	43.85	43.89	43.93
1070	43.97	44.01	44.05	44.08	44.11	44.15	44.19	44.22	44.26	44.30
1080	44.34	44.38	44.42	44.45	44.49	44.53	44.57	44.61	44.64	44.68
1090	44.72	44.76	44.80	44.83	44.87	44.91	44.95	44.99	45.02	45.06
1100	45.10	45.14	45.18	45.21	45.25	45.29	45.33	45.37	45.40	45.44
1110	45.48	45.52	45.55	45.59	45.63	45.67	45.70	45.74	45.78	45.81
1120	45.85	45.89	45.93	45.96	46.00	46.04	46.08	46.12	46.15	46.19
1130	46.23	46.27	46.30	46.34	46.38	46.42	46.45	46.49	46.53	46.56
1140	46.60	46.64	46.67	46.71	46.75	46.79	46.82	46.86	46.90	46.93
1150	46.97	47.01	47.04	47.08	47.12	47.16	47.19	47.23	47.27	47.30
1160	47.34	47.38	47.41	47.45	47.49	47.53	47.56	47.60	47.64	47.67
1170	47.71	47.75	47.78	47.82	47.86	47.90	47.93	47.97	48.01	48.04
1180	48.08	48.12	48.15	48.19	48.22	48.26	48.30	48.33	48.37	48.40
1190	48.44	48.48	48.51	48.55	48.59	48.63	48.66	48.70	48.74	48.77

续表

工作端温度/℃	0	1	2	3	4	5	6	7	8	9
						E/mV				
1200	48.81	48.85	48.88	48.92	48.95	48.99	49.03	49.06	49.10	49.13
1210	49.17	49.21	49.24	49.28	49.31	49.35	49.39	49.42	49.46	49.49
1220	49.53	49.57	49.60	49.64	49.67	49.71	49.75	49.78	49.82	49.85
1230	49.89	49.93	49.96	50.00	50.03	50.07	50.11	50.14	50.18	50.21
1240	50.25	50.29	50.32	50.36	50.39	50.43	50.47	50.50	50.54	50.59
1250	50.61	50.65	50.68	50.72	50.75	50.79	50.83	50.86	50.90	50.93
1260	50.96	51.00	51.03	51.07	51.10	51.14	51.18	51.21	51.25	51.28
1270	51.32	51.35	51.39	51.43	51.46	51.50	51.54	51.57	51.61	51.64
1280	51.67	51.71	51.74	51.78	51.81	51.85	51.88	51.92	51.95	51.99
1290	52.02	52.06	52.09	52.13	52.16	52.20	52.23	52.27	52.30	52.33
1300	52.37									

附录 14　镍铬-考铜热电偶电动势分度表

分度号：E（热电偶自由端温度为 0℃）

工作端温度/℃	0	1	2	3	4	5	6	7	8	9
						E/mV				
0	0.00	0.07	0.13	0.20	0.26	0.33	0.39	0.46	0.52	0.59
10	0.65	0.72	0.78	0.85	0.91	0.98	1.05	1.11	1.18	1.24
20	1.31	1.38	1.44	1.51	1.57	1.64	1.70	1.77	1.84	1.91
30	1.98	2.05	2.12	2.18	2.25	2.32	2.38	2.45	2.52	2.59
40	2.66	2.73	2.80	2.87	2.94	3.00	3.07	3.14	3.21	3.28
50	3.35	3.42	3.49	3.56	3.63	3.70	3.77	3.84	3.91	3.98
60	4.05	4.12	4.19	4.26	4.33	4.41	4.48	4.55	4.62	4.69
70	4.76	4.83	4.90	4.98	5.05	5.12	5.20	5.27	5.34	5.41
80	5.48	5.56	5.63	5.70	5.78	5.85	5.92	5.99	6.07	6.14
90	6.21	6.29	6.36	6.43	6.51	6.58	6.65	6.73	6.80	6.87
100	6.95	7.03	7.10	7.17	7.25	7.32	7.40	7.47	7.54	7.62
110	7.69	7.77	7.84	7.91	7.99	8.06	8.13	8.21	8.28	8.35
120	8.43	8.50	8.53	8.65	8.73	8.80	8.88	8.95	9.03	9.10
130	9.18	9.25	9.33	9.40	9.48	9.55	9.63	9.70	9.78	9.85
140	9.93	10.00	10.08	10.16	10.23	10.31	10.38	10.46	10.54	10.61
150	10.69	10.77	10.85	10.92	11.00	11.08	11.15	11.23	11.31	11.38
160	11.46	11.54	11.62	11.69	11.77	11.85	11.93	12.00	12.08	12.16
170	12.24	12.32	12.40	12.48	12.55	12.63	12.71	12.79	12.87	12.95
180	13.03	13.11	13.19	13.27	13.36	13.44	13.52	13.60	13.68	13.76
190	13.84	13.92	14.00	14.08	14.16	14.25	14.34	14.42	14.50	14.58

工作端温度/℃	0	1	2	3	4	5	6	7	8	9
					E/mV					
200	14.66	14.74	14.82	14.90	14.98	15.06	15.14	15.22	15.30	15.38
210	15.48	15.56	15.64	15.72	15.80	15.89	15.97	16.05	16.13	16.21
220	16.30	16.38	16.46	16.54	16.62	16.71	16.79	16.86	16.95	17.03
230	17.12	17.20	17.28	17.37	17.45	17.53	17.62	17.70	17.78	17.87
240	17.95	18.03	18.11	18.19	18.28	18.36	18.44	18.52	18.60	18.68
250	18.76	18.84	18.92	19.01	19.09	19.17	19.26	19.34	19.42	19.51
260	19.59	19.67	19.75	19.84	19.92	20.00	20.09	20.17	20.25	20.34
270	20.42	20.50	20.58	20.66	20.74	20.83	20.91	20.99	21.07	21.15
280	21.24	21.32	21.40	21.49	21.57	21.65	21.73	21.82	21.90	21.98
290	22.07	22.15	22.23	22.32	22.40	22.48	22.57	22.65	22.73	22.81
300	22.90	22.98	23.07	23.15	23.23	23.32	23.40	23.49	23.57	23.66
310	23.74	23.83	23.91	24.00	24.08	24.17	24.25	24.34	24.42	24.51
320	24.59	24.68	24.76	24.85	24.93	25.02	25.10	25.19	25.27	25.36
330	25.44	25.53	25.61	25.70	25.78	25.86	25.95	26.03	26.12	26.21
340	26.30	26.38	26.47	26.55	26.64	26.73	26.81	26.90	26.98	27.07
350	27.15	27.24	27.32	27.41	27.49	27.58	27.66	27.75	27.83	27.92
360	28.01	28.10	28.19	28.27	28.36	28.45	28.54	28.62	28.71	28.80
370	28.88	28.97	29.06	29.14	29.23	29.32	29.40	29.49	29.58	29.66
380	29.75	29.83	29.92	30.00	30.09	30.17	30.26	30.34	30.43	30.52
390	30.61	30.70	30.79	30.87	30.96	31.05	31.13	31.22	31.30	31.39
400	31.48	31.57	31.66	31.74	31.83	31.92	32.00	32.09	32.18	32.26
410	32.34	32.43	32.52	32.60	32.69	32.78	32.86	32.95	33.04	33.13
420	33.21	33.30	33.39	33.49	33.56	33.65	33.73	33.82	33.90	33.99
430	34.07	34.16	34.25	34.33	34.42	34.51	34.60	34.68	34.77	34.85
440	34.94	35.03	35.12	35.20	35.29	35.38	35.46	35.55	35.64	35.72
450	35.81	35.90	35.98	36.07	36.15	36.24	36.33	36.41	36.50	36.58
460	36.67	36.76	36.84	36.93	37.02	37.11	37.19	37.28	37.37	37.45
470	37.54	37.63	37.71	37.80	37.89	37.98	38.06	38.15	38.24	38.32
480	38.41	38.50	38.58	38.67	38.76	38.85	38.93	39.02	39.11	39.19
490	39.28	39.37	39.45	39.54	39.63	39.72	39.80	39.89	39.98	40.06
500	40.15	40.24	40.32	40.41	40.50	40.59	40.67	40.76	40.85	40.93
510	41.02	41.11	41.20	41.28	41.37	41.46	41.55	41.64	41.72	41.81
520	41.90	41.99	42.08	42.16	42.25	42.34	42.43	42.52	42.60	42.69
530	42.78	42.87	42.96	43.05	43.14	43.23	43.32	43.41	43.49	43.57
540	43.67	43.75	43.84	43.93	44.02	44.11	44.19	44.28	44.37	44.46
550	44.55	44.64	44.73	44.82	44.91	44.99	45.08	45.17	45.26	45.35
560	45.44	45.53	45.62	45.71	45.80	45.89	45.97	46.06	46.15	46.24
570	46.33	46.42	46.51	46.60	46.69	46.78	46.86	46.95	47.04	47.13
580	47.22	47.31	47.40	47.49	47.58	47.67	47.75	47.84	47.93	48.02
590	48.11	48.20	48.29	48.38	48.47	48.56	48.65	48.74	48.83	48.91
600	49.01	49.10	49.18	49.27	49.36	49.45	49.54	49.63	49.71	49.80
610	49.89	49.98	50.07	50.15	50.24	50.32	50.41	50.50	50.59	50.67
620	50.76	50.85	50.94	51.02	51.11	51.20	51.29	51.38	51.46	51.55
630	51.64	51.73	51.81	51.90	51.99	52.08	52.16	52.25	52.34	52.42
640	52.51	52.60	52.69	52.77	52.86	52.95	53.04	53.13	53.21	53.30
650	53.39	53.48	53.56	53.65	53.74	53.83	53.91	54.00	54.09	54.17
660	54.26	54.35	54.43	54.52	54.60	54.69	54.77	54.86	54.95	55.03
670	55.12	55.21	55.29	55.38	55.47	55.56	55.64	55.73	55.82	55.91
680	56.00	56.09	56.71	56.26	56.35	56.44	56.52	56.61	56.70	56.78
690	56.87	56.96	57.04	57.13	57.22	57.31	57.39	57.48	57.57	57.66

续表

工作端温度/℃	0	1	2	3	4	5	6	7	8	9
					E/mV					
700	57.74	57.83	57.91	58.00	58.08	58.17	58.25	58.34	58.43	58.51
710	58.57	58.69	58.77	58.86	58.95	59.04	59.12	59.21	59.30	59.38
720	59.47	59.56	59.64	59.73	59.81	59.90	59.99	60.07	60.16	60.24
730	60.33	60.42	60.50	60.59	60.68	60.77	60.85	60.94	61.03	61.11
740	61.20	61.29	61.37	61.46	61.54	61.63	61.71	61.80	61.89	61.97
750	62.06	62.15	62.23	62.32	62.40	62.49	62.58	62.66	62.75	62.83
760	62.92	63.01	63.09	63.18	63.26	63.35	63.44	63.52	63.61	63.69
770	63.78	63.87	63.95	64.04	64.12	64.21	64.30	64.38	64.47	64.55
780	64.64	64.73	64.81	64.90	64.98	65.07	65.16	65.24	65.33	65.41
790	65.50	65.59	65.67	65.76	65.84	65.93	66.02	66.10	66.19	66.27
800	66.36									

附录 15　铜-康铜热电偶电动势分度表

分度号：T（热电偶自由端为 0℃）

工作端温度/℃	0	1	2	3	4	5	6	7	8	9
					E/mV					
0	0.000	0.039	0.078	0.117	0.156	0.195	0.234	0.273	0.312	0.351
10	0.391	0.430	0.470	0.510	0.549	0.589	0.629	0669	0.709	0.749
20	0.789	0.830	0.870	0.911	0.951	0.992	1.032	1.073	1.114	1.155
30	1.196	1.237	1.279	1.320	1.361	1.403	1.444	1.486	1.528	1.569
40	1.611	1.653	1.695	1.738	1.780	1.822	1.865	1.907	1.950	1.992
50	2.035	2.078	2.121	2.164	2.207	2.250	2.294	2.337	2.380	2.424
60	2.467	2.511	2.555	2.599	2.643	2.687	2.731	2.775	2.819	2.864
70	2.908	2.953	2.997	3.042	3.087	3.131	3.176	3.221	3.265	3.312
80	3.357	3.402	3.447	3.493	3.538	3.584	3.630	3.676	3.721	3.767
90	3.813	3.859	3.906	3.952	3.998	4.044	4.091	4.137	4.184	4.231
100	4.277	4.324	4.371	4.418	4.465	4.512	4.559	4.607	4.654	4.701
110	4.749	4.796	4.844	4.891	4.939	4.987	5.035	5.088	5.131	5.179
120	5.227	5.275	5.324	5.372	5.420	5.469	5.517	5.566	5.615	5.663
130	5.712	5.761	5.810	5.859	5.908	5.957	6.007	6.055	6.105	6.155
140	6.204	6.254	6.303	6.353	6.403	6.452	6.502	6.552	6.602	6.652
150	6.702	6.753	6.803	6.853	6.903	6.954	7.004	7.055	7.106	7.156
160	7.207	7.258	7.309	7.360	7.411	7.462	7.513	7.564	7.615	7.666
170	7.718	7.769	7.821	7.872	7.924	7.975	8.027	8.079	8.131	8.183
180	8.235	8.287	8.339	8.391	8.443	8.495	8.548	8.600	8.652	8.705
190	8.757	8.810	8.863	8.915	8.968	9.021	9.074	9.127	9.180	9.233
200	9.286	9.339	9.392	9.446	9.499	9.553	9.606	9.659	9.713	9.766
210	9.820	9.874	9.928	9.982	10.036	10.090	10.144	10.198	10.252	10.306
220	10.360	10.414	10.469	10.523	10.578	10.632	10.687	10.741	10.796	10.851
230	10.905	10.960	11.015	11.070	11.125	11.130	11.235	11.290	11.345	11.401
240	11.456	11.511	11.566	11.622	11.677	11.733	11.788	11.844	11.900	11.956
250	12.011	12.067	12.123	12.179	12.235	12.291	12.347	12.403	12.459	12.513
260	12.572	12.628	12.684	12.741	12.797	12.854	12.910	12.967	13.024	13.080
270	13.137	13.194	13.251	13.307	13.364	13.421	13.478	13.535	13.592	13.650
280	13.707	13.764	13.821	13.879	13.936	13.993	14.051	14.108	14.166	14.223
290	14.281	14.339	14.396	14.454	14.512	14.570	14.628	14.686	14.744	14.802

续表

工作端温度/℃	0	1	2	3	4	5	6	7	8	9
					E/mV					
300	14.860	14.918	14.974	15.034	15.092	15.151	15.209	15.267	15.320	15.384
310	15.443	15.501	15.560	15.619	15.677	15.736	15.795	15.853	15.912	15.971
320	16.030	16.089	16.148	16.207	16.266	16.325	16.384	16.444	16.503	16.562
330	16.621	16.681	16.740	16.800	16.859	16.919	16.978	17.038	17.097	17.157
340	17.217	17.277	17.336	17.396	17.456	17.516	17.576	17.636	17.696	17.757
350	17.861	17.877	17.937	17.997	18.057	18.118	18.178	18.238	18.299	18.359
360	18.420	18.480	18.541	18.602	18.662	18.723	18.784	18.845	18.905	18.966
370	19.027	19.088	19.149	19.210	19.271	19.332	19.393	19.455	19.516	19.577
380	19.638	19.699	19.761	19.822	19.883	19.945	20.006	20.068	20.129	20.191
390	20.252	20.314	20.376	20.437	20.499	20.560	20.622	20.684	20.746	20.807
400	20.869									

参 考 文 献

[1] 伍洪标 . 无机非金属材料实验 [M] . 武汉：武汉理工大学出版社，2002：8-22.

[2] 曲祖源 . 材料工程研究与测试方法 [M] . 武汉：武汉理工大学出版社，2005：1-25.

[3] 陈景华 . 材料工程测试技术 [M] . 上海：华东理工大学出版社，2006：2-8.

[4] 徐大中 . 热工测量与实验数据整理 [M] . 上海：上海交通大学出版社，1991：4-62.

[5] 南京工学院 . 工程流体力学实验 [M] . 北京：电力工业出版社，1982.

[6] M. A. 普林特 . 流体力学实验教程 [M] . 北京：计量出版社，1986.

[7] 王英，谢晓晴，李海英 . 流体力学实验 [M] . 长沙：中南大学出版社，2005.

[8] 曹文华，李春兰，于达 . 流体力学实验指导书 [M] . 东营：中国石油大学出版社，2007.

[9] 莫乃榕 . 工程力学实验（工程流体力学实验）[M] . 武汉：华中科技大学出版社，2008.

[10] 涂颉 . 热工实验基础 [M] . 北京：高等教育出版社，1986.

[11] 毛根海等编 . 应用流体力学实验 [M] . 北京：高等教育出版社，2008.

[12] Ｂ Ａ 奥西波娃著 . 传热学实验研究 [M] . 蒋章焰，王传院译 . 北京：高等教育出版社，1982.

[13] 章熙民等编 . 传热学 [M] . 北京：中国建筑工业出版社，2001.

[14] 钱滨江等编 . 简明传热手册 [M] . 北京：高等教育出版社，1984.

[15] 西安交通大学热与流体教学实验中心 . 传热学实验指导书 . 内部讲义，2001.

[16] 华中科技大学 . 传热学的基本实验 [M] . 内部讲义 .

[17] 北京科技大学 . 内部讲义 .

[18] GB/T 2408—2008，塑料 燃烧性能测定 水平法和垂直法 [S] .

[19] GB/T 212—2008，煤的工业分析方法 [S] .

[20] GB/T 476—2001，煤的元素分析方法 [S] .

[21] GB/T 476—2008，煤中碳和氢的测定方法 [S] .

[22] GB/T 19227—2008，煤中氮的测定方法 [S] .

[23] GB/T 213—2008，煤的发热量测定方法 [S] .

[24] GB/T 2406.1—2008，塑料 用氧指数法测定燃烧行为 第1部分：导则 [S] .

[25] GB/T 2406.2—2009，塑料 用氧指数法测定燃烧行为 第2部分：室温试验 [S] .

[26] GB/T 8627—2007，建筑材料燃烧或分解的烟密度试验方法 [S] .